Gußeisenwerkstoffe

Eigenschaften unlegierter und niedriglegierter Gußeisen mit Lamellengraphit/Kugelgraphit/Vermiculargraphit im Temperaturbereich bis 500°C

Teil 3: Bildband

von

Dipl.-Ing. Erich Nechtelberger
Österreichisches Gießerei-Institut, Leoben

Herausgegeben von der Forschungsvereinigung für
Verbrennungskraftmaschinen e.V., Frankfurt/Main

1977

Fachverlag Schiele & Schön GmbH, Berlin

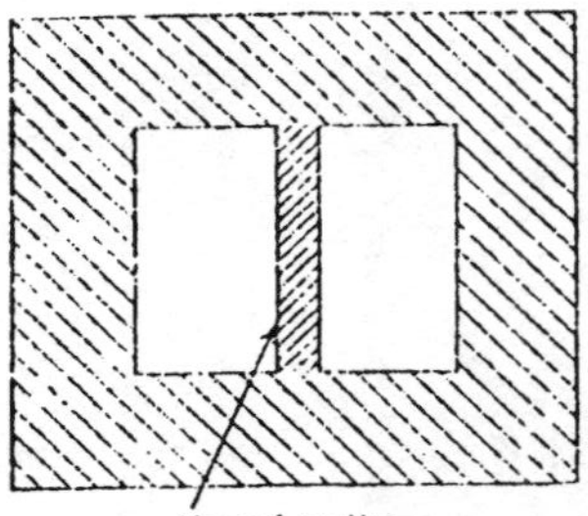

a)

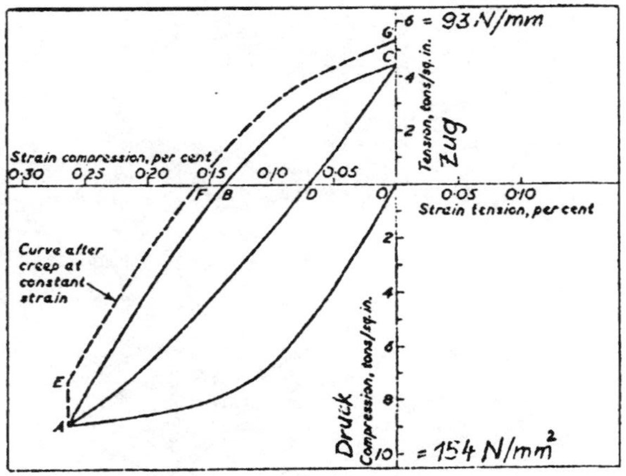

b)

Bild 1: Mechanismus der thermischen Ermüdung (Nach A. Dearden[106])

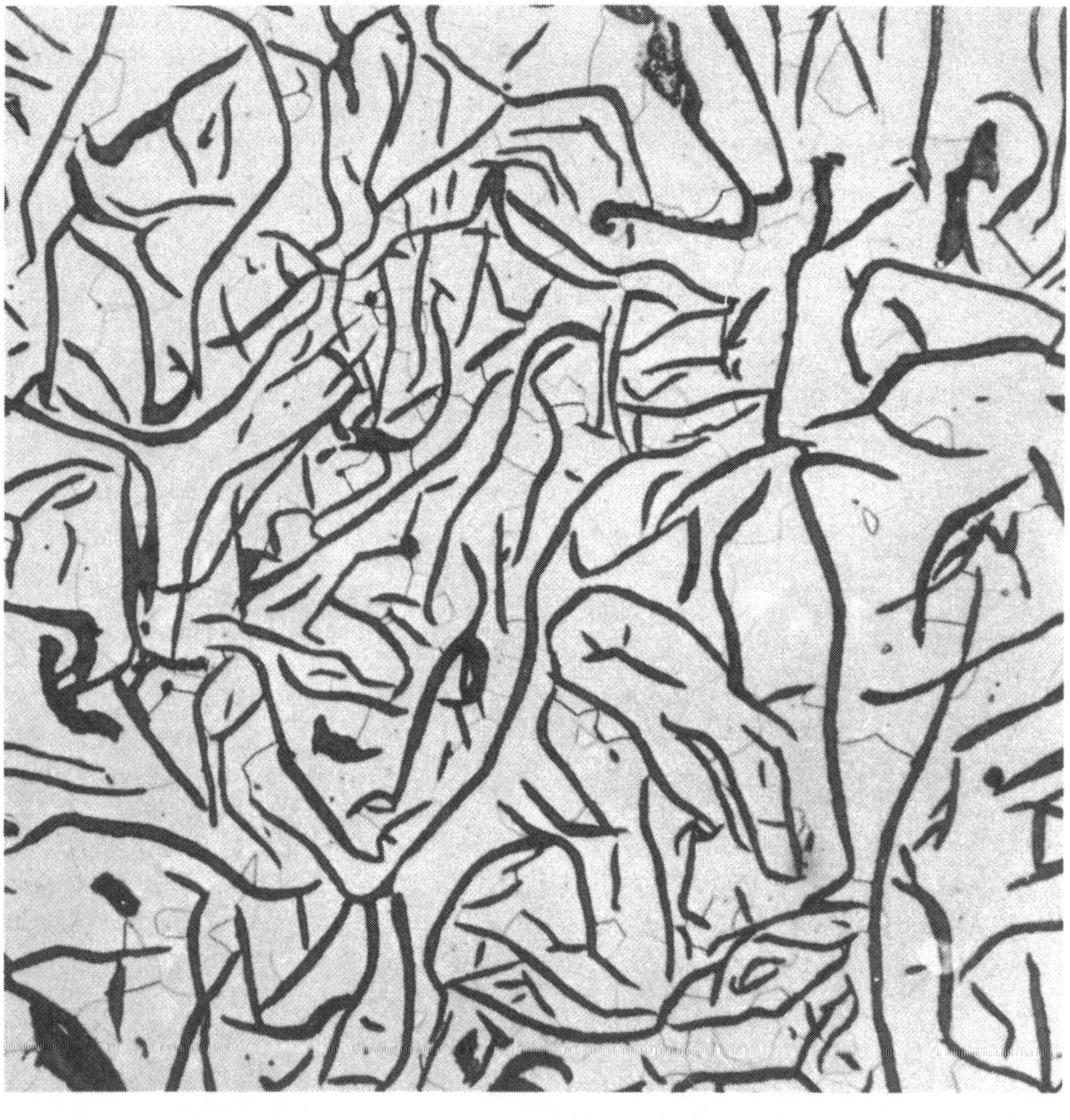

100 µm

Bild 2a: Gefügeausbildung von Gusseisen mit Lamellengraphit

(Ebener Schliff. Auflichtmikroskopaufnahme, Österr. Giesserei-Institut, Leoben)

(Zur besseren Erkennbarkeit der Graphitausbildung wurde in dieser Abbildung ein ferritisches Grundgefüge gewählt. GGL für Zylinderdeckel muss jedoch vollkommen perlitisches Grundgefüge aufweisen)

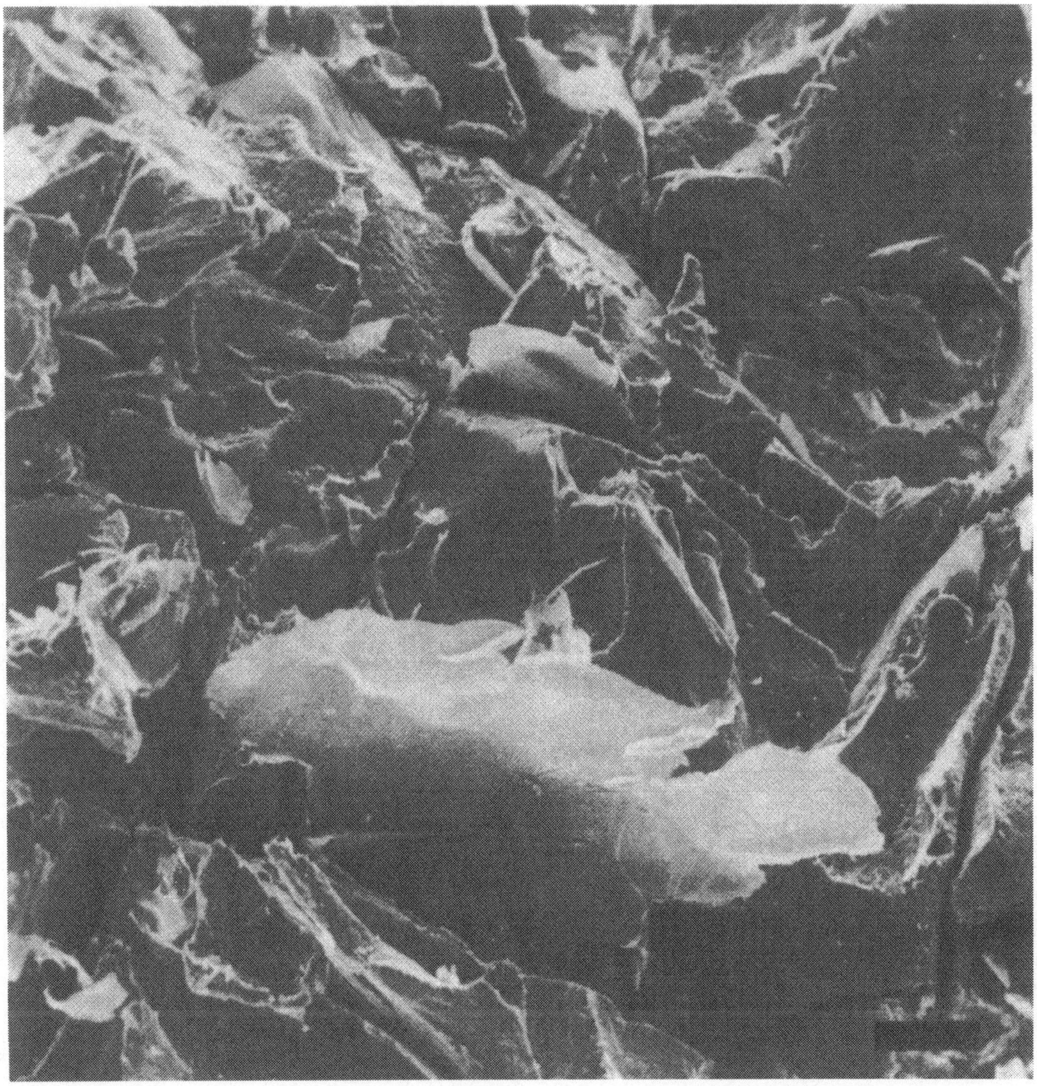

100 µm

Bild 2b: Bruchgefüge (stat. Zugversuch) von Gusseisen mit Lamellengraphit

(Rasterelektronenmikroskopaufnahme, Zentrum f. Elektronenmikroskopie, Graz)

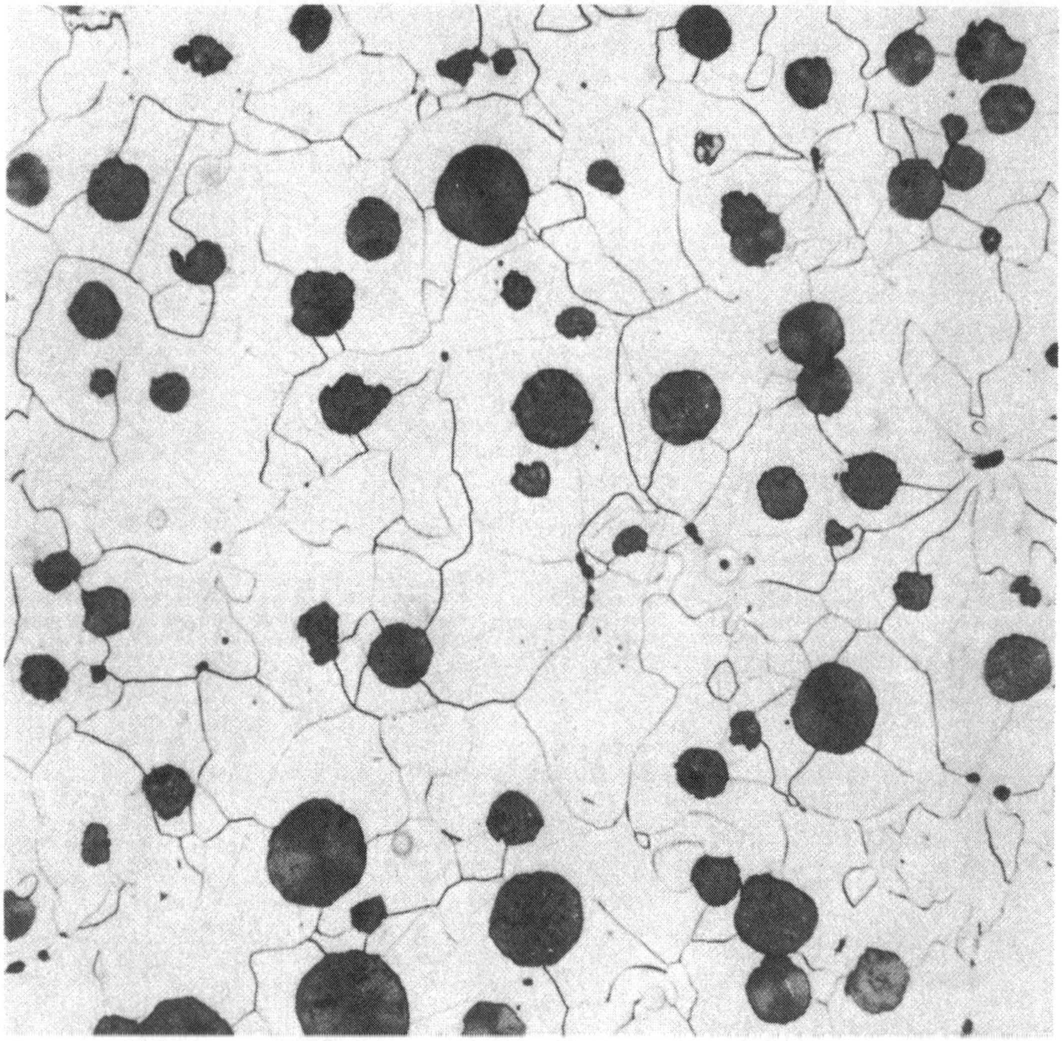

100 µm

Bild 3a: Gefügeausbildung von Gusseisen mit Kugelgraphit.

(Ebener Schliff. Auflichtmikroskopaufnahme, Österr. Giesserei-Institut, Leoben)

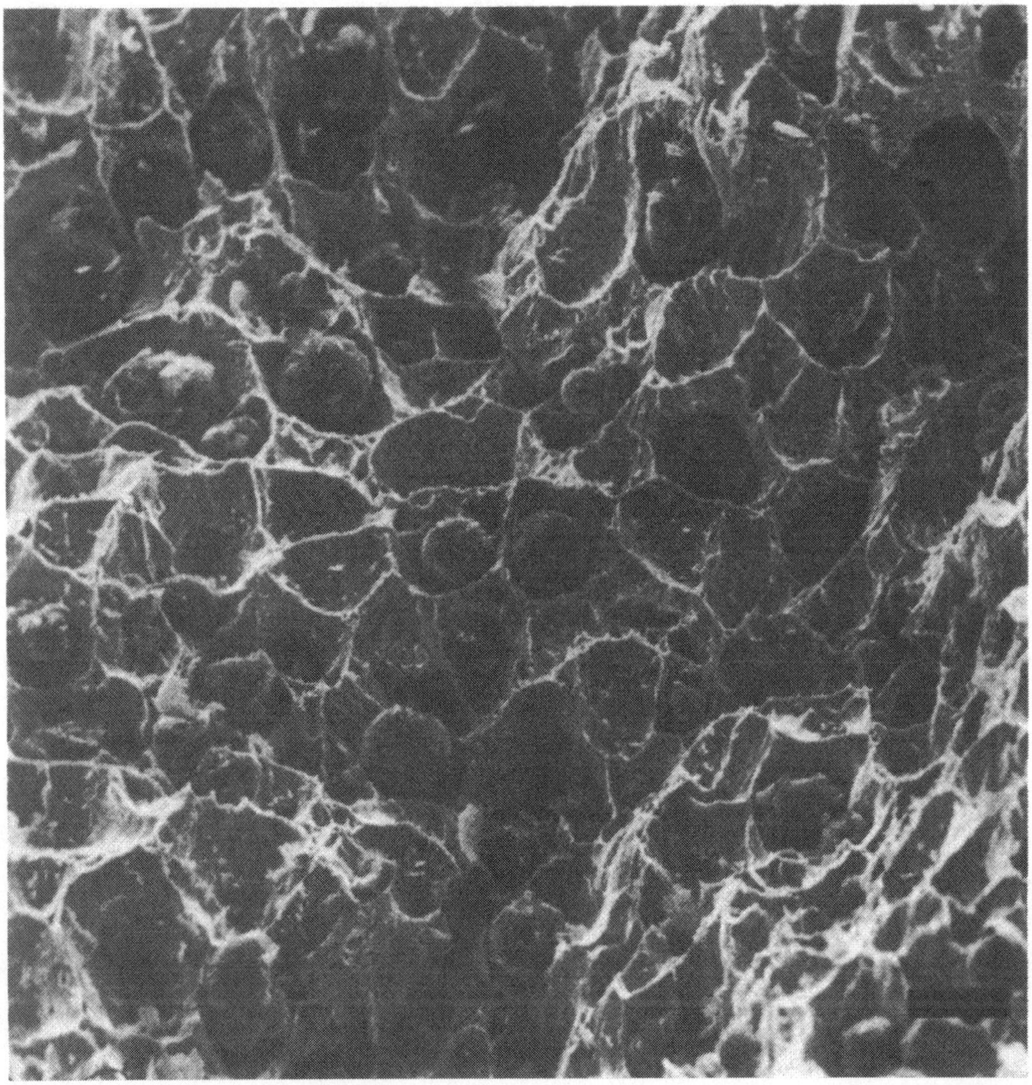

Bild 3b: Bruchgefüge (stat. Zugversuch) von Gusseisen mit Kugelgraphit

(Rasterelektronenmikroskopaufnahme, Zentrum f. Elektronenmikroskopie, Graz)

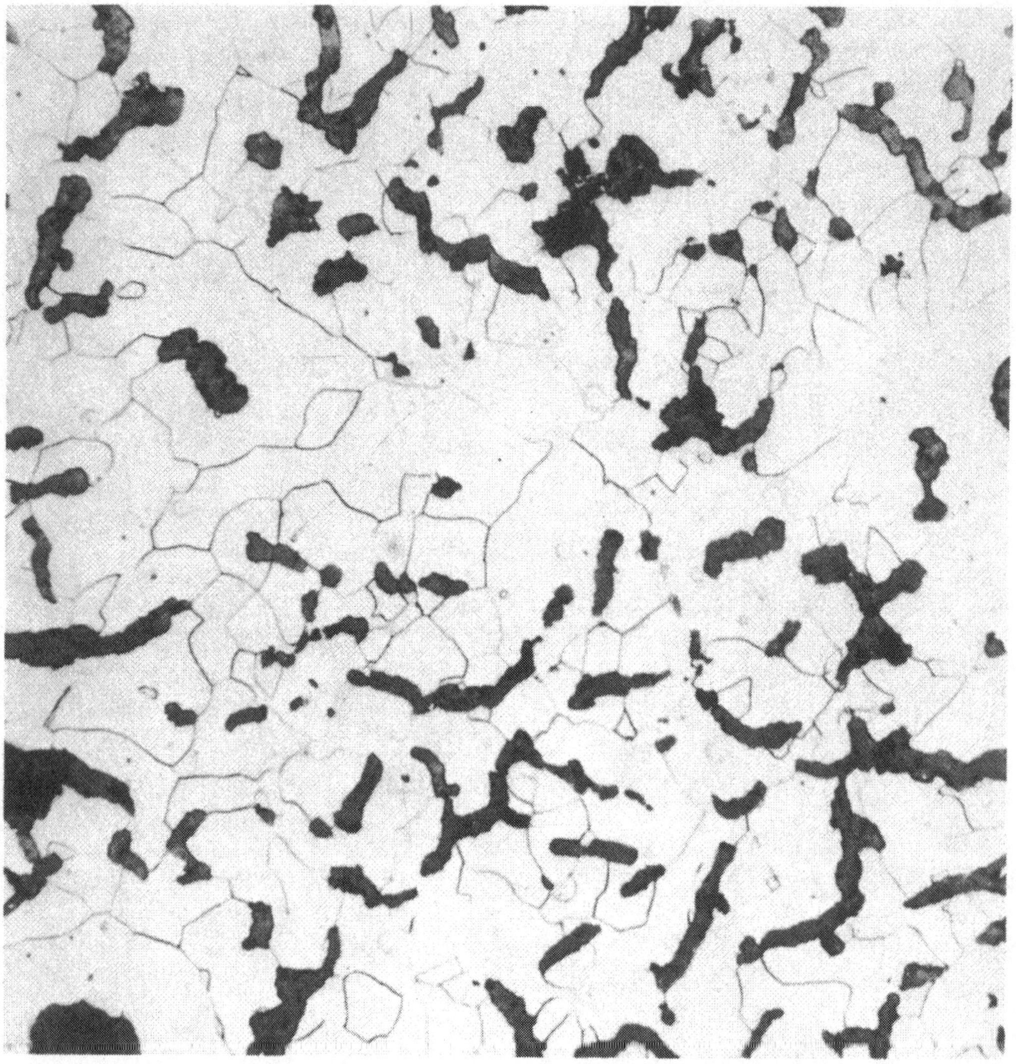

100 µm

Bild 4a: Gefügeausbildung von Gusseisen mit Vermicûlargraphit

(Ebener Schliff. Auflichtmikroskopaufnahme, Österr. Giesserei-Institut, Leoben)

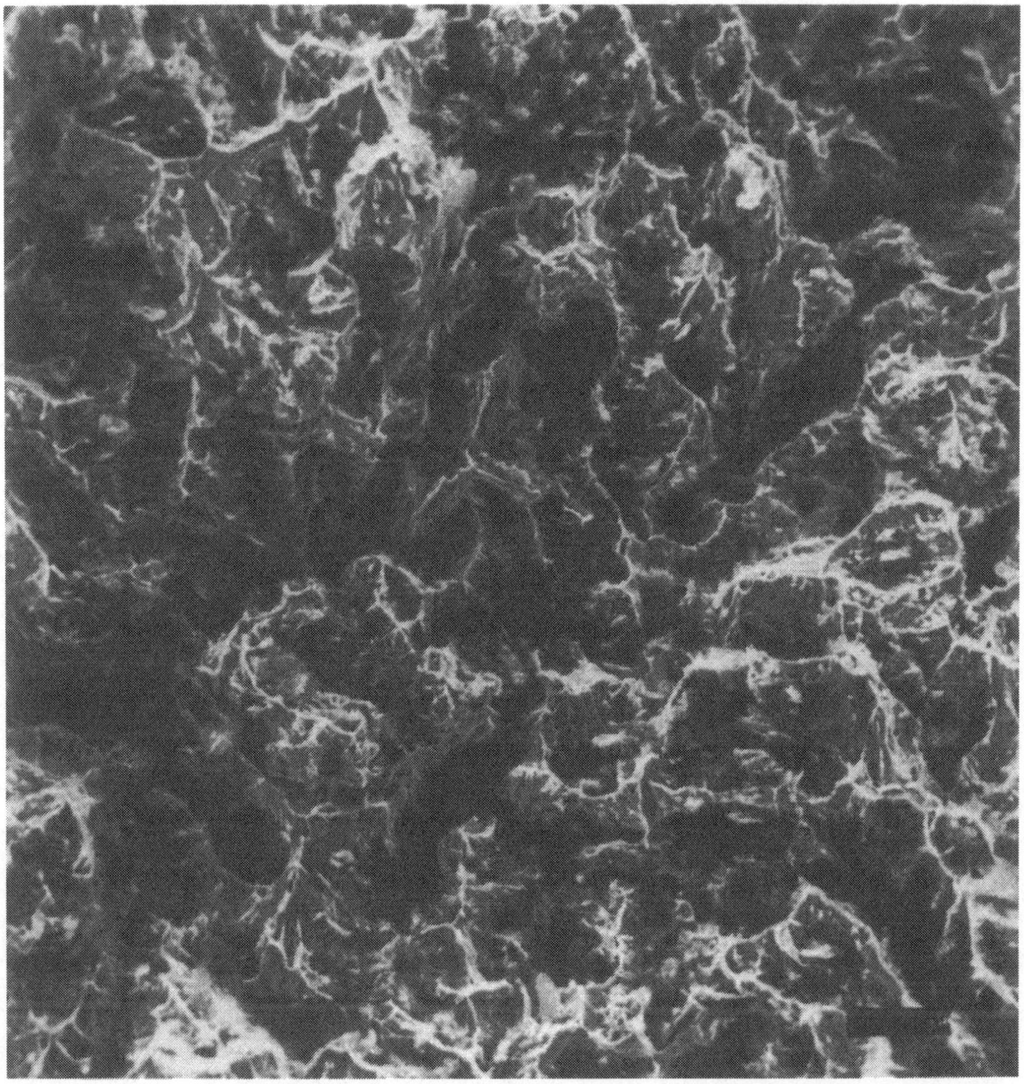

100 µm

<u>Bild 4b:</u> Bruchgefüge (stat. Zugversuch) von Gusseisen mit Vermiculargraphit.

(Rasterelektronenmikroskopaufnahme, Zentrum f. Elektronenmikroskopie, Graz)

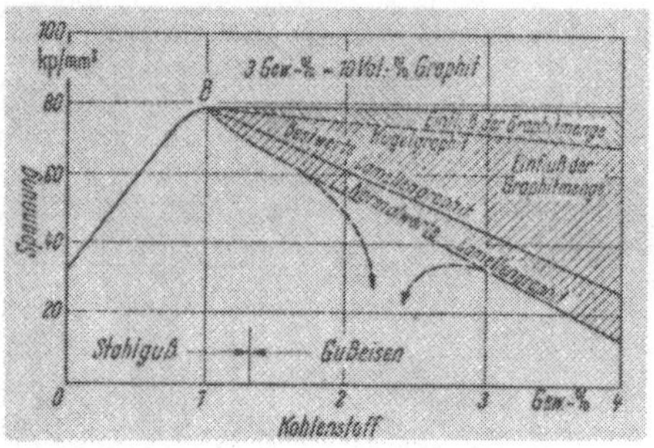

__Bild 5:__ Einfluss des C-Gehaltes auf die Festigkeit der Gusseisenwerkstoffe [13)]

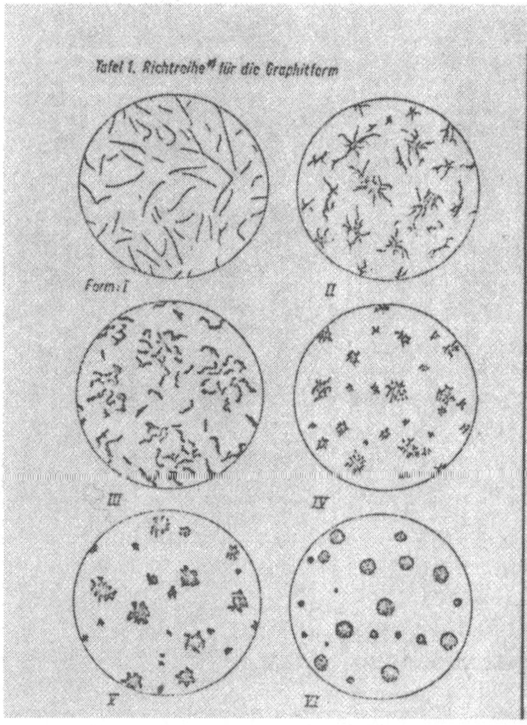

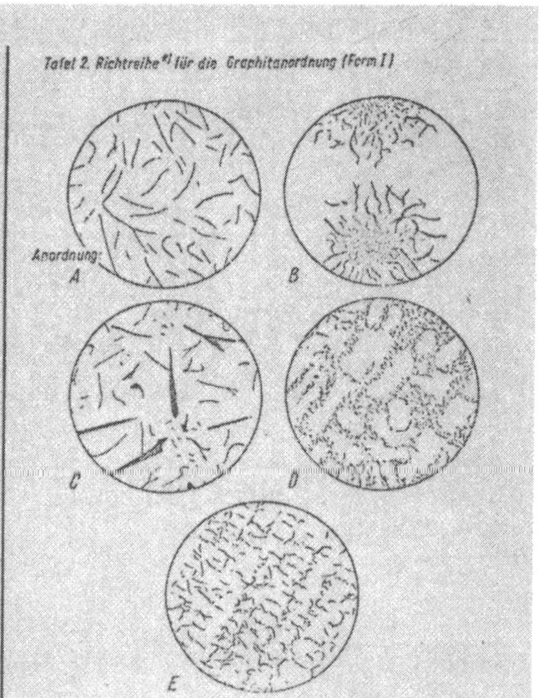

x) Die Diagramme stellen nur die Umrisse des Graphits u. nicht seine Struktur dar.

__Bild 6__ [19)]

x) Die Diagramme stellen nur die Umrisse des Graphits und nicht seine Struktur dar.

__Bild 7__ [19)]

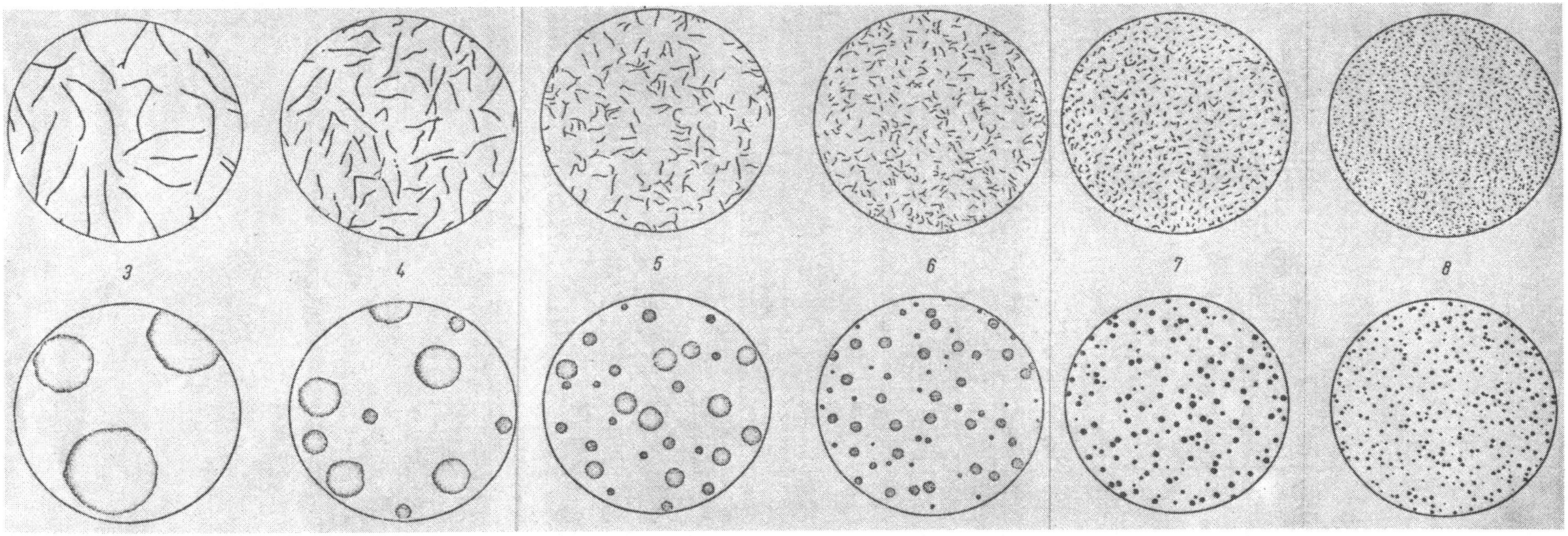

Bild 8: Richtreihe für die Graphitgrösse der Formen I und VI [19]

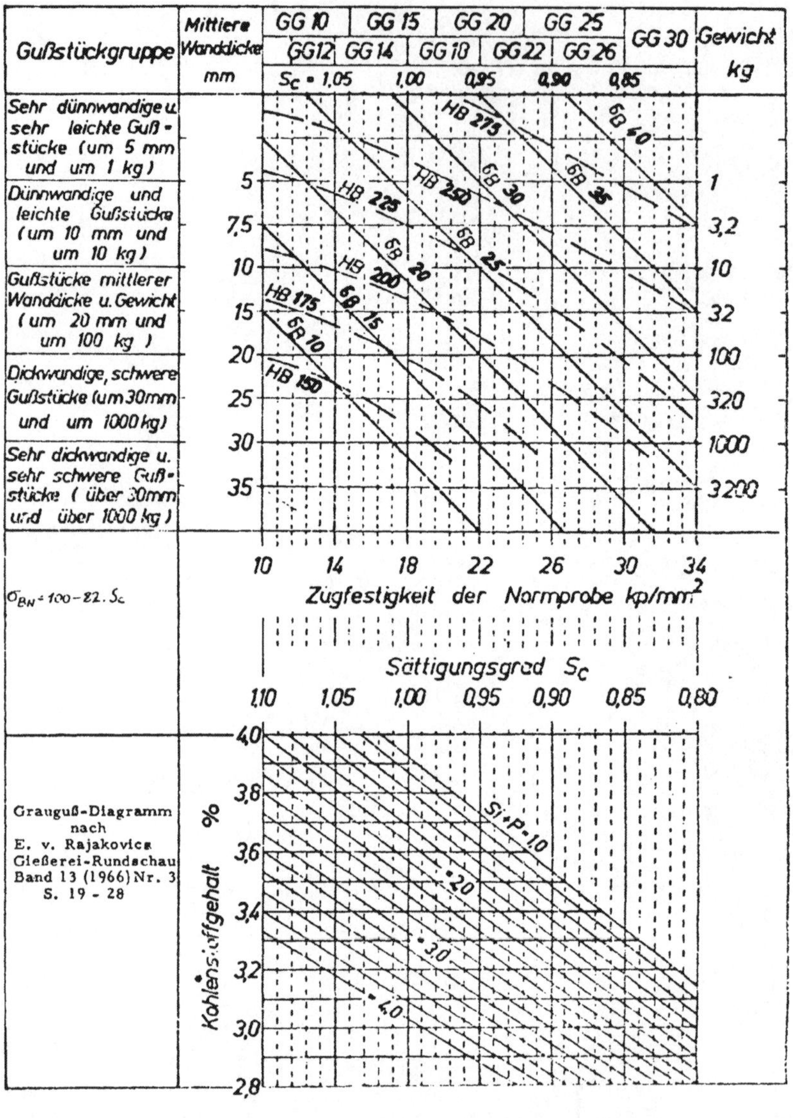

Bild 9: Grauguss-Diagramm nach E. v. Rajakovics[73)]
(korrigiertes und erweitertes Collaud-Diagramm)

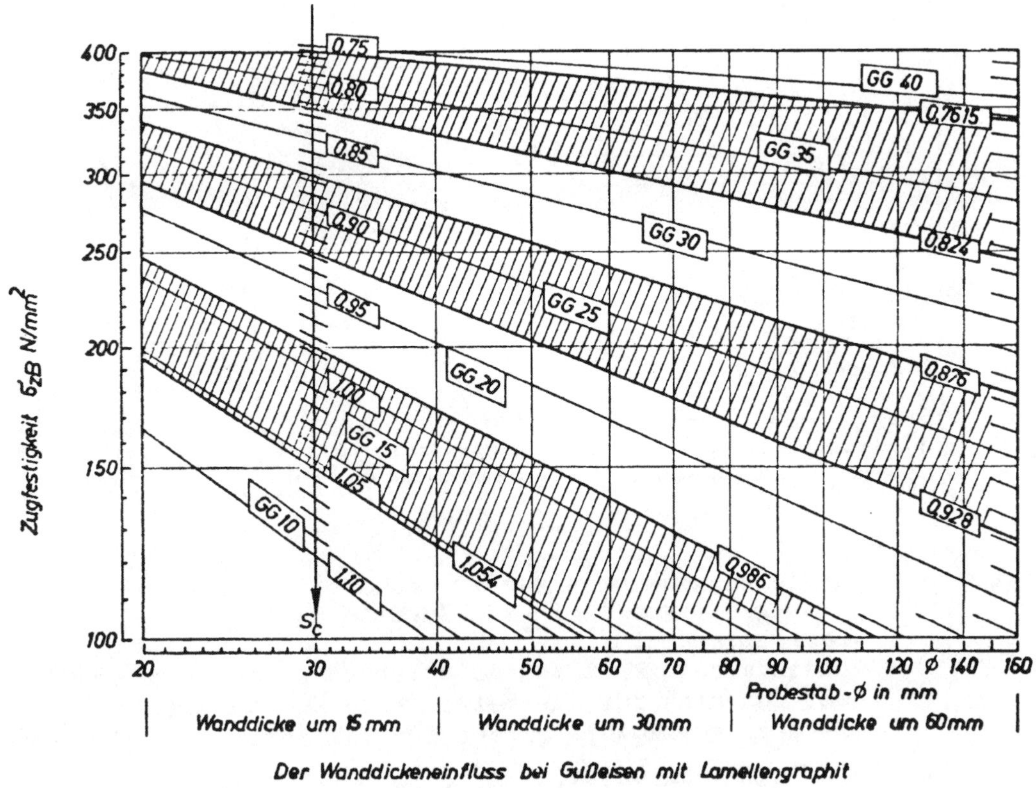

Bild 10: Grauguss-Diagramm nach J. Czikel[99)]

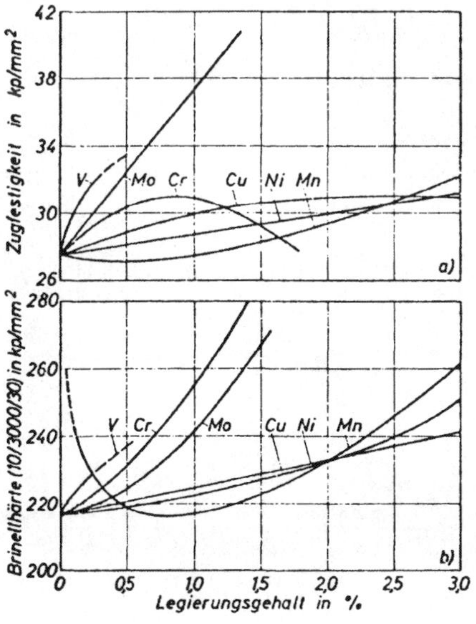

Ausgangseisen: 3,24 %C, 1,88%Si, 0,71 %Mn, 0,17 %P, 0,09% S

σ_B = 274 N/mm², HB = 217

Bild 11: Nach V.A. Crosby[136)], entnommen aus [2)]

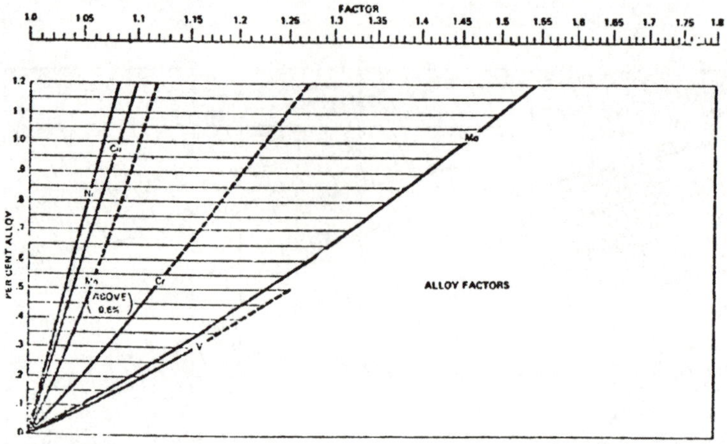

Fig. 1—Alloy factor chart can be used to predict the approximate amounts of various alloys required to upgrade an unalloyed cast iron to a required degree.

Bild 12: Legierungsfaktoren zur Errechnung der Zugfestigkeit von legiertem Gusseisen mit Lamellengraphit.
Die Zugfestigkeit des unlegierten Werkstoffes wird mit den sich für die betreffende Zusatzmenge der Legierungselemente ergebenden Faktoren multipliziert:
σ_B leg. = σ_B unleg. . f_1 . f_2 . f_3 usw. Nach [153]

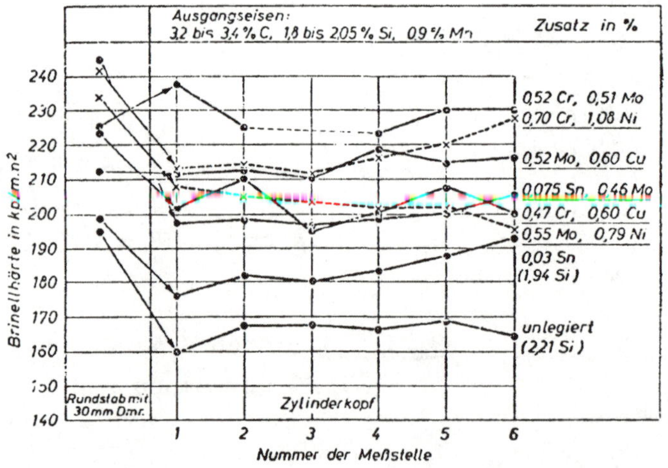

Bild 13: Härteverteilung in Zylinderköpfen
(Nach A. Mocsy, entnommen aus [33])

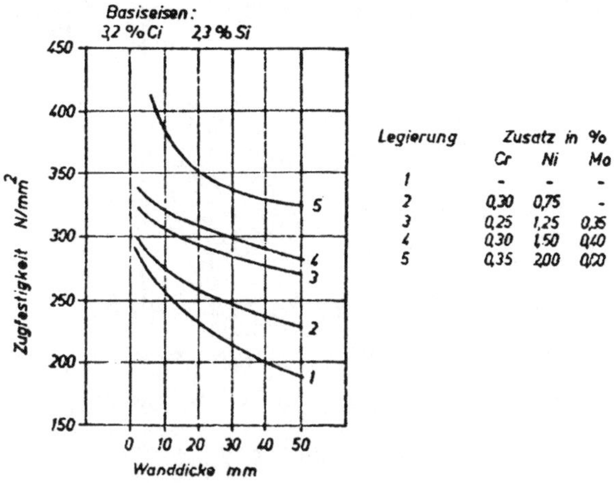

Bild 14: Wanddickenabhängigkeit der Zugfestigkeit verschieden legierter Zylinderkopfgusseisen (nach F.G. Sefing[102])

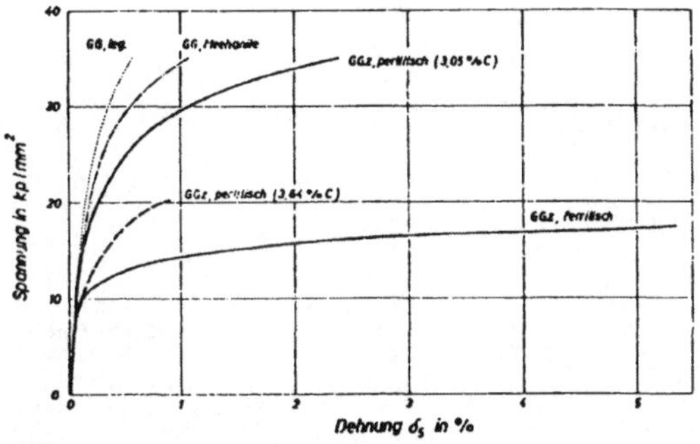

Bild 15: Spannungs-Dehnungs-Diagramme von verschiedenen Sorten Gußeisen mit Lamellengraphit

(nach A. Collaud u. J.C. Thieme)

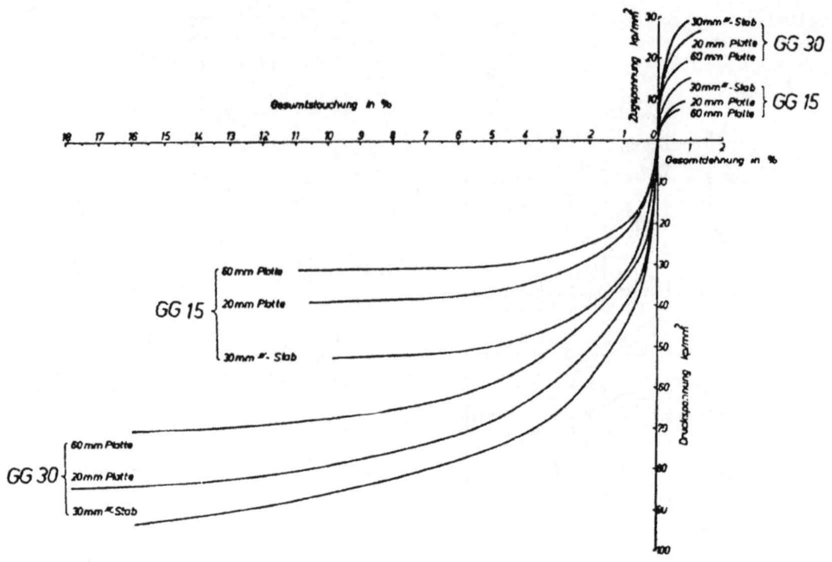

Bild 16: Spannungs-Verformungs-Kurven von unlegiertem Gusseisen mit Lamellengraphit unterschiedlicher Wanddicke unter Zug- und Druckbeanspruchung
(Nach E. Nechtelberger[70])

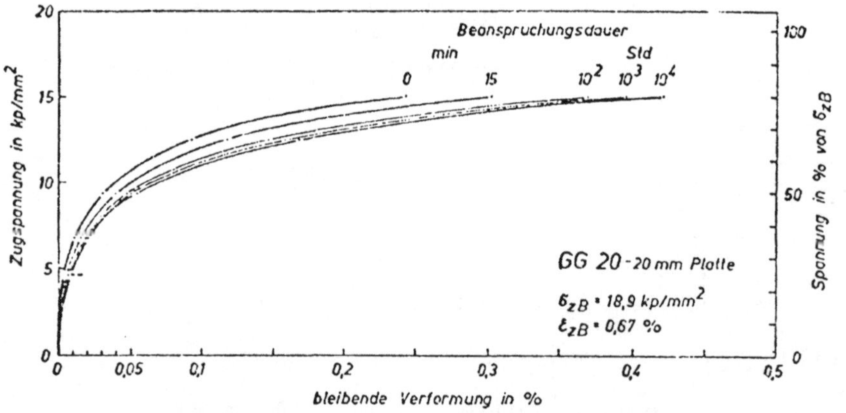

Bild 17: RT-Kriechverhalten von unlegiertem GGL 20 unter Zugbelastung
(Nach E. Nechtelberger[70])

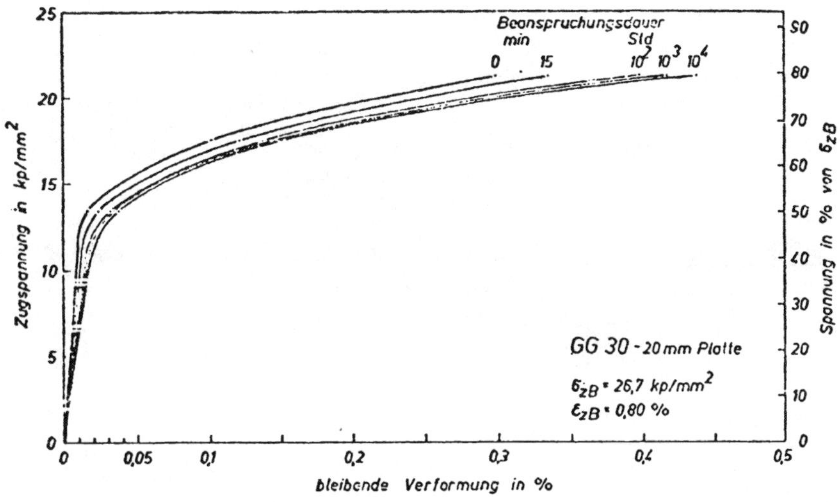

Bild 18: RT-Kriechverhalten von unlegiertem GGL 30 unter Zugbelastung (Nach E. Nechtelberger[70])

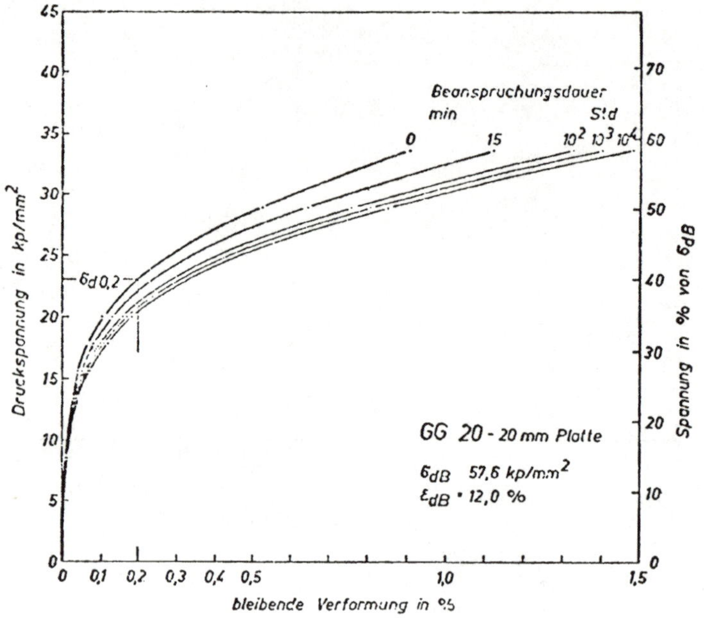

Bild 19a: RT-Kriechverhalten von unlegiertem GGL20 unter Druckbelastung
(Nach E. Nechtelberger[70])

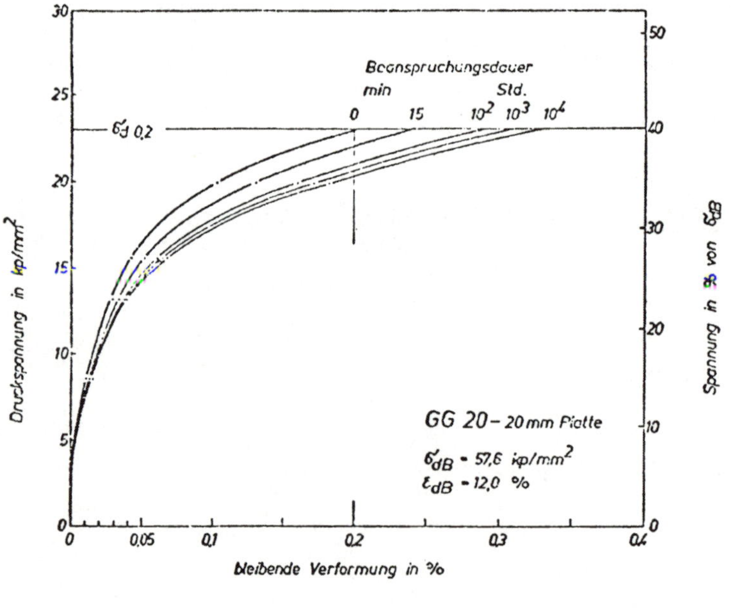

Bild 19b: Ausschnitt aus Bild 19a

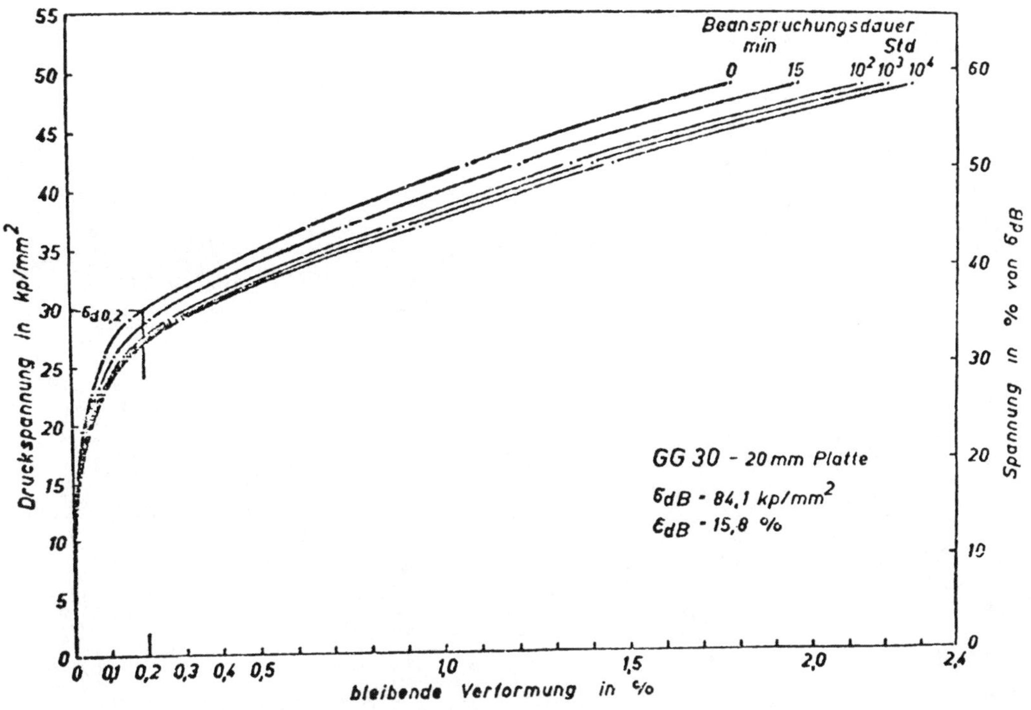

Bild 20a: RT-Kriechverhalten von unlegiertem GGL 30 unter Druckbelastung (Nach E. Nechtelberger [69])

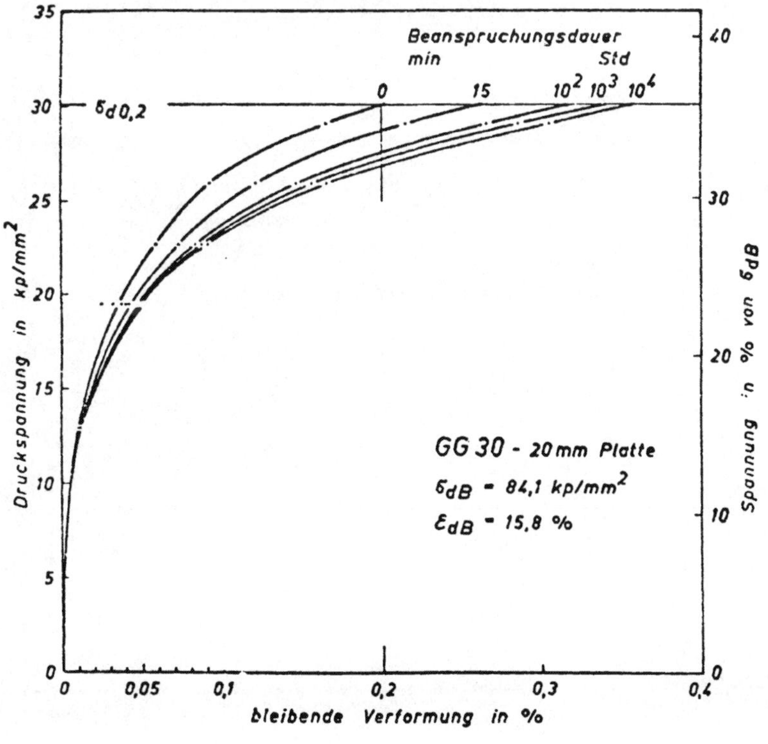

Bild 20b: Ausschnitt aus Bild 20a

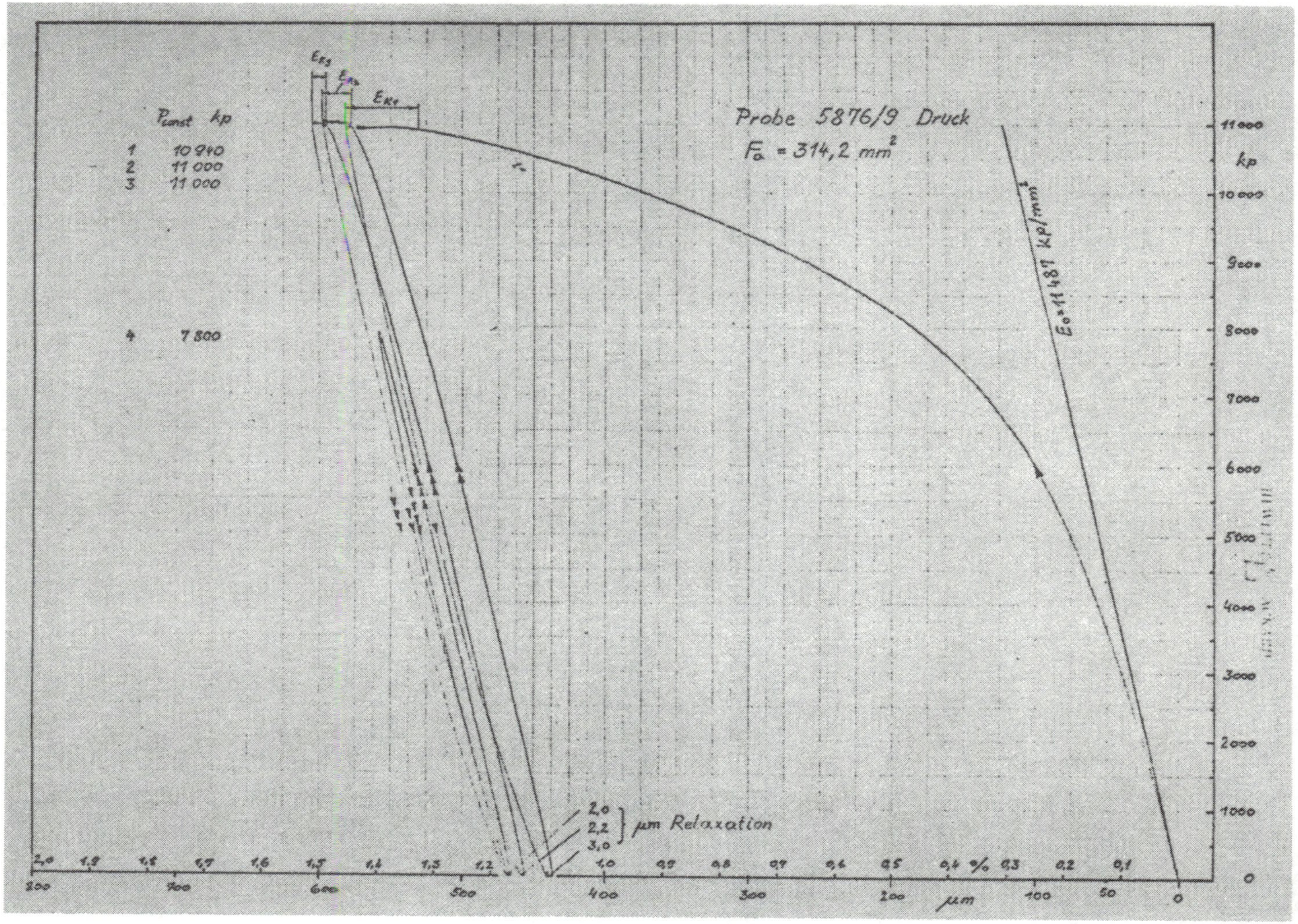

Bild 21: Kraft-Verformungs-Diagramm eines unlegierten GGL 25 (60 mm Wanddicke) bei wiederholter Druckbelastung
(Nach E. Nechtelberger[70])

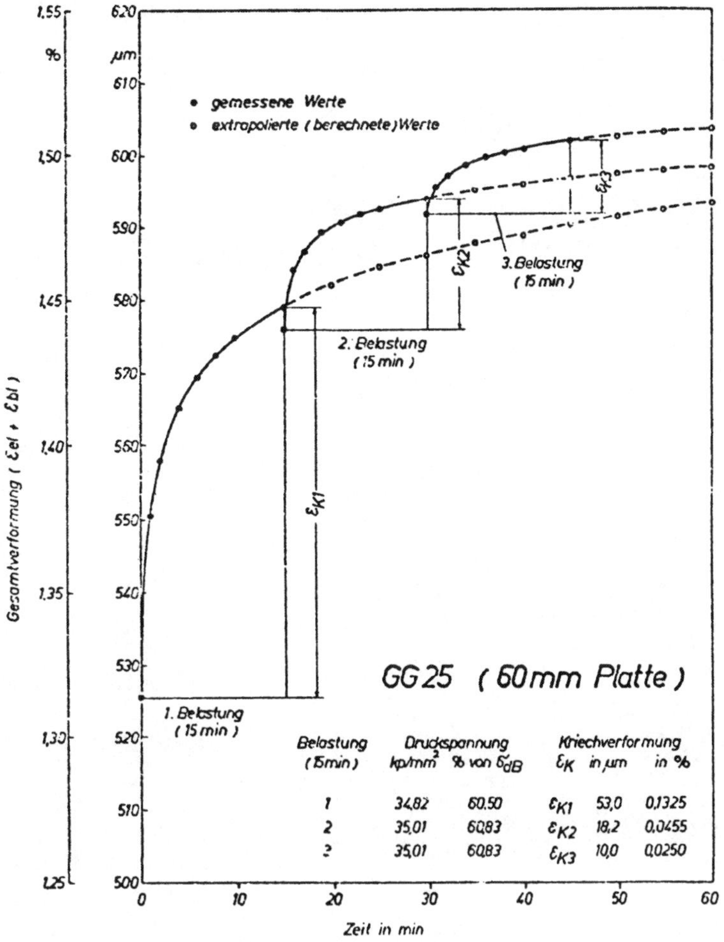

Bild 22: Kriechverhalten bei wiederholter Druckbelastung der Probe aus Bild 21

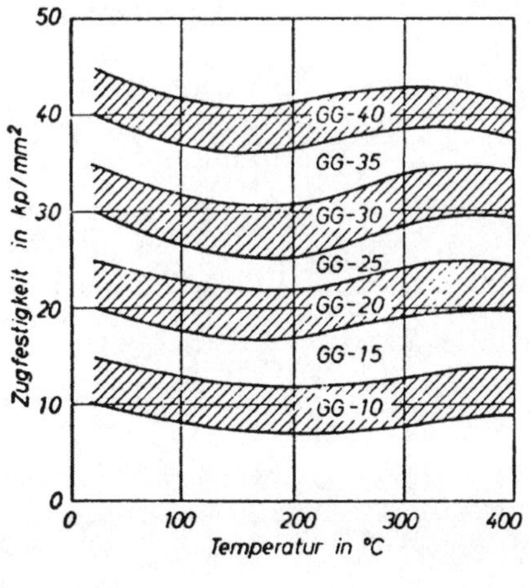

Bild 23: Warmzugfestigkeit von unlegierten-GGL-Sorten.[2)]

GG 22

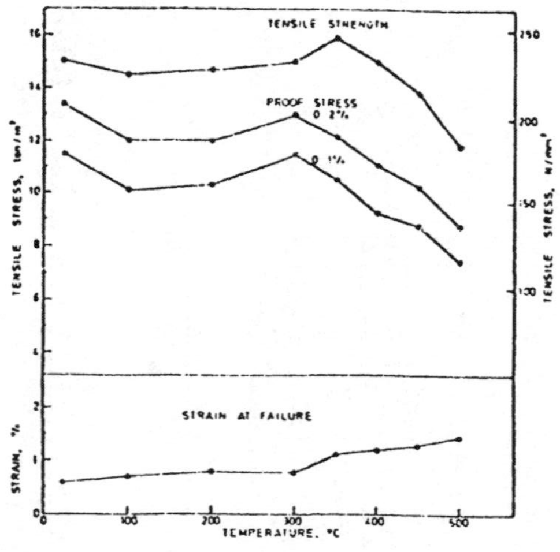

GG 26

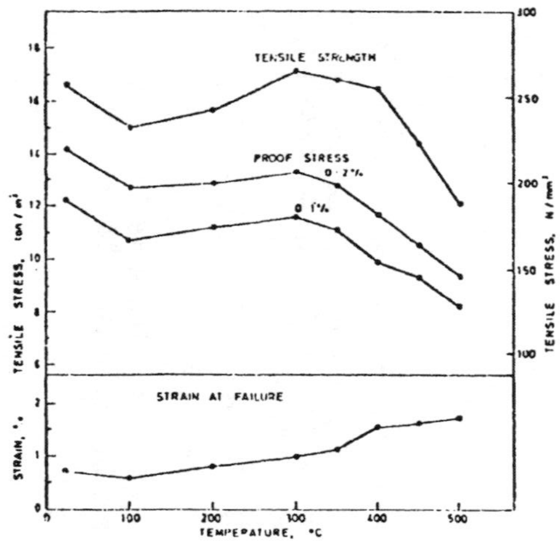

GG 30

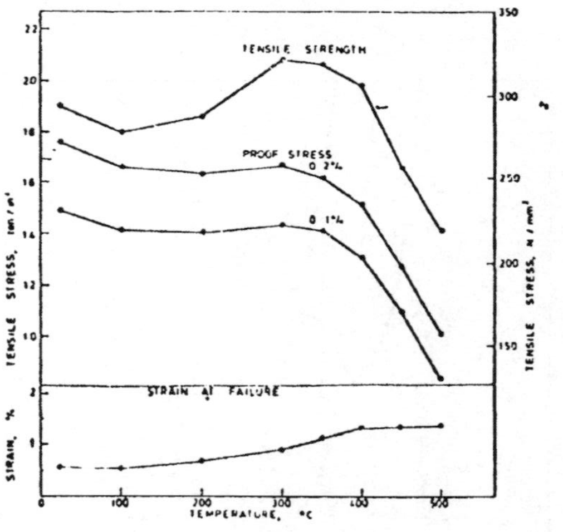

	GG 22	GG 26	GG 30
% C	3,26	3,32	3,19
% Si	2,24	1,81	1,85
% Mn	0,56	0,71	0,41
% P	0,49	0,25	0,12
% S	0,108	0,085	0,092
% Cr	--	--	0,33
% Ni	--	--	1,31
RT-Zugf. N/mm^2	232	261	309
RT-Härte	215	206	228

Bild 24: Warmzugfestigkeit verschiedener GGL-Qualitäten (nach K.B. Palmer[58])

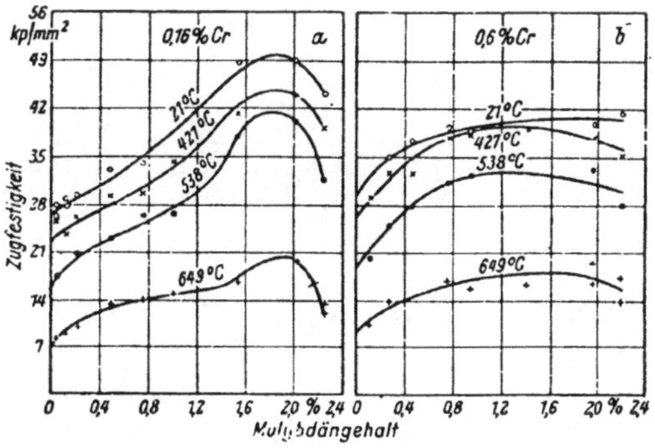

Bild 25

Warmzugfestigkeit von mit Molybdän und mit Molybdän und 0,6 % Cr legiertem Gusseisen
Ausgangseisen: 3,13 bis 3,32 % C, 1,68 bis 3,03 % Si

(Nach G.K. Turnbull und I.F. Wallace, entnommen aus [189] Bild 6)

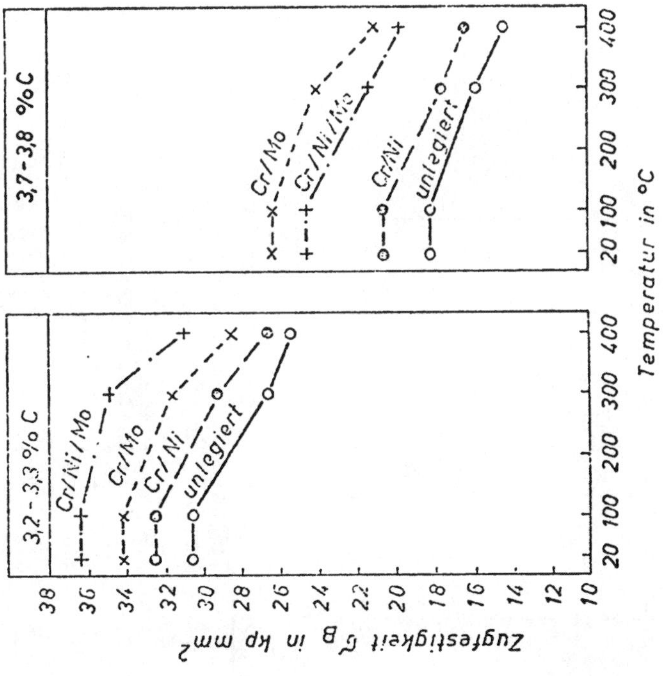

Bild 26: Warmzugfestigkeit verschieden legierter Zylinderkopfgusseisen (Zusammensetzung siehe Tafel 10)
(Nach E. Nechtelberger [67])

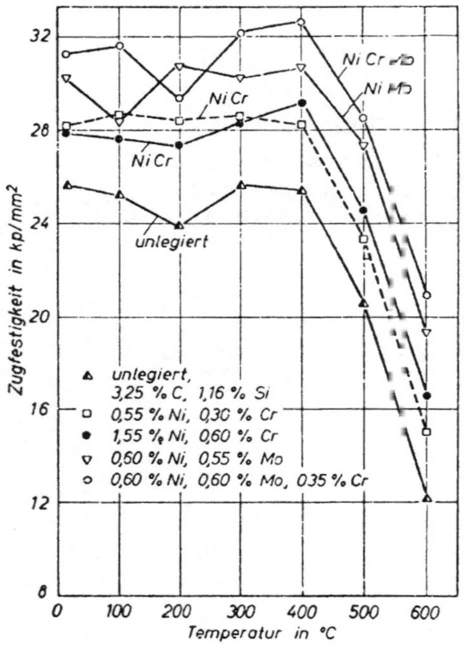

Bild 27: Festigkeit einiger komb. legierter GGL-Sorten bei erhöhten Temperaturen

(Nach B.J. Fraser u. J.S. Vanick, entnommen aus 2), Bild 2.10.5)

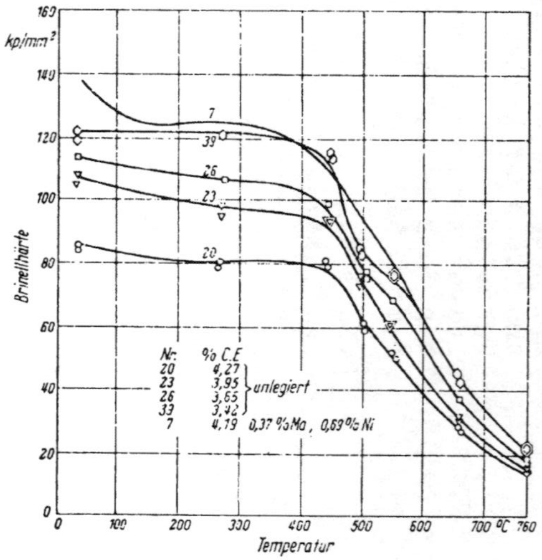

Bild 28: Warmhärte von unlegiertem Gusseisen im Vergleich zu legiertem

(Nach H.D. Merchant und M.H. Moulton, entnommen aus 189) Bild 9)

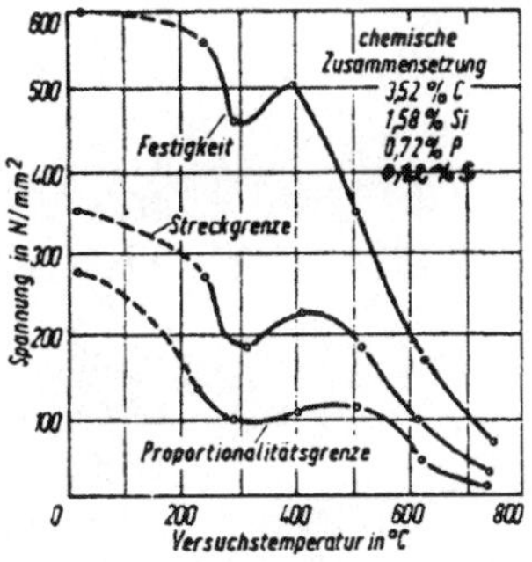

Probeform

Hohlzylinder mit 12,7 mm Innen- und 38,1 mm Aussendurchmesser

Bild 29: Druckfestigkeit eines unleg. GG 20 in Abhängigkeit von der Temperatur

(Nach S.H. Ingberg u. P.D. Sale, entnommen aus [139] Bild 12 bzw. [45] S. 288/89)

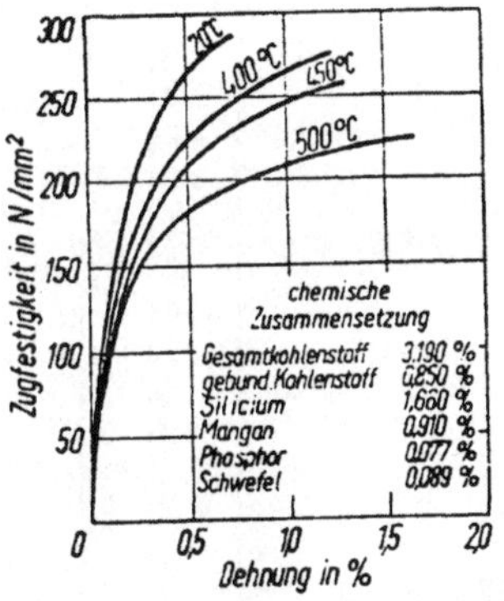

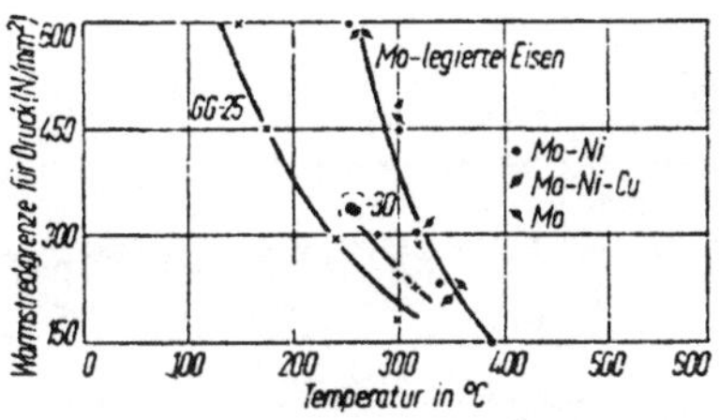

Bild 31: Warmstreckgrenzen von GG 25, GG 30 und Mo-leg. GG 30 (Nach [107], entnommen aus [139] Bild 14)

Bild 30: Spannungs-Dehnungs-Kurven unter Zugbeanspruchung bis zum Bruch für verschiedene Temperaturen eines unlegierten Gusseisens mit einer Zugfestigkeit von 280 N/mm^2

(Nach [213], entnommen aus [139], Bild 11)

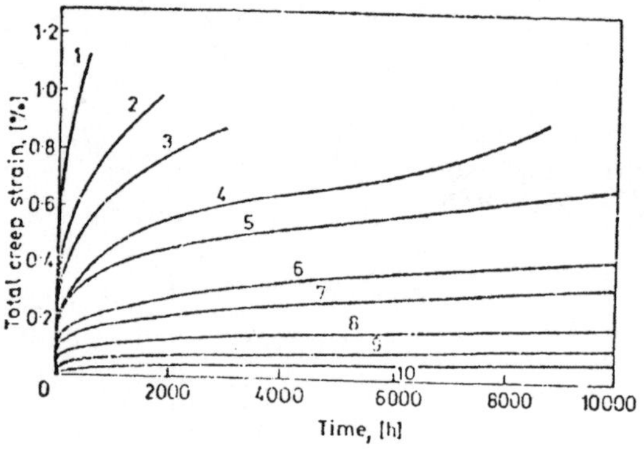

Kurve Nr.	Zugspannung N/mm^2
1	216
2	201
3	193
4	185
5	170
6	155
7	139
8	124
9	108
10	93

a)

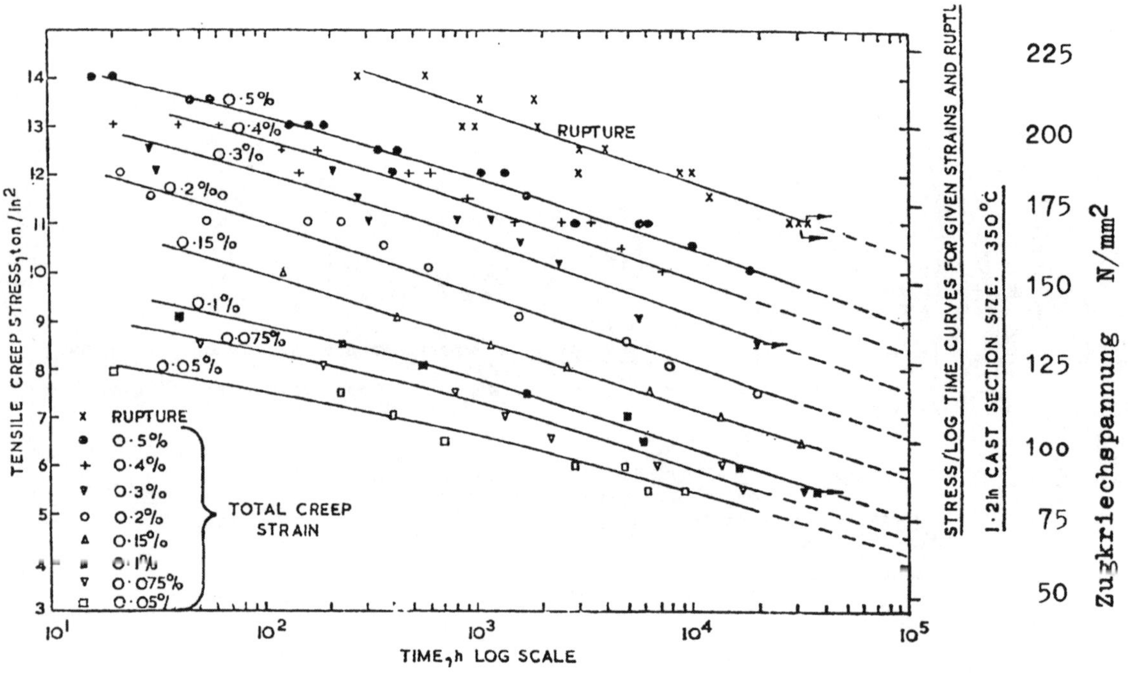

b)

Bild 32 a, b: Zug-Kriechverformung von GG 26 in Abhängigkeit von der Belastungszeit und Belastungshöhe bei 350°C (30 mm Proben-Ø, entspricht ca. 15 mm Wanddicke) (Nach K.B. Palmer[21]). Entnommen aus [21]), Fig. 5 (Bildteil a) und [49]) Fig. 4 (Bildteil b).

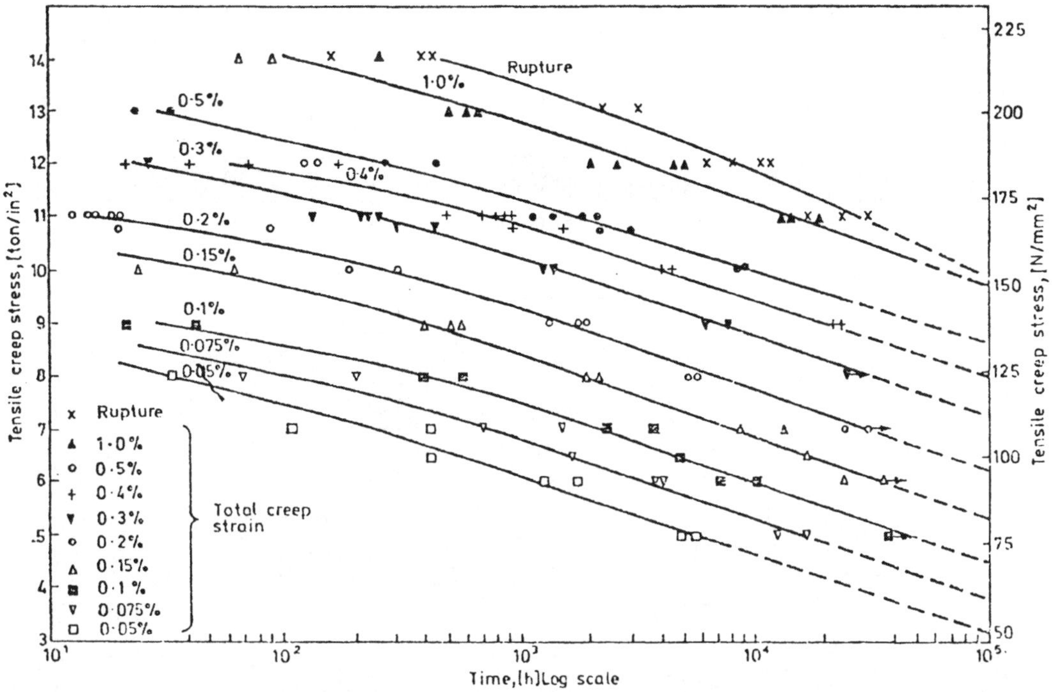

Beanspruchungsdauer in h	Zeitdehngrenze bzw. Zeitstandfestigkeit bei 350°C		Probendurchmesser (bzw. Wanddicke) in mm	
			30 (15)	76 (38)
30.000	$\sigma_{0,1}$	N/mm²	88	82
	$\sigma_{0,2}$	N/mm²	113	108
	$\sigma_{0,5}$	N/mm²	147	144
	σ_B	N/mm²	173	168
100.000	$\sigma_{0,1}$	N/mm²	77	70
	$\sigma_{0,2}$	N/mm²	102	97
	$\sigma_{0,5}$	N/mm²	137	133
	σ_B	N/mm²	161	152
Werte nach Bild			32a, b	32 c

Bild 32c: Zug-Kriechverformung von GG 26 in Abhängigkeit von der Belastungshöhe bei 350°C
(76 mm Proben-Ø, entspricht ca. 38 mm Wanddicke)
(Nach K.P. Palmer[21])

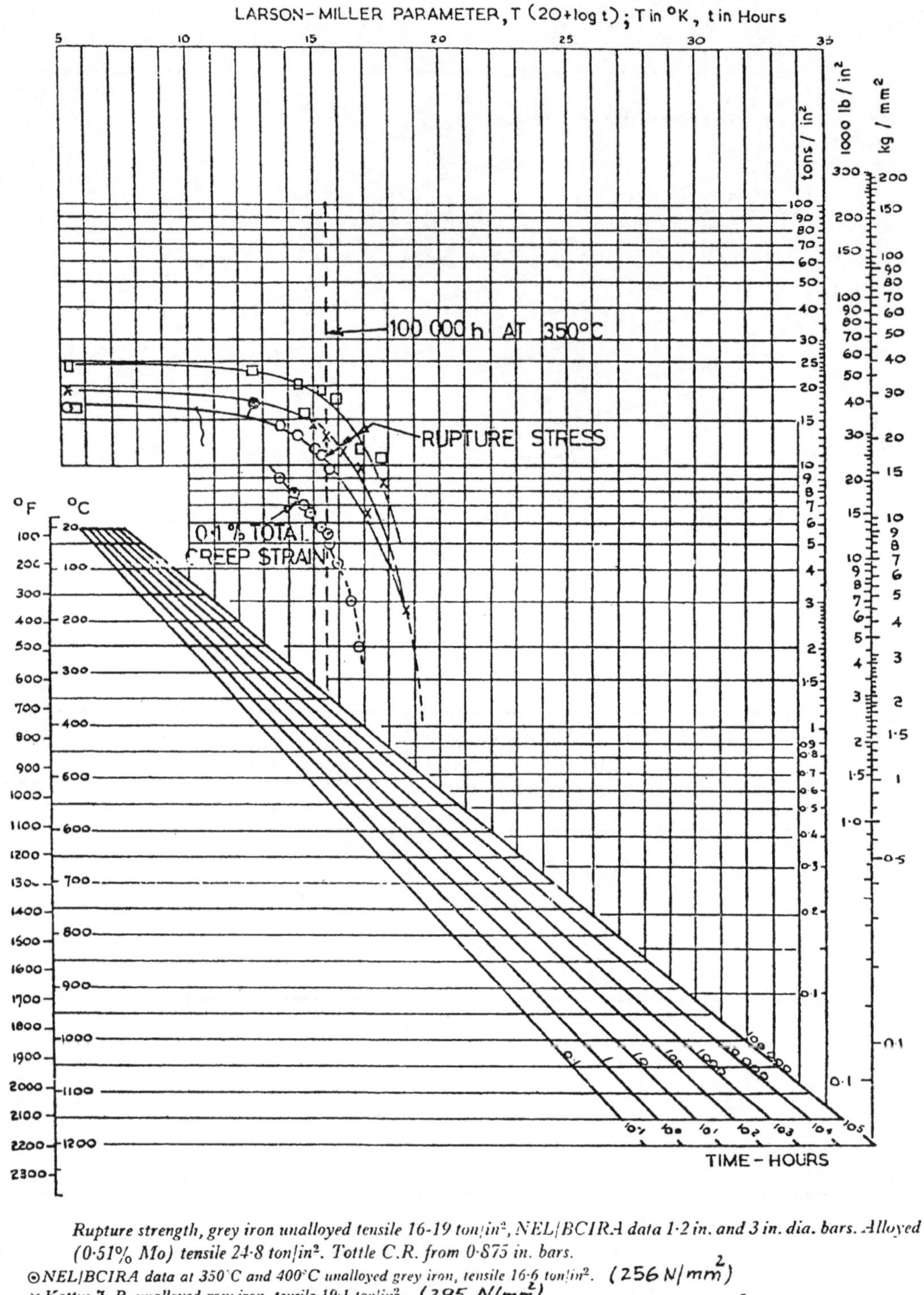

Rupture strength, grey iron unalloyed tensile 16-19 ton/in², NEL/BCIRA data 1·2 in. and 3 in. dia. bars. Alloyed (0·51% Mo) tensile 24·8 ton/in². Tottle C.R. from 0·875 in. bars.

⊙ *NEL/BCIRA data at 350°C and 400°C unalloyed grey iron, tensile 16·6 ton/in².* (256 N/mm²)

× *Kattus J. R. unalloyed grey iron, tensile 19·1 ton/in².* (295 N/mm²)

□ *Tottle C.R. alloyed grey iron, 0·51% Mo, tensile at room temperature 24·8 ton/in².* (383 N/mm²)

Bild 32d: Larson-Miller-Darstellung des Zug-Kriechverhaltens von unleg. und 0,5 % Mo-leg. GGL (Nach H.T. Angus[49])

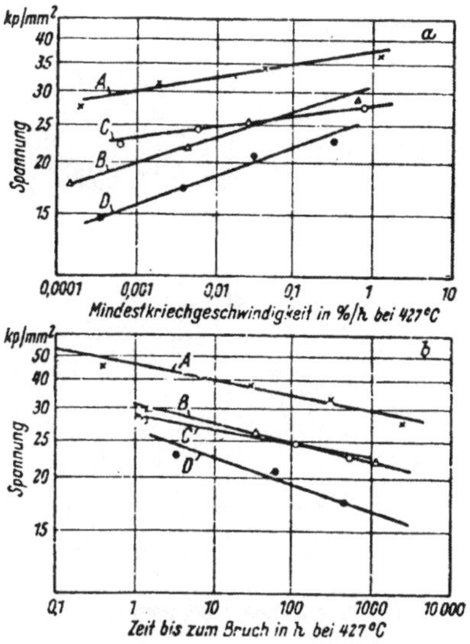

Gußeisensorte	A	B	C	D
Zugfestigkeit kp/mm²	44,2	38,4	31,4	29,8
Brinellhärte kp/mm²	269	255	225	217
Chemische Zusammensetzung in %				
Kohlenstoffäquivalent	3,61	3,82	3,83	3,87
Kohlenstoff	3,06	3,20	3,31	3,27
Silicium	1,79	1,96	1,56	1,74
Mangan	0,70	0,64	0,68	0,72
Chrom	0,61	0,41	0,08	0,08
Nickel	0,04	1,12	0,08	0,15
Molybdän	0,84	0,44	0,73	0,07
Kupfer	0,05	0,10	0,15	0,12
Vanadium	—	0,12	0,02	0,02
Phosphor	0,04	0,11	0,19	0,26
Schwefel	0,09	0,09	0,11	0,16

Legierungselemente	Gußeisensorte	Zeitstandfestigkeit (10 Jahre) bei 427 °C kp/mm²	Temperaturwechselfestigkeit zwischen 427 und 65 °C kp/mm² (Zug)**
Cr-Mo	A	21	12,3
Mo	C	17,5	10,5
Cr-Ni-Mo-V	B	17,5	11,2
unlegiert	D	10,5	8,8
Ni-Mo	*)	17,5	12,6

*) σ_B = 41,2 kp/mm², HB = 258 kp/mm², 1,56 % Ni, 0,58 % Mo.
**) Die Proben wurden in 85 s auf 427 °C erhitzt und dann auf 65 °C in Wasser innerhalb von 15 s abgeschreckt.

Bild 33: Mindeskriechgeschwindigkeit und Zeit bis zum Bruch bei verschiedenem Gusseisen bei 427°C
(Nach I.R. Kattus[17], entnommen aus [189], Bild 10 u. Tafel 2)

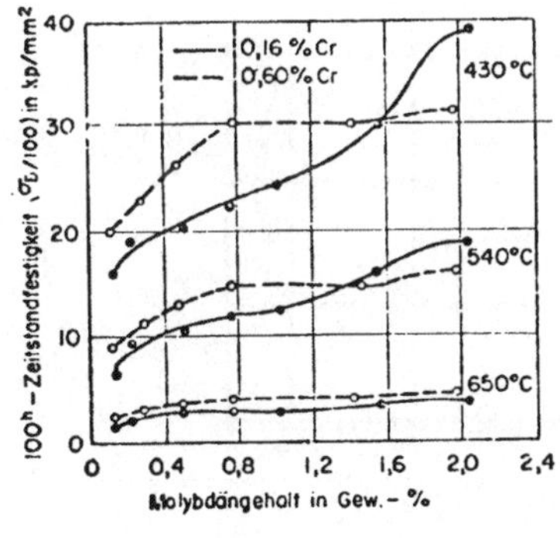

Bild 34

Abhängigkeit der 100-h-Zeitstandfestigkeit von Grauguss mit rd. 3,2 % C, 1,8 % Si, 0,8 % Mn und 0,16 oder 0,6 % Cr vom Molybdängehalt (nach G.K. Turnbull und J.F. Wallace, entnommen aus [59], Abb. 7)

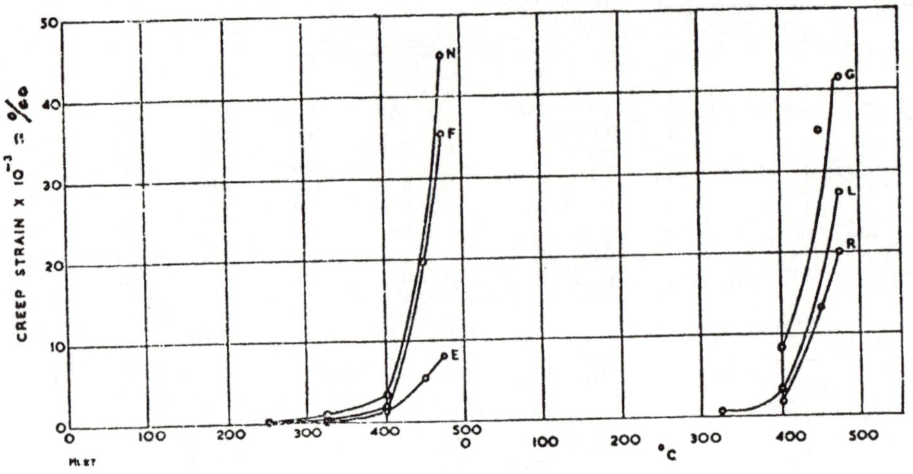

Bild 35: Einfluss der Temperatur auf die Kriechverformung nach 1000 Std. bei einer Druckbelastung von 230 N/mm^2 Probenbezeichnung nach Tafel 16
(Nach S.G. Baker u. .A. Pope[116], Fig. 27)

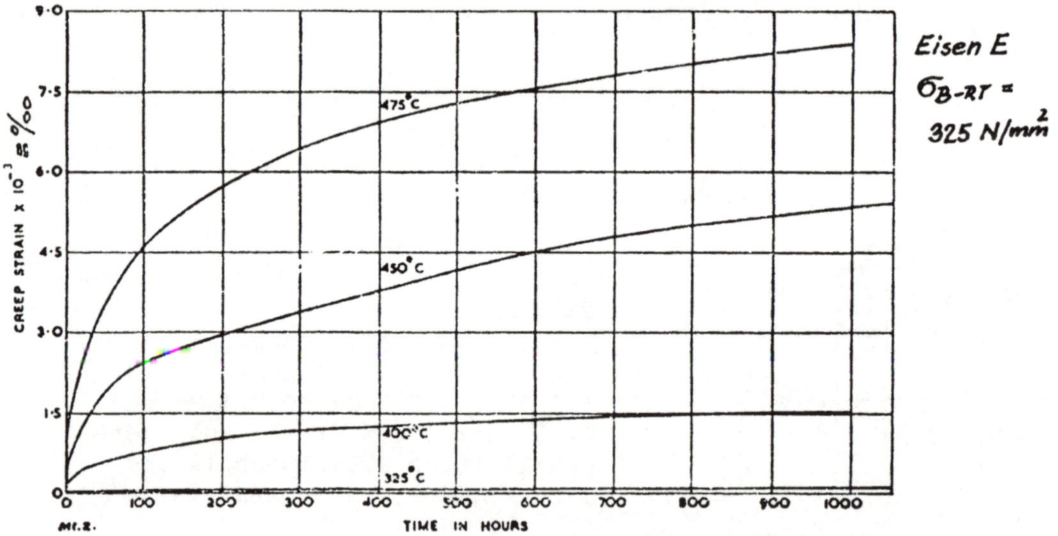

Bild 36: Einfluss der Temperatur auf das Druckkriechverhalten des Mo-legierten GGL nach Tafel 16 bei einer Druckspannung von 230 N/mm^2
(Nach S.G. Baker u. J.A. Pope[116] Fig. 2)

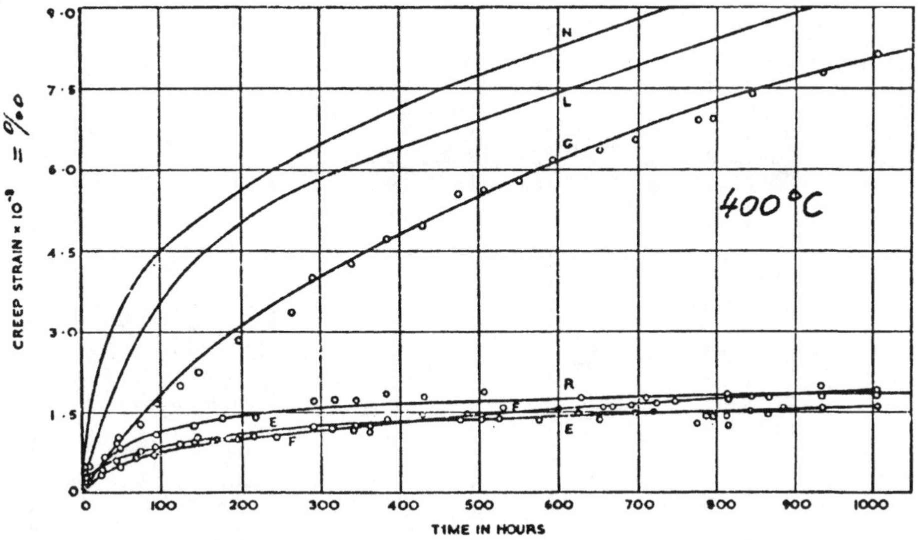

Bild 37: Druckkriechverhalten der 6 Gusseisen nach Tafel 16 bei 400 °C und 230 N/mm² Druckbeanspruchung
(Nach S.G. Baker u. J.A. Pope[116], Fig. 5)

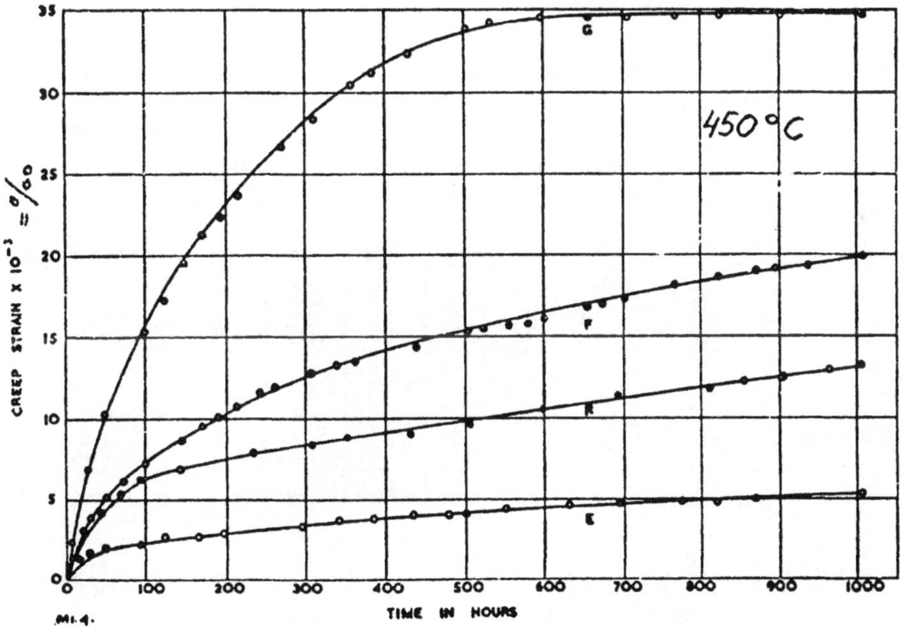

Bild 38: Druckkriechverhalten der Gusseisen F, R, E u. G nach Tafel 16 bei 450 °C und 230 N/mm² Druckbeanspruchung
(Nach S.G. Baker u. J.A. Pope[116], Fig. 4)

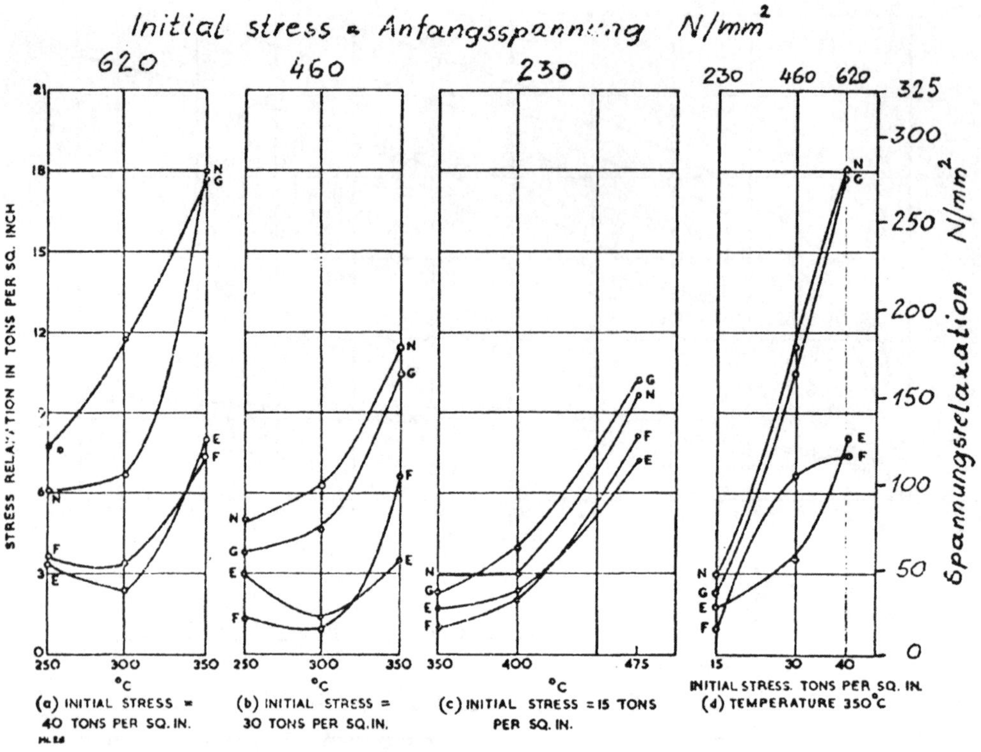

Bild 39: Vergleich des Spannungsrelaxationsverhaltens der Gusseisen E, F, G u. H nach Tafel 16 nach 100 Std. bei verschiedenen Ausgangsspannungen und Temperaturen (Nach S.G. Baker u. J.A. Pope[116], Fig. 28)

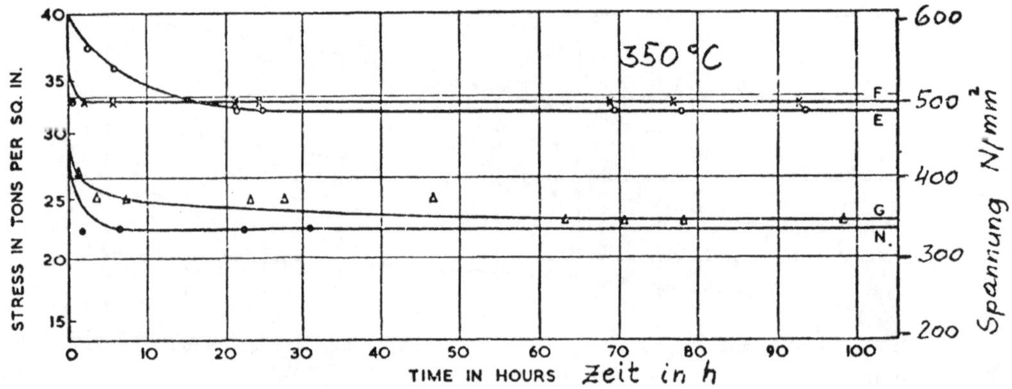

Bild 40: Spannungsrelaxation der Gusseisen E, F, G und N nach Tafel 16 bei 350°C und einer Ausgangsspannung von 620 N/mm²
(Nach S.G. Baker u. J.A. Pope[116], Fig. 6)

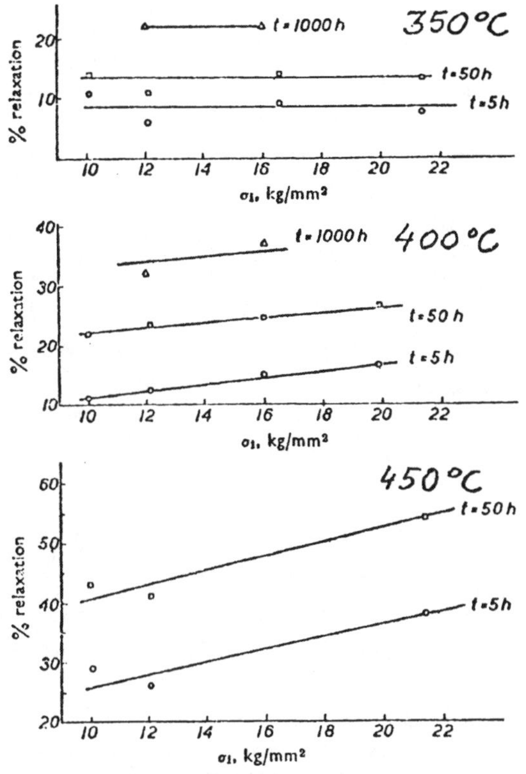

Bild 41

Prozentuelle Relaxation eines unlegierten, perlitischen GGL in Abhängigkeit von Anfangsdruckspannung, Belastungsdauer und Temperatur

(Nach V. de L. Davies[51])

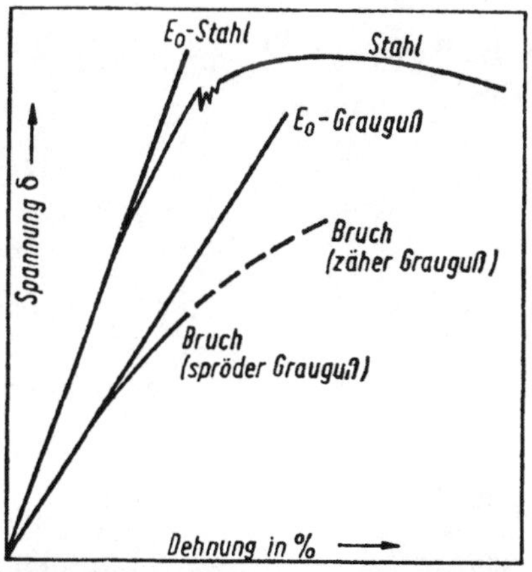

Bild 42

Vergleich der Spannungs-Dehnungs-Schaubilder von Stahl und Grauguss sowie Darlegung der Bedeutung der Grundmassenverformbarkeit für die Zugfestigkeit des Graugusses (schematische Darstellung) Nach F. Henke[139], Bild 6)

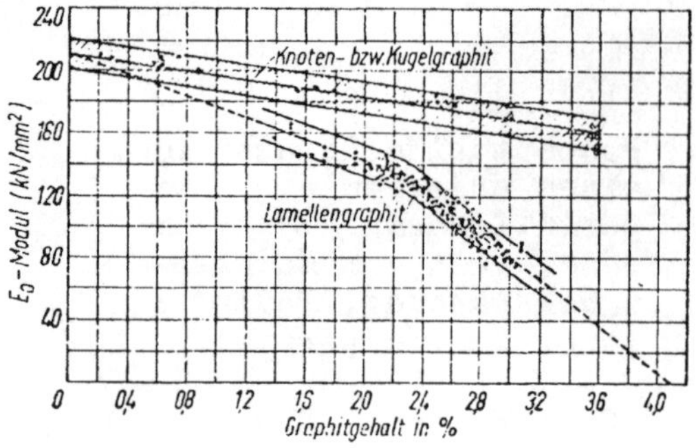

Bild 43

Einfluss des Graphitgehaltes auf den E-Modul von Eisenwerkstoffen mit kompakter (75 Versuchswerte) und lamellarer (242 Versuchswerte) Graphitausbildung. Die offenen Kreise stellen Mittelwerte von zwei oder drei Versuchswerten dar

(Nach W. Grundig[43], entnommen aus [139], Bild 8)

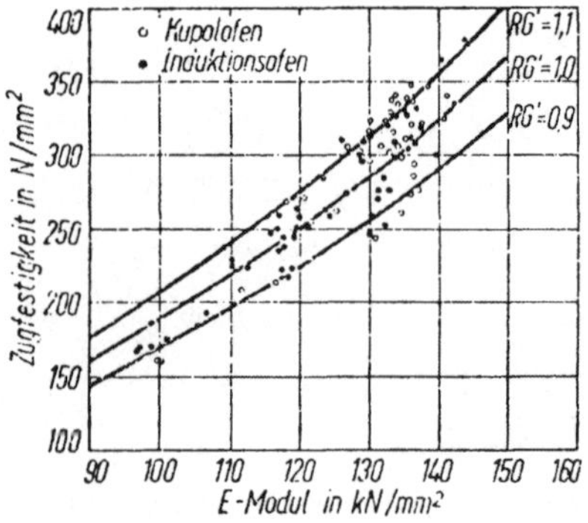

Bild 44

Beziehung zwischen Zugfestigkeit und Elastizitätsmodul. Streuung der Versuchspunkte um die abgeleitete Beziehung $\sigma_B = f(E)$. Proben aus Gussstäben mit 30 mm Ø

(Nach W. Felix[65], entnommen aus [139], Bild 9)

$$\sigma_B \text{ errechnet} = \left(\frac{1330}{32 - E_o} - 41{,}8\right) \times 10 \text{ in kN/mm}^2$$

mechanischer Reifegrad

$$RG' = (\sigma_{B \text{ gemessen}} / \sigma_{B \text{ errechnet}}) \times 100 \text{ in } \%$$

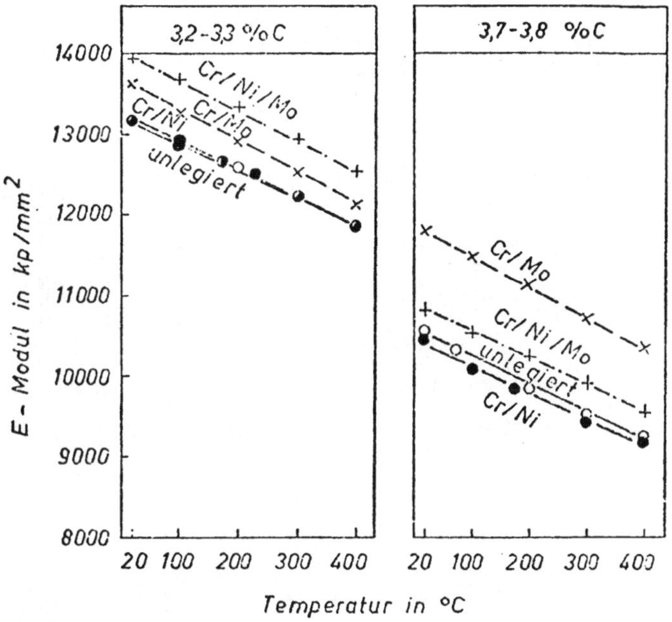

Bild 45: Abhängigkeit des E-Moduls von Gusseisen mit Lamellengraphit von Zusammensetzung und Temperatur.
Nach E. Nechtelberger[67)68)]

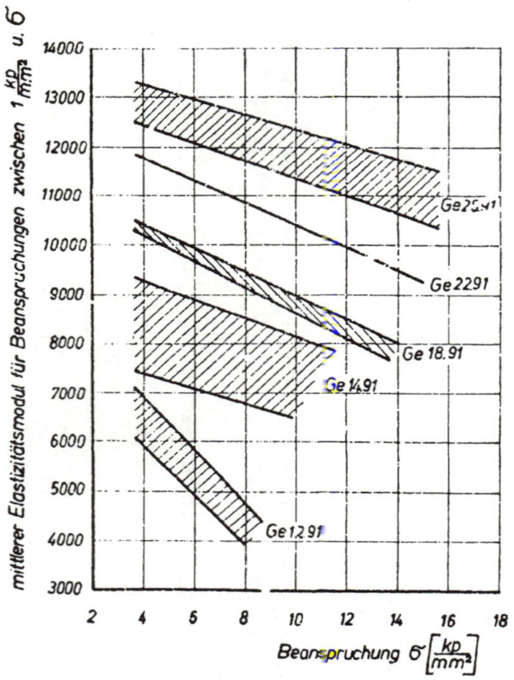

Bild 46: Abhängigkeit des E-Moduls von der Zugbeanspruchung

(Nach R. Mailänder und H. Jungbluth, entnommen aus 41))

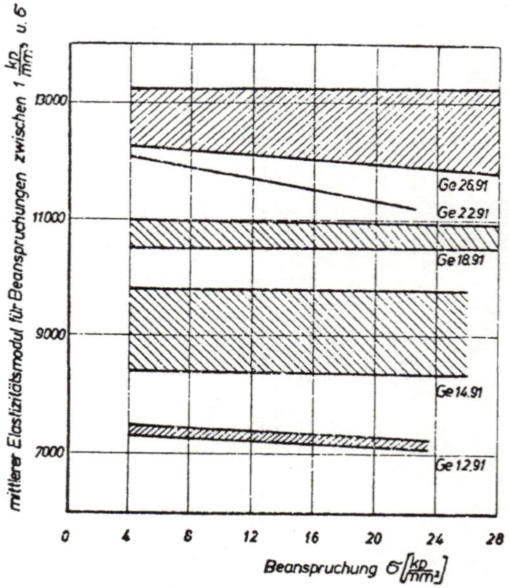

Bild 47: Abhängigkeit des E-Moduls von der Druckbeanspruchung

(Nach R. Mailänder und H. Jungbluth, entnommen aus 41))

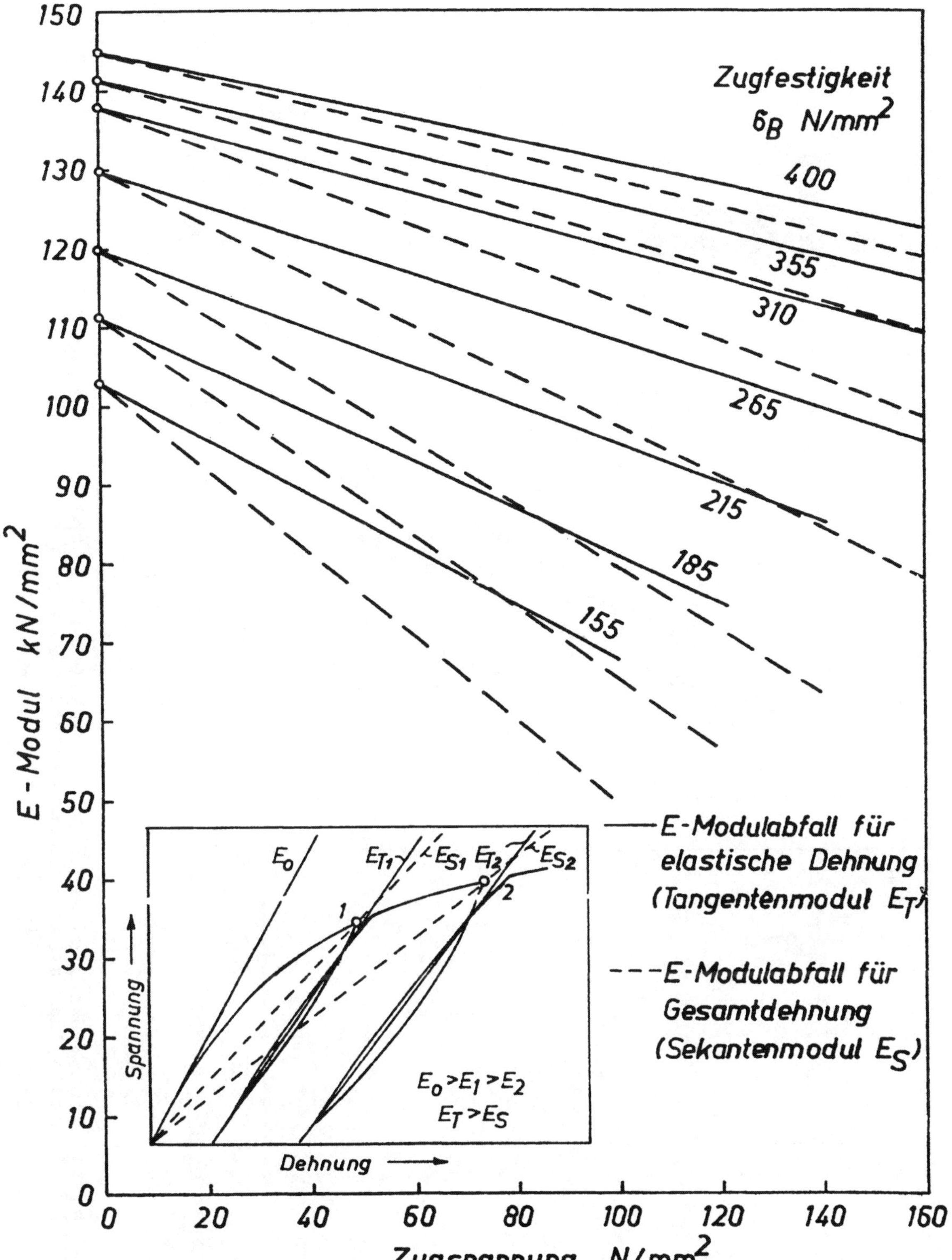

Bild 48: Spannungsabhängigkeit des E-Moduls von unleg. GGL bei Zugbeanspruchung.
(Nach G.N.J. Gilbert[75]), vgl. auch Tafel 18)

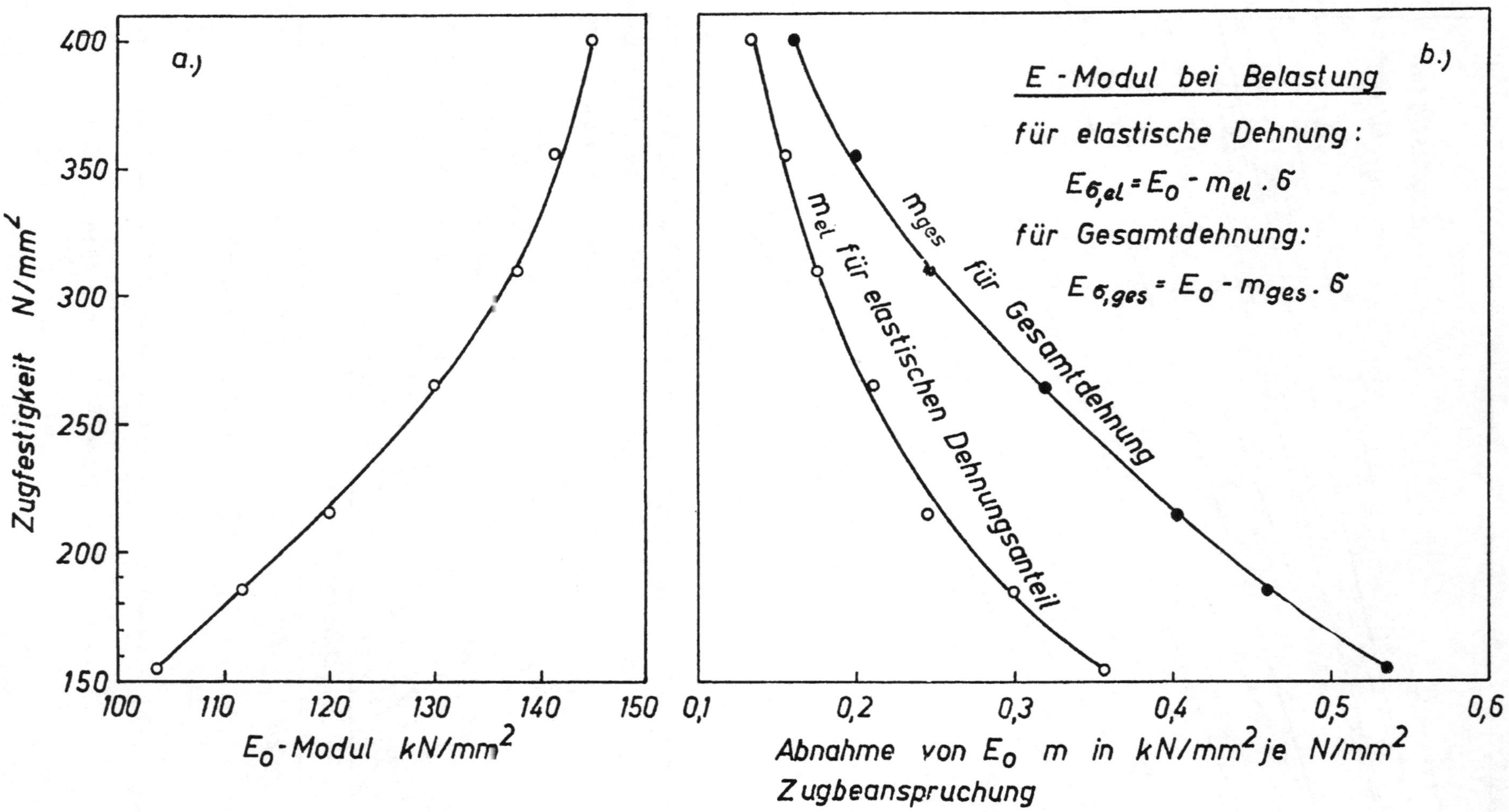

<u>Bild 49 a, b:</u> Zusammenhang zwischen Zugfestigkeit und E_o-Modul von unleg. GGL (a) sowie Zugspannungsabhängigkeit des E-Moduls (b)
(Nach G.N.J. Gilbert[75], vgl. Tafel 18)

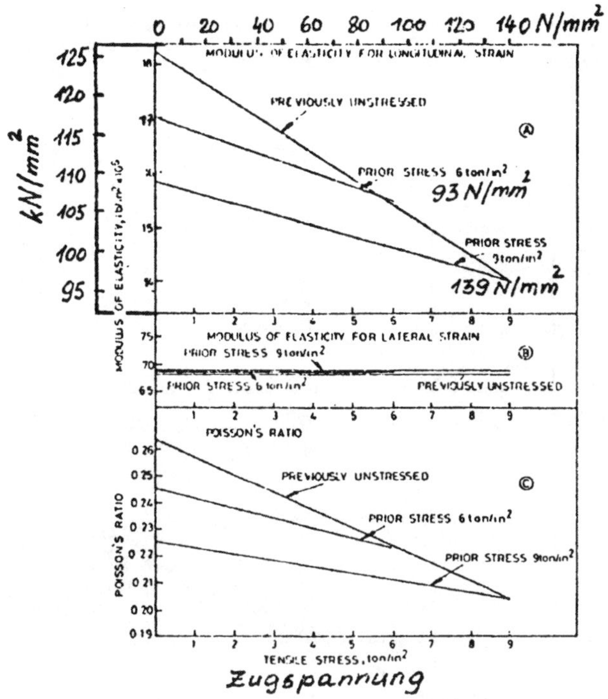

Bild 50: Einfluss einer Vorbelastung (prior stress) auf E-Modul und Poisson-Zahl von unleg. Gusseisen mit Lamellengraphit

(Nach G.N.J. Gilbert und P.J. Emerson[29], Fig. 10)

Gusszustand

Zugfestigkeit = 240N/mm²
Härte HB 30/10 = 185

	E_o-Modul kN/mm²	Abfall von E_o je N/mm² Zugbeanspruchung
nicht vorbelastet	125,5	0,208
vorbelastet auf		
93 N/mm²	116,9	0,113
139 N/mm²	109,1	0,092

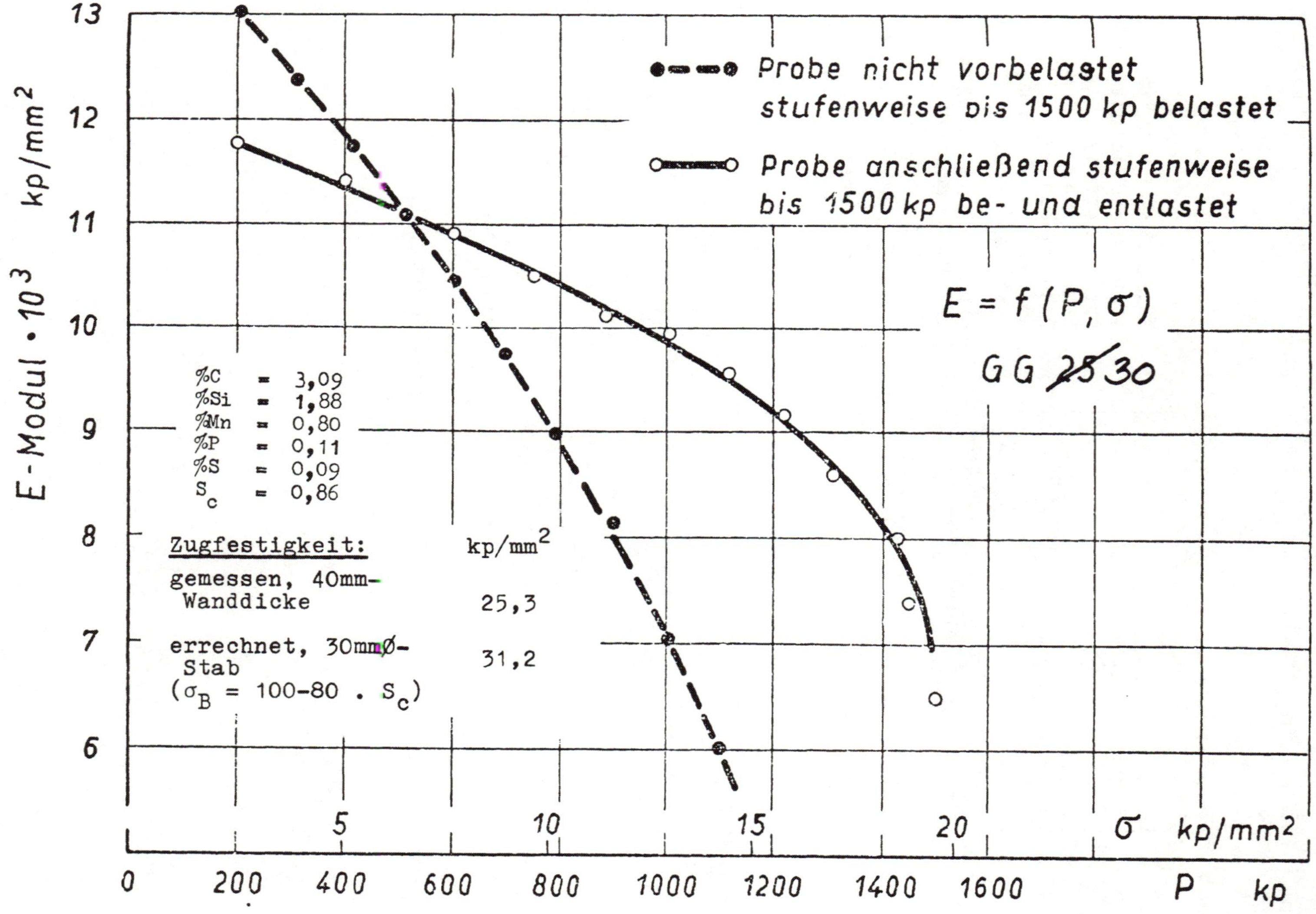

Bild 51: Spannungsabhängigkeit des E-Moduls von GG 30 bei Zugbeanspruchung
(Nach H. Nieth[167])

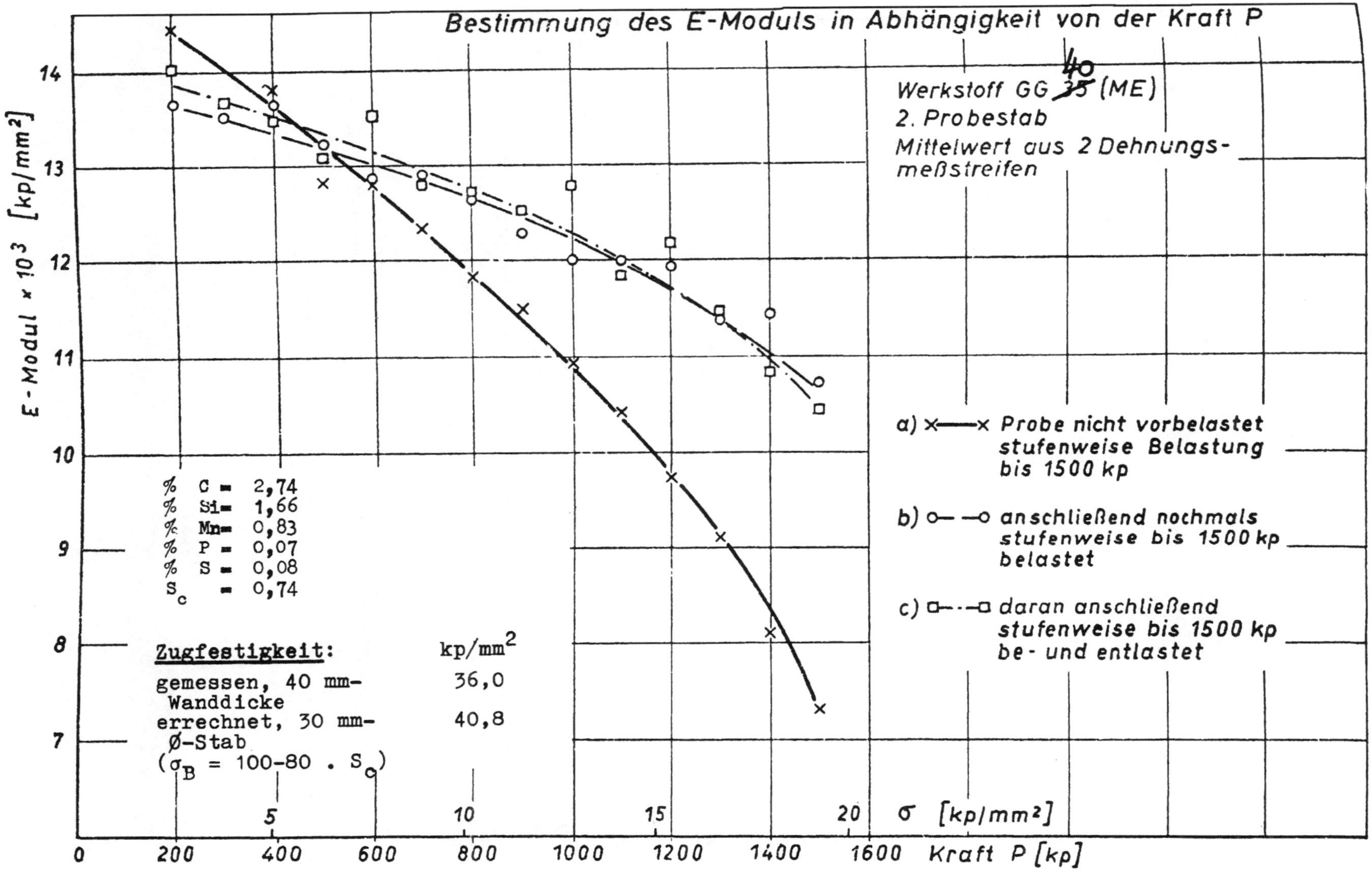

Bild 52: Spannungsabhängigkeit des E-Moduls von GG 40 bei Zugbeanspruchung (Nach H. Nieth[167])

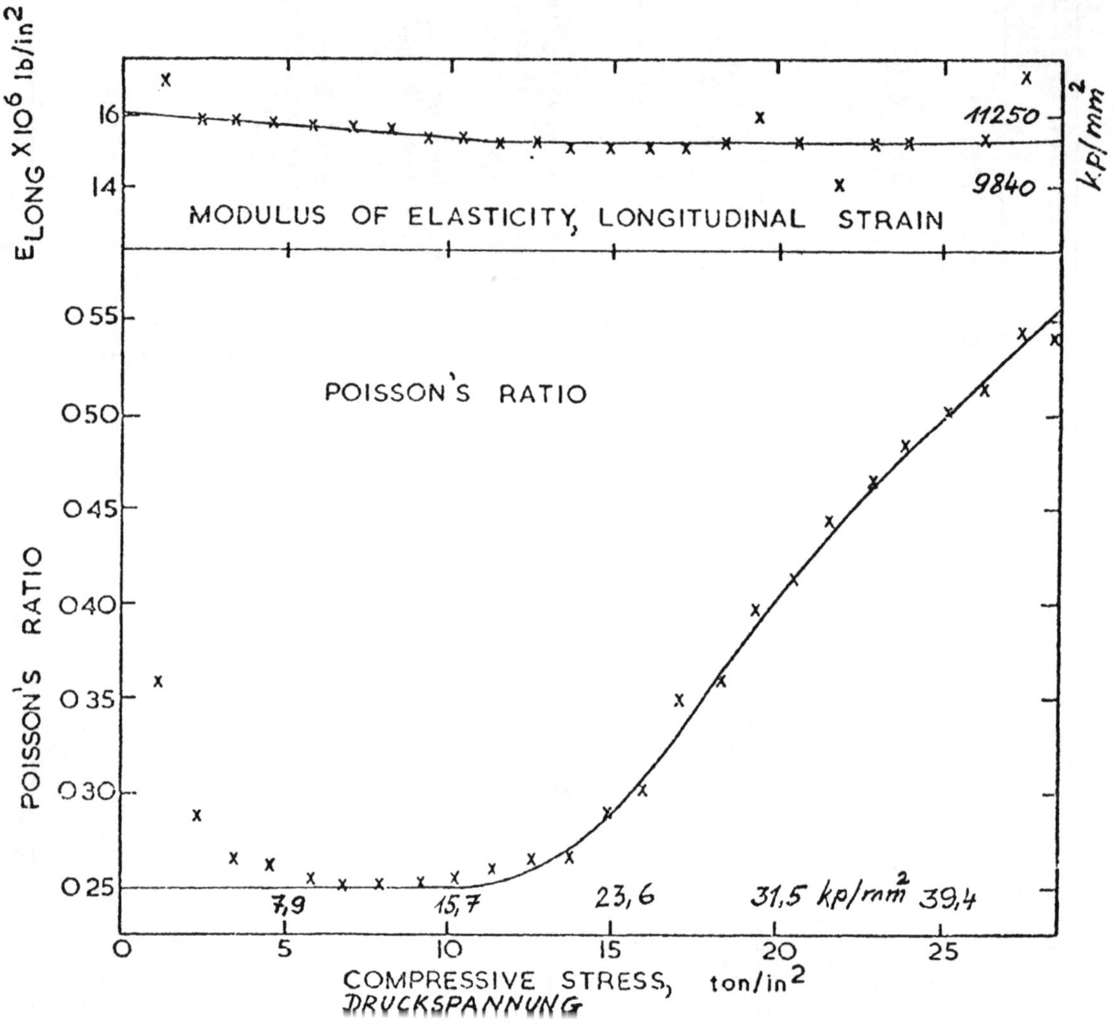

Bild 53: Einfluss der Druckspannung auf E-Modul und Poisson-Zahl von Gusseisen mit Lamellengraphit (Nach G.N.J. Gilbert [75])

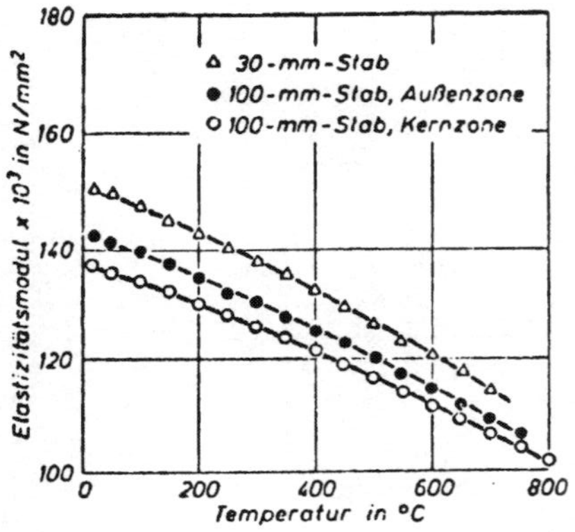

Bild 54: Einfluss der Temperatur auf den Elastizitätsmodul bei verschiedenen Wanddicken. Zusammensetzung: 2,9%C, 1,91 % Si, 1,10 % Mn, 0,28 % Cr, 0,77 % Mo, 0,27 % Cu, 0,30 % Ni, 0,120 % P, 0,31 % S
(Nach V.P. Devyatkin u. Mitarb.[61])

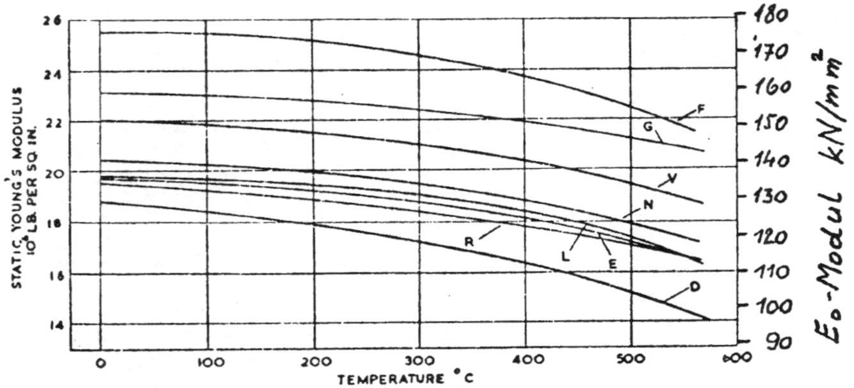

Bild 55: Einfluss der Temperatur auf den Elastizitätsmodul verschiedener Gusseisen nach Tafel 16.
(Nach S.G. Baker u. J.A. Pope[117])

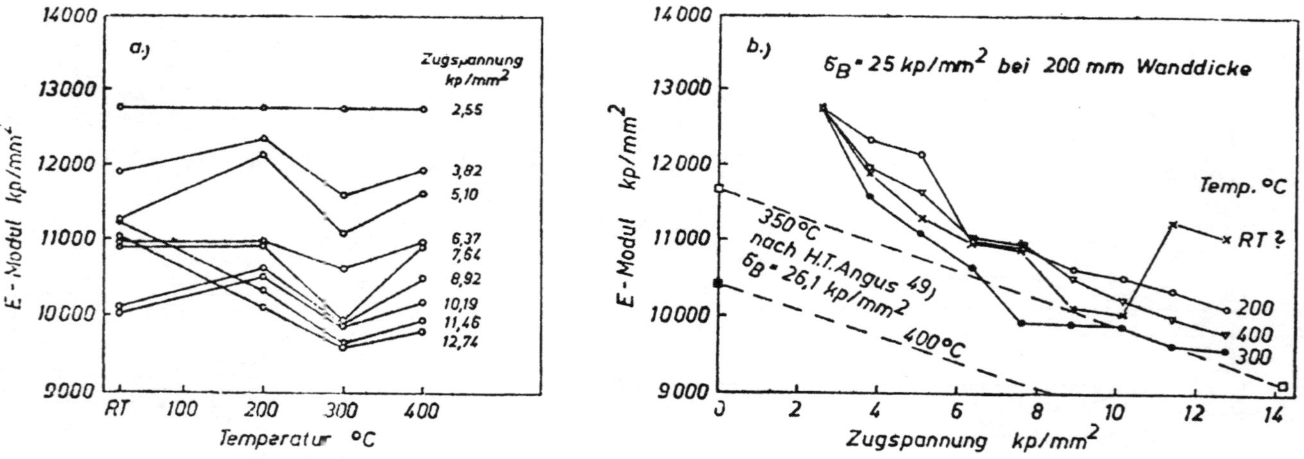

<u>Bild 56 a, b:</u> Abhängigkeit des E-Moduls eines unleg. GGL 40 mit 3,2 % C, 1,3 % Si, 1,1 % Mn, 0,16 % P und 0,10 % S von der Temperatur und der Zugbeanspruchung. Gussstück 200 x 200 x 200 mm.

(Nach N. Janakiev[15], Tab. 10)

Vergleichseisen nach H.T. Angus[49] mit 3,25 % C, 1,58 % Si, 0,65 % Mn, 0,25 % P und 0,11 % S.

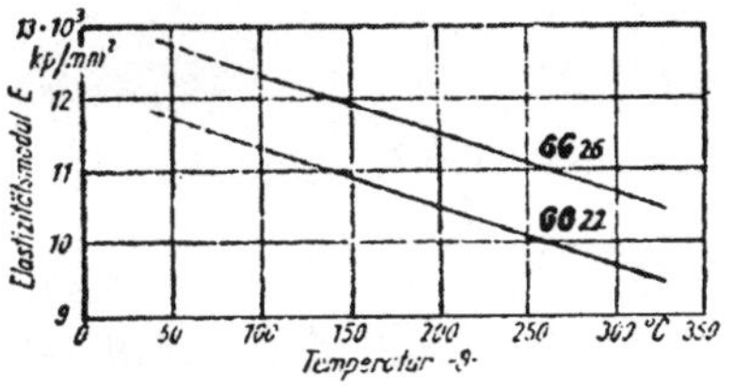

Bild 57: Abhängigkeit des E-Moduls von GGL 22 und 26 bei Druckbeanspruchung von der Temperatur

(Nach Ch. Irmler[1])

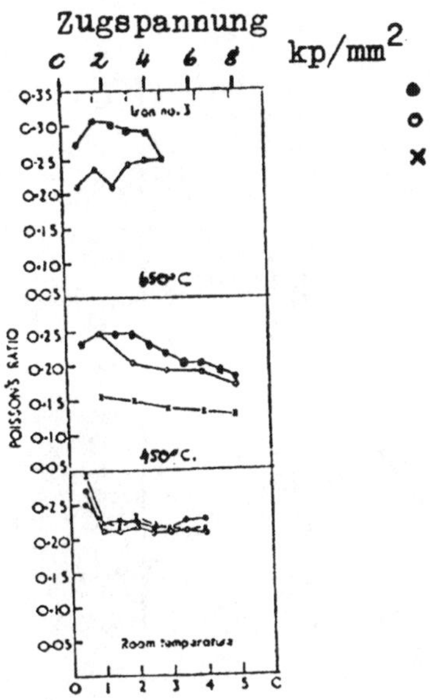

● 1. Belastung
o 2. Belastung
x 3. Belastung

Zusammensetzung:

%C	%Si	%Mn	%P	%S
3,52	1,32	0,61	0,066	0,082

Zugfestigkeit bei RT: 16,2 kp/mm^2
E-Modul bei RT: 9210 kp/mm^2

Bild 58: Abhängigkeit der Poisson-Zahl von Gusseisen mit Lamellengraphit von Zugspannung, Temperatur und Belastungsanzahl.
(Nach J. Woolman[113], Fig. 22)

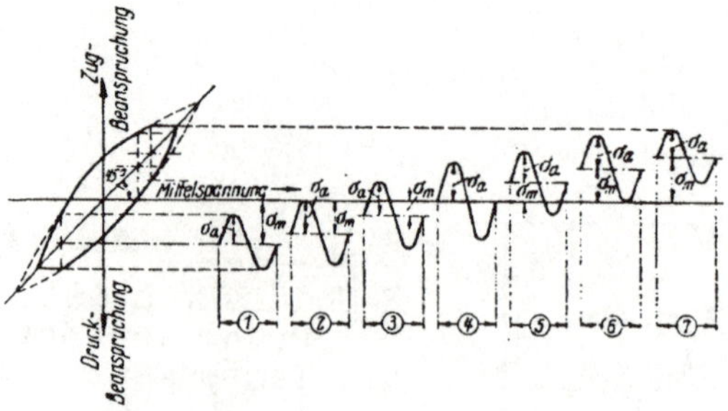

Bild 59: Dauerfestigkeitsschaubild und mögliche Beanspruchungsfälle.
(Nach R. Verriest u. Mitarb. [166])

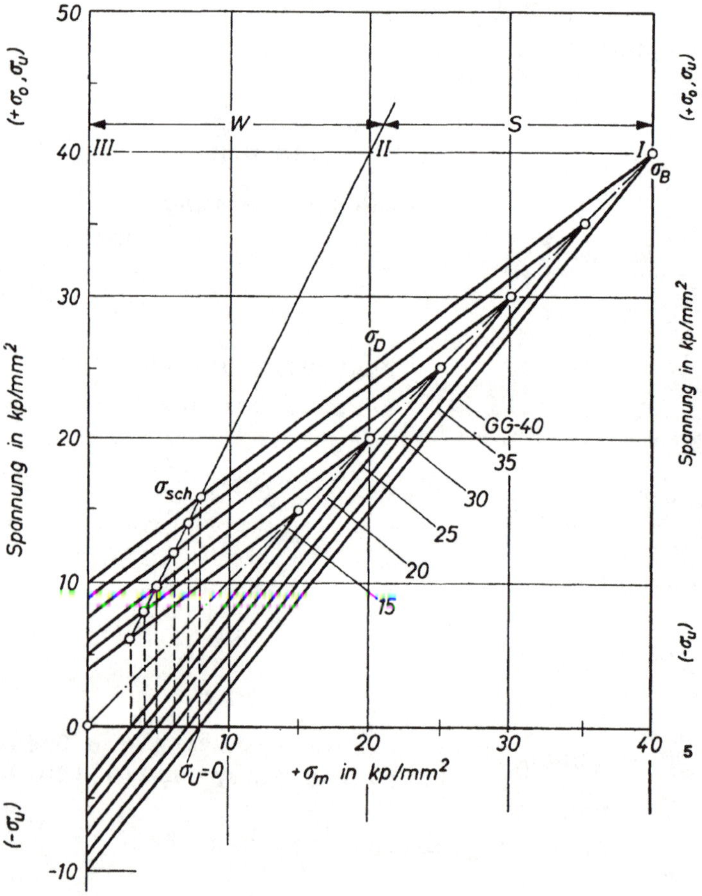

Bild 60: Zug- und Zug-Druck-Dauerfestigkeit von Gusseisen mit Lamellengraphit
(Nach H. Reuter[165])

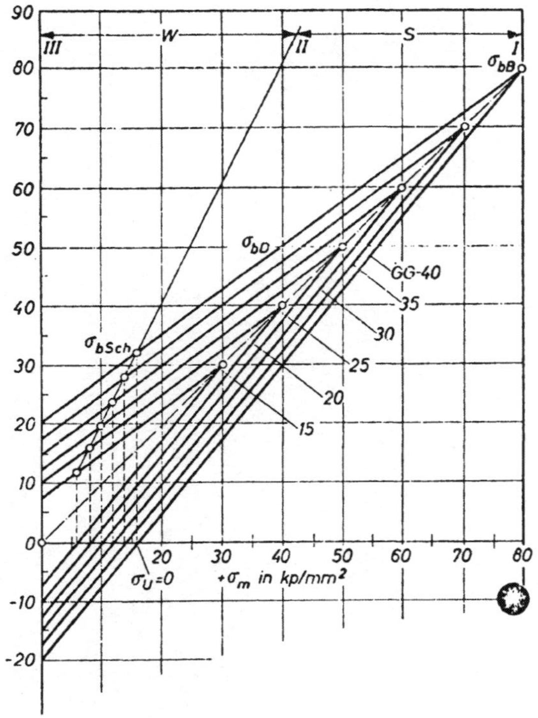

Bild 61: Dauerfestigkeitsschaubild von Gusseisen mit Lamellengraphit für Biegung.
(Nach H. Reuter[165])

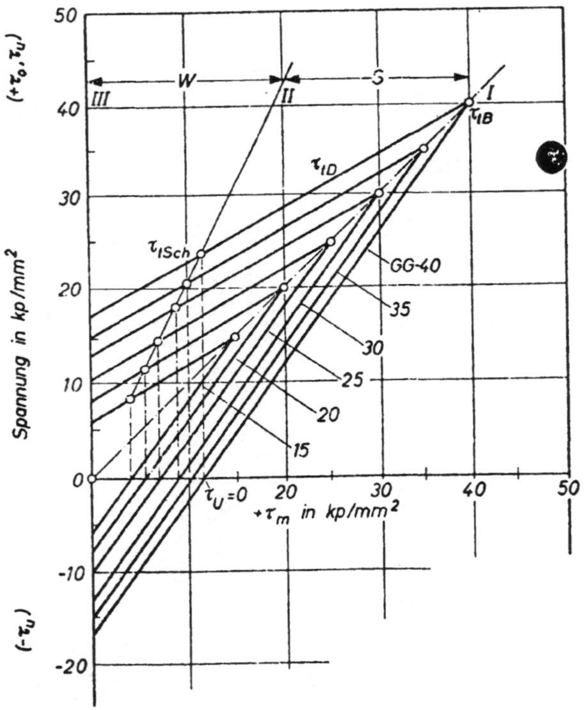

Bild 62: Dauerfestigkeitsschaubild von Gusseisen mit Lamellengraphit für Verdrehung.
(Nach H. Reuter[165])

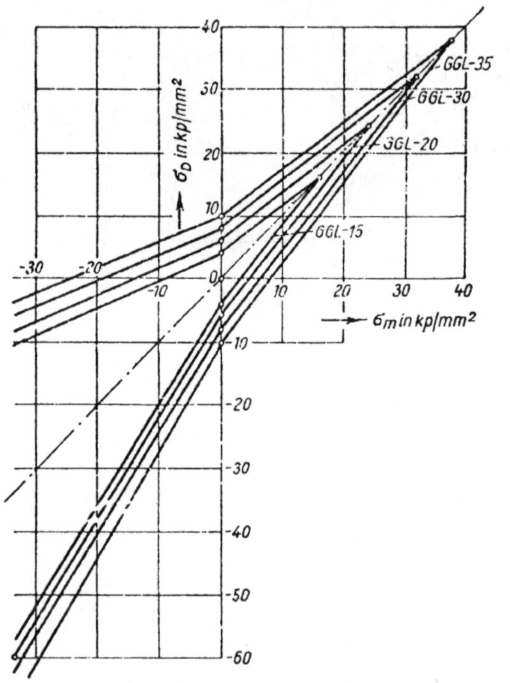

<u>Bild 63:</u> **Erweitertes Zug-Druck-Dauerfestigkeitsschaubild für Gusseisen mit Lamellengraphit**

(Nach H. Tauscher[162])

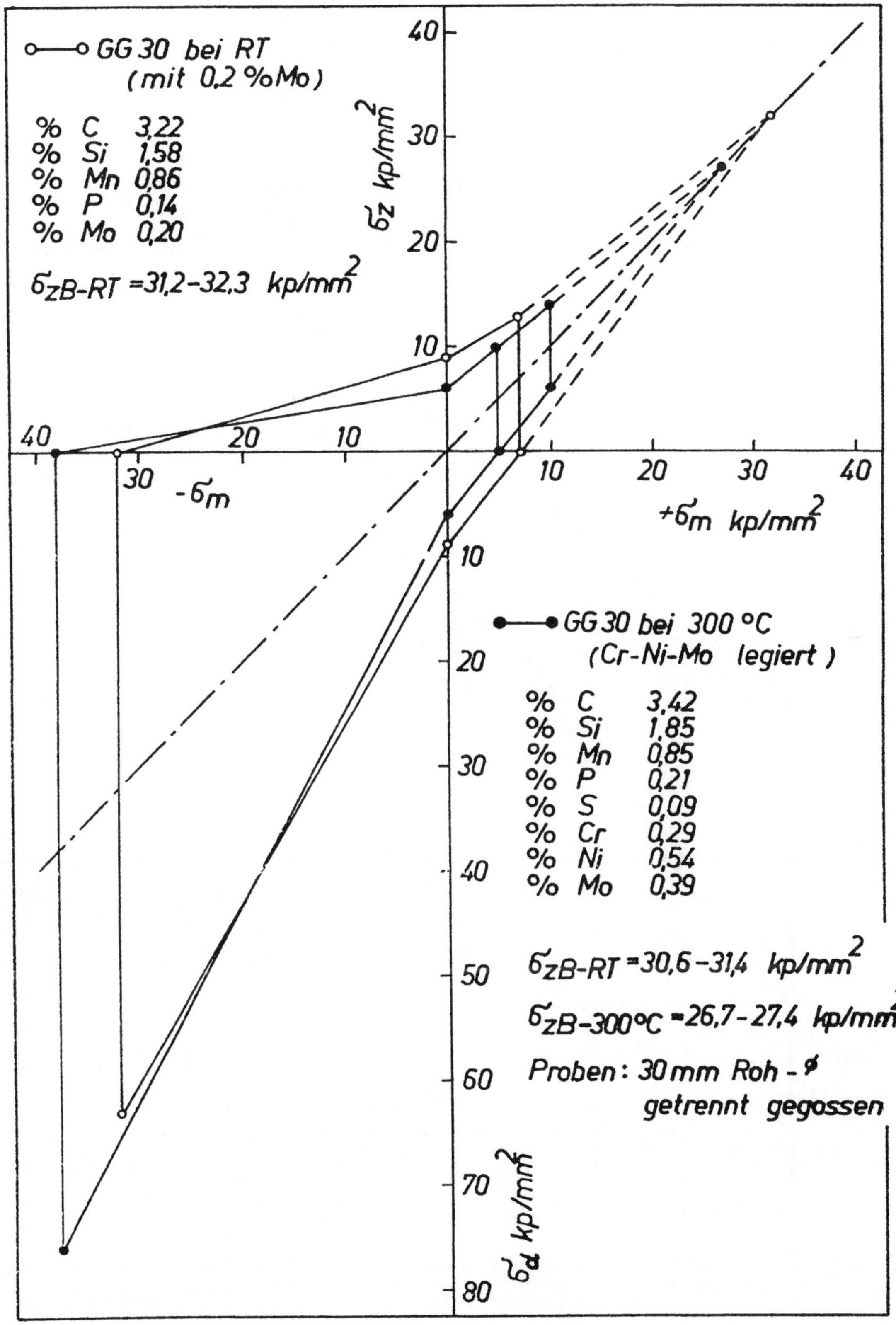

Bild 64: Zug-Druck-Dauerfestigkeitsschaubild legierter Zylinderkopfgusseisen bei RT und 300°C (Nach E. Kiderle[206])

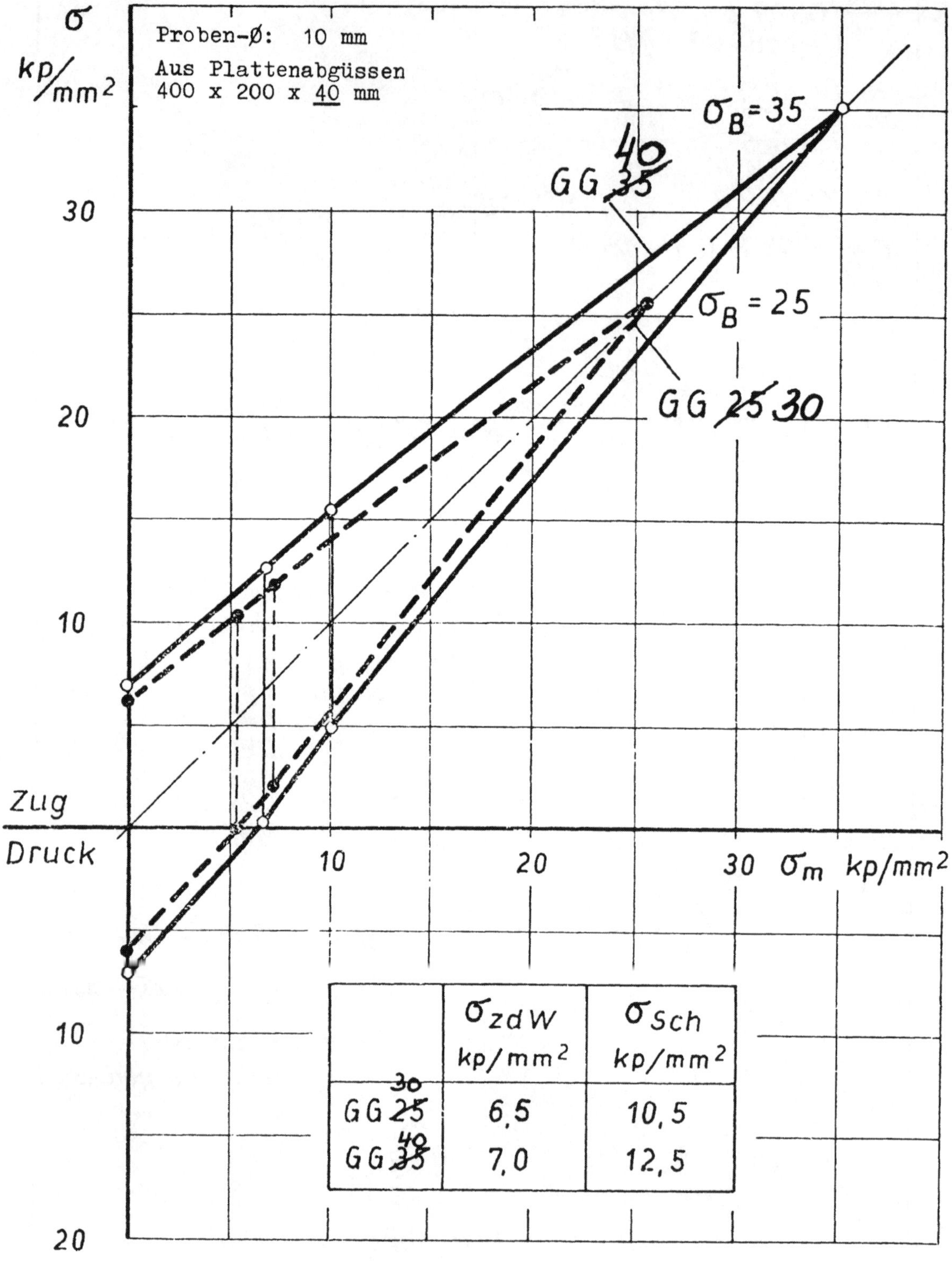

	σ_{zdW} kp/mm²	σ_{Sch} kp/mm²
GG ~~25~~ 30	6,5	10,5
GG ~~35~~ 40	7,0	12,5

Bild 65: Zug-Druck-Dauerfestigkeitsschaubild für GG 40 (Zusammensetzung siehe Bild 52) und GG 30 (Zusammensetzung siehe Bild 51)
Nach Untersuchungen von H. Nieth[167]

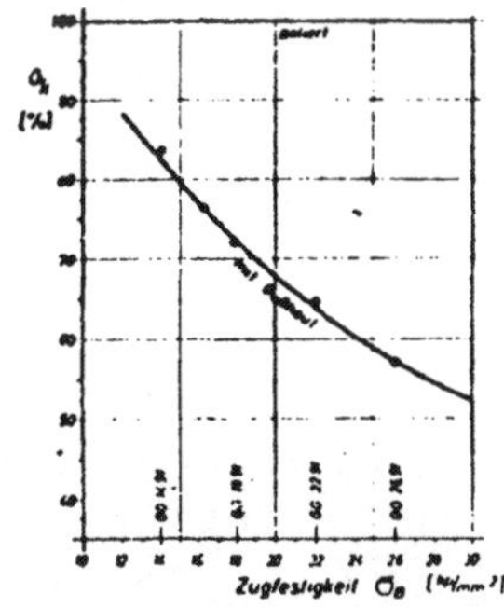

Oberflächeneinfluß O_k für die Abnahme der Biege-Dauerfestigkeit von Gußteilen mit Gußhaut im Vergleich zu einem polierten Probestab

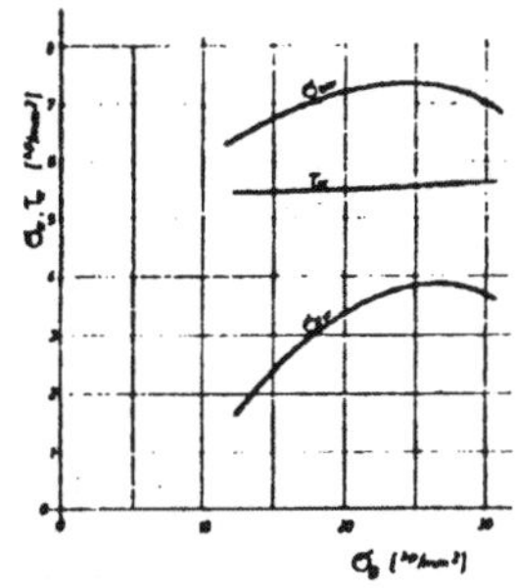

Wechselfestigkeiten σ_w, τ_w des Graugusses mit Gußhaut

Bild 66: Gusshauteinfluss auf Dauerfestigkeit (Nach H. Maaβ[174])

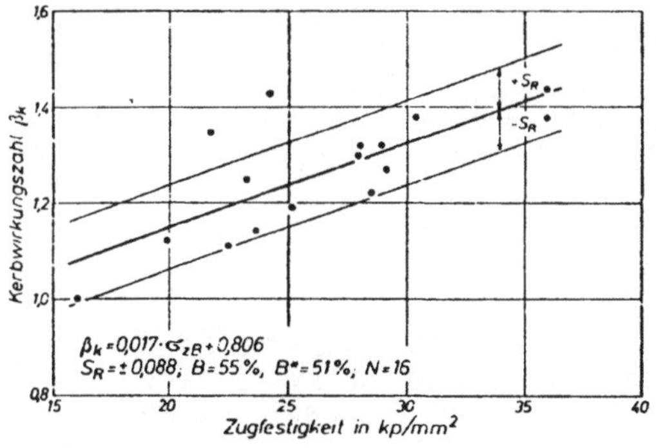

Bild 67:

Änderung der Kerbwirkungszahl bei Gusseisen mit Lamellengraphit mit der Zugfestigkeit.

(Nach E.v. Rajakovics[161], entnommen aus [215], Bild 7)

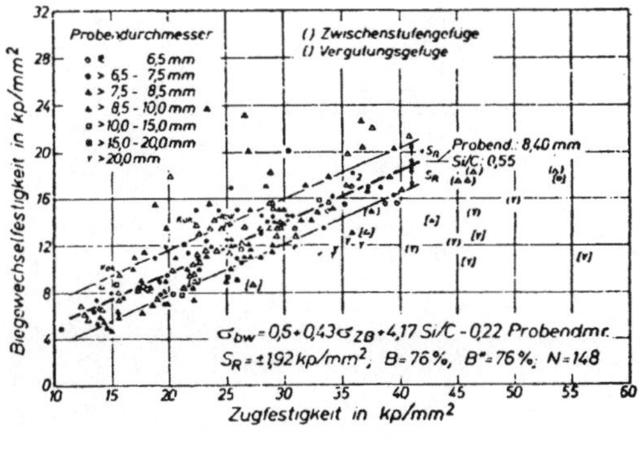

Bild 68a:

Zusammenhang zwischen Biegewechselfestigkeit ungekerbter Proben und der Zugfestigkeit von Gusseisen mit Lamellengraphit nach ca. 50 Schrifttumsangaben ausgewertet von A. Lahn[215].

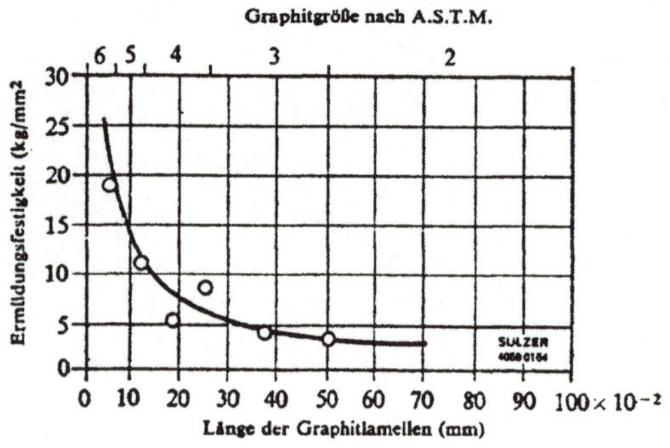

Bild 68b:

Einfluss der Graphitlamellenlänge auf die Dauerfestigkeit (Umlaufbiegewechselversuch) von Gusseisen mit Lamellengraphit

(Nach K. Ikawa u. G. Ohira[186], entnommen aus [170]).

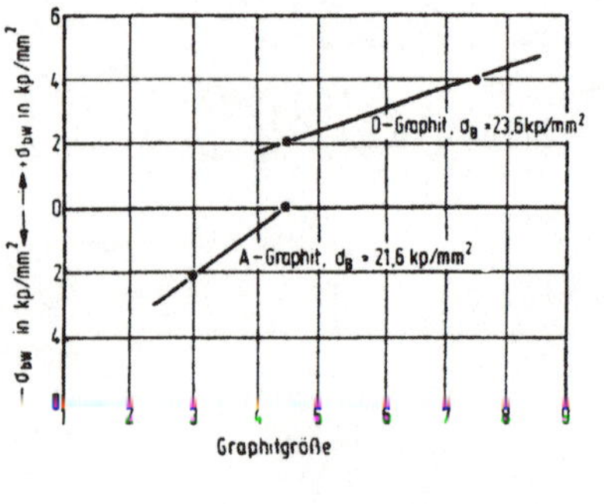

Bild 68c:

Einfluss der Graphitanordnung und Größe auf die Biegewechselfestigkeit von GGL, bezogen auf die normale Dauerfestigkeit eines Gusseisens mit A-Graphit, Größe 4-5.

(Nach H. Figge[176])

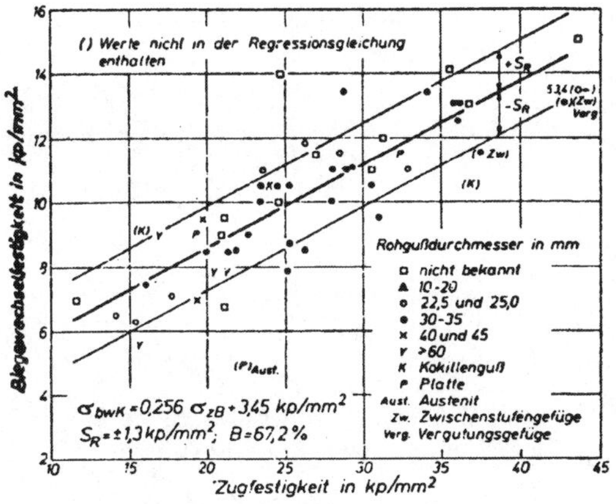

Bild 69: Zusammenhang zwischen der Biegewechselfestigkeit gekerbter Proben und der Zugfestigkeit von Gusseisen mit Lamellengraphit

(Nach A. Lahn[215])

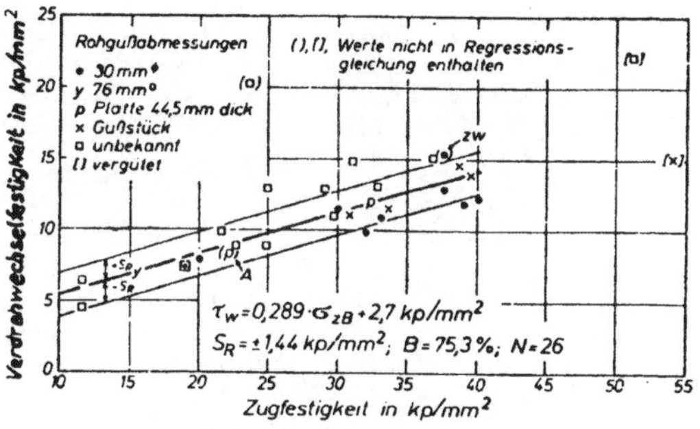

Bild 70: Zusammenhang zwischen Torsionswechselfestigkeit und Zugfestigkeit von Gusseisen mit Lamellengraphit

(Nach A. Lahn[215])

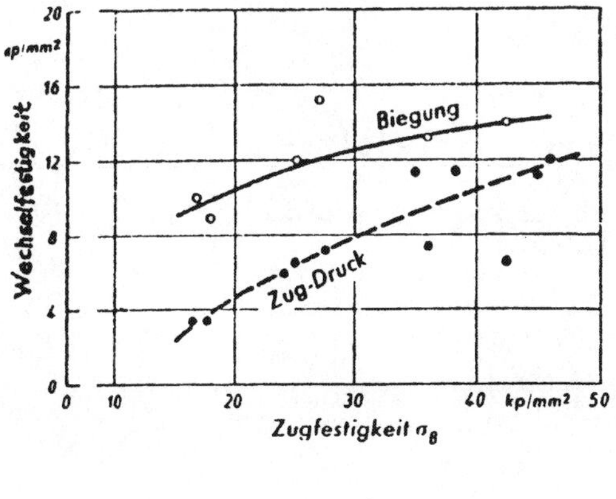

Bild 71: Wechselfestigkeit unter Biegung und Zug/Druck als Funktion der Zugfestigkeit von Gusseisen mit Lamellengraphit

(entnommen aus [23], Bild 15)

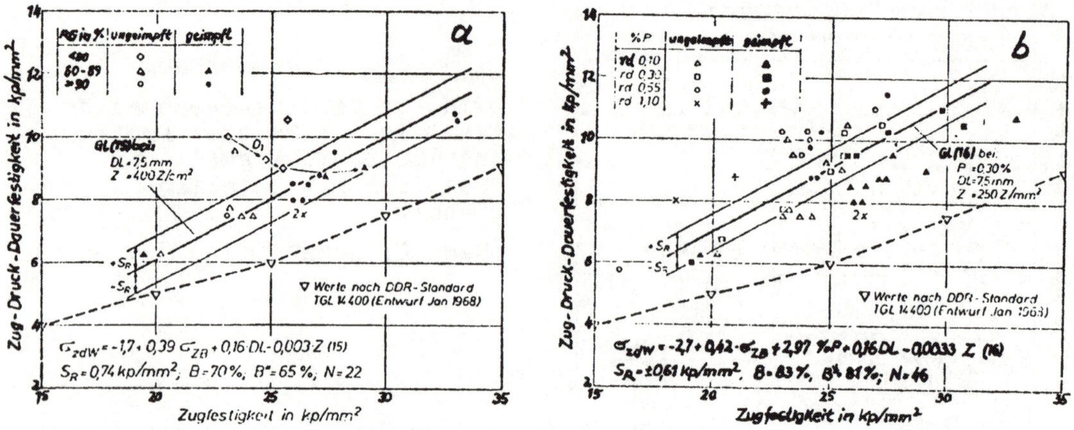

Bild 72 a, b: Zusammenhang von Zug-Druck-Dauerfestigkeit und Zugfestigkeit bei Gusseisen mit Lamellengraphit. a: bei 0,1 % P, b: bei unterschiedlichen P-Gehalten. (Nach A. Lahn [169])

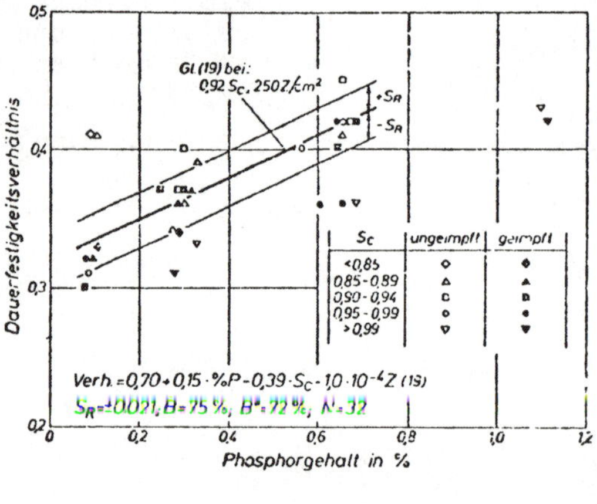

Bild 73: Änderung des Dauerfestigkeitsverhältnisses von Gusseisen mit Lamellengraphit mit dem P-Gehalt (Nach A. Lahn [169])

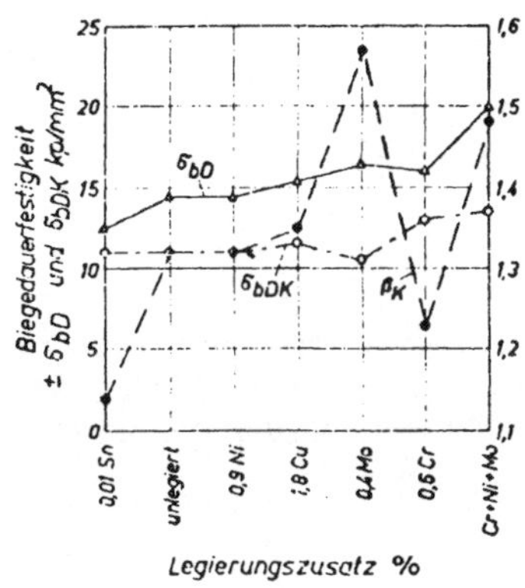

Biegedauerfestigkeit der glatten und gekerbten Proben, Kerbwirkungszahl β_K und Dauerfestigkeitsverhältnis v

Ausgangseisen: 3,20% C; 2,09% Si; 0,56% Mn; 0,17% P; 0,103% S

Nr.	Legierungszusatz %	Zugfestigkeit kp/mm² σ_B	Biegedauerfestigkeit kp/mm² σ_{bD}	σ_{bDK}	$\beta_K = \frac{\sigma_{bD}}{\sigma_{bDK}}$	$v = \frac{\sigma_{bD}}{\sigma_B}$
1	0,55 Cr	36,7	16,0	13,0	1,23	0,44
2	0,91 Ni	34,2	14,5	11,0	1,32	0,42
3	0,38 Mo	35,5	16,5	10,5	1,57	0,46
4	0,57 Cr/1,0 Ni/0,4 Mo	43,7	20,0	13,5	1,48	0,43
5	1,76 Cu	35,1	15,5	11,5	1,35	0,44
6	0,01 Sn	26,5	12,5	11,0	1,14	0,47
7	unlegiert	31,8	14,5	11,0	1,32	0,46

Bild 74: Biegedauerfestigkeit glatter und gekerbter Proben, Kerbwirkungszahl β_K und Dauerfestigkeitsverhältnis v von Gusseisen mit Lamellengraphit bei verschiedenen Legierungszusätzen.
(Nach E. v. Rajakovics[216]; Tafel entnommen aus [2])

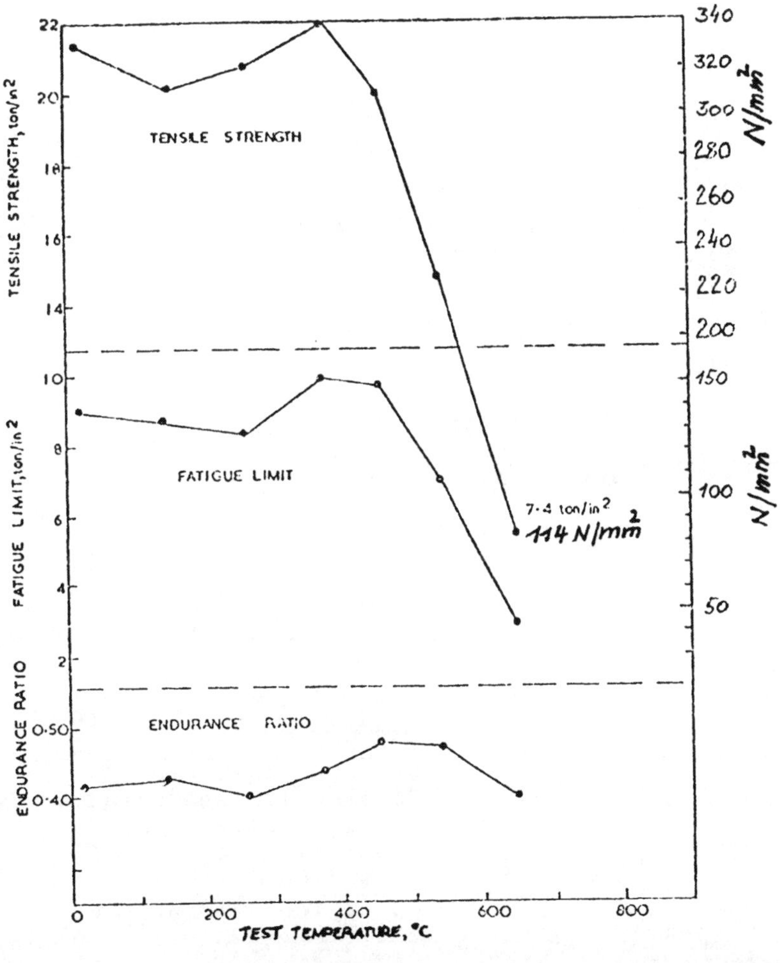

% C	2,84
% Si	1,52
% Mn	1,05
% P	0,07
% S	0,12
% Cr	0,31
% Ni	0,20
% Cu	0,37

Proben aus Platte mit 686x660x44 mm

Bild 75: Abhängigkeit von Zugfestigkeit, Umlaufbiegewechselfestigkeit und Dauerfestigkeitsverhältnis eines Gusseisens mit Lamellengraphit von der Temperatur
(Nach W.L. Collins und O. Smith[171), entnommen aus [77], Fig.6)

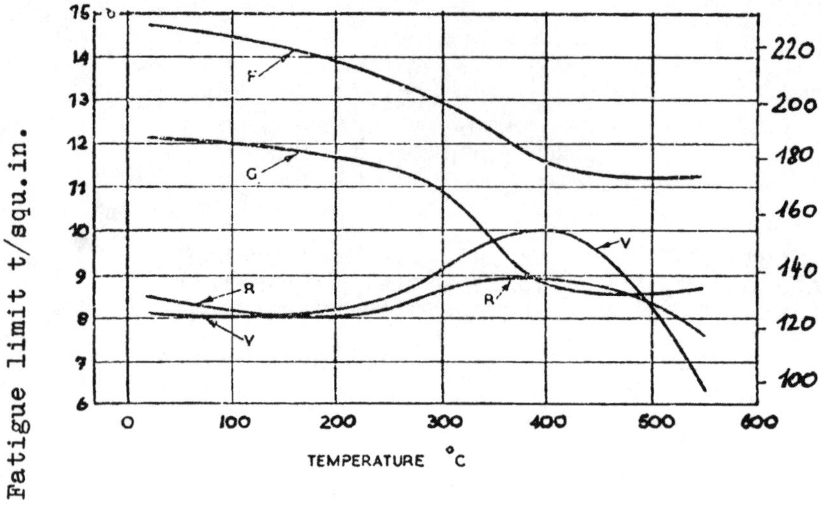

Dauerfestigkeitsverhältnis bei Raumtemperatur:

C	0,46
D	0,37
E	0,41
F	0,38
G	0,37
L	0,45
N	0,41
R	0,41
T	0,48
V	0,34

a)

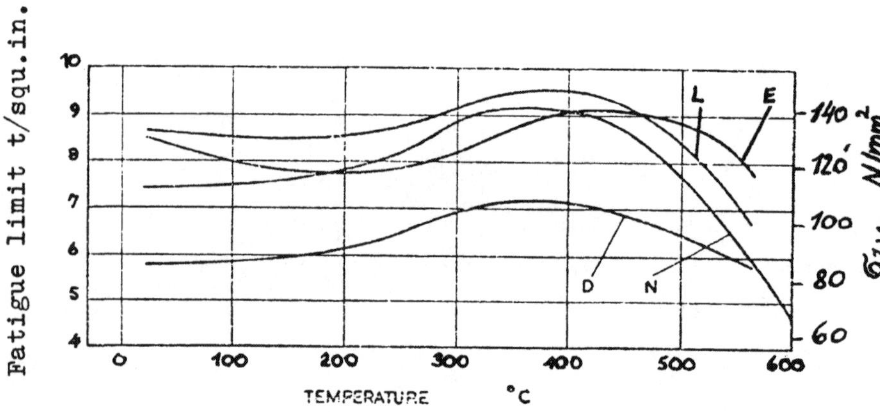

b)

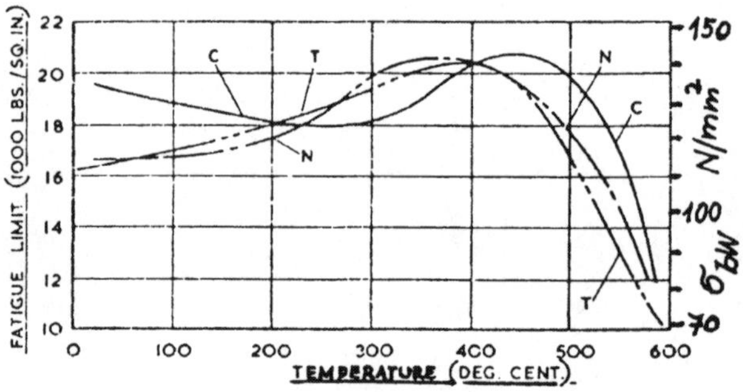

<u>Bilder 76 a-c:</u> Umlaufbiegewechselfestigkeit der Gusseisen nach Tafel 16 in Abhängigkeit von der Temperatur.

(a/b nach [117], Fig. 17, 18, c nach [118], Fig. 51)

c)

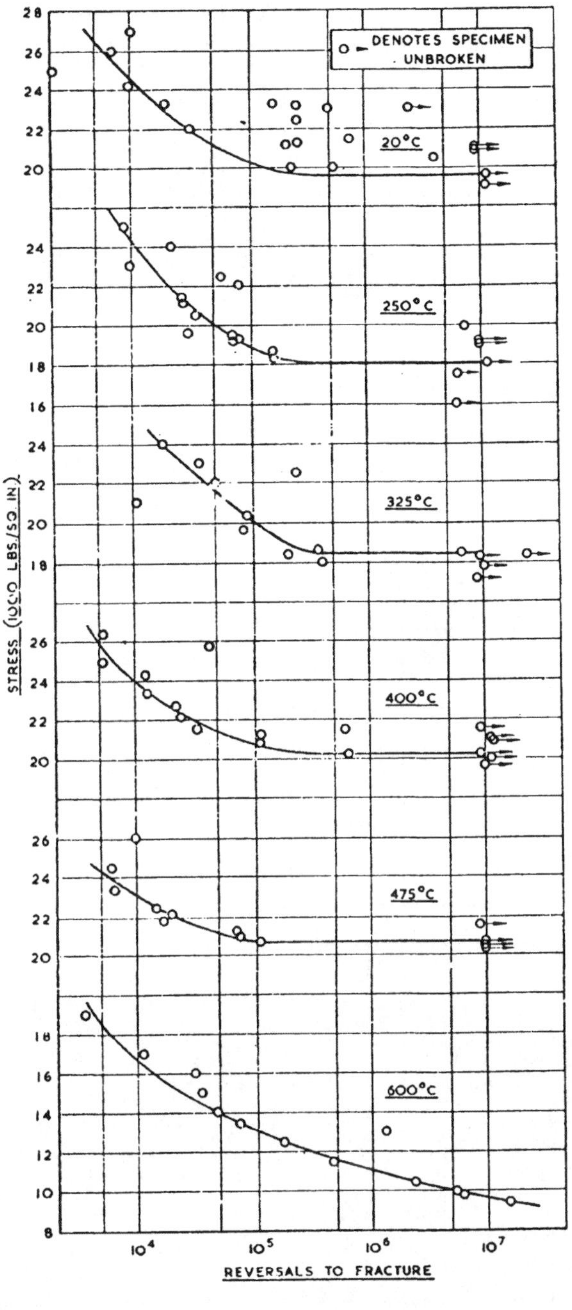

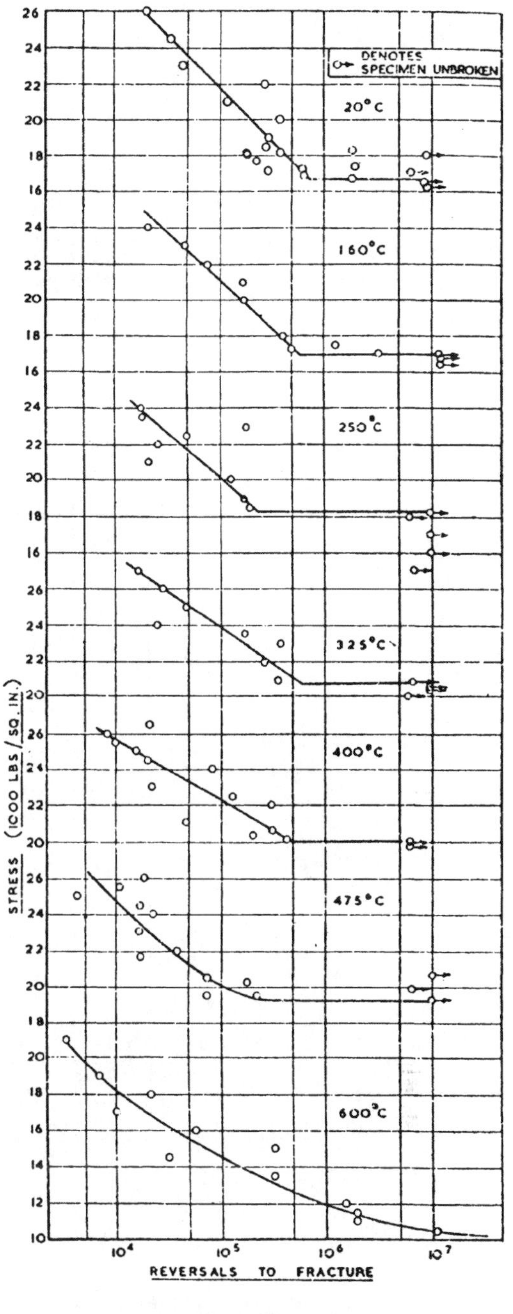

a) Gusseisen C

b) Gusseisen N

1000 lbs./squ.in. = 6,90 N/mm^2

<u>Bilder 77a, b:</u> Wöhlerkurven der Gusseisen C und N nach Tafel 16 bei verschiedenen Prüftemperaturen (Nach[118]), Fig. 48/49)

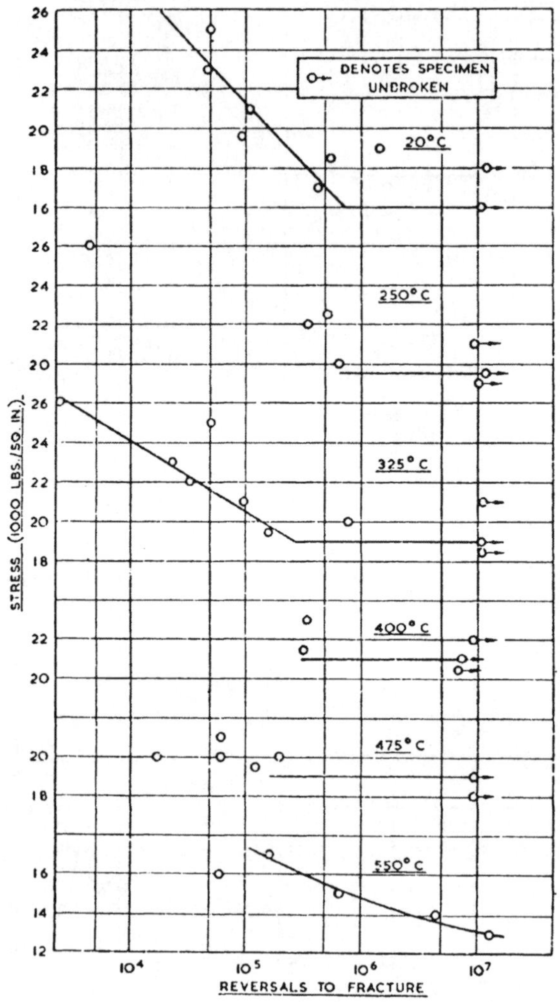

Bild 77c: Wöhlerkurven des Gusseisens T nach Tafel 16 bei verschiedenen Prüftemperaturen (Nach [118], Fig. 50)

1000 lbs./squ.in. = 6,90 N/mm^2

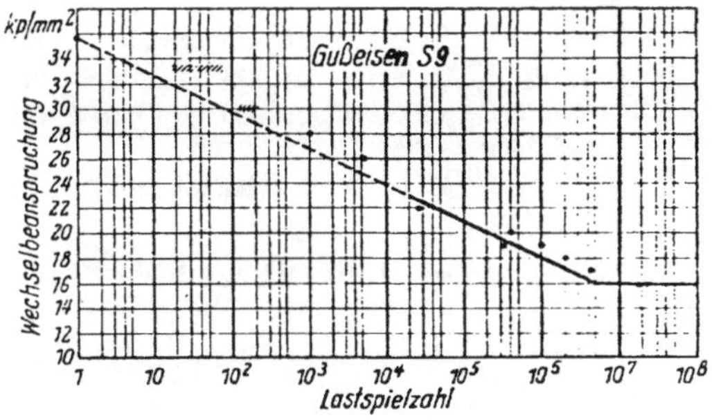

a)

Ermittelt an Proben aus 40 mm Rohgussdurchmesser:

%C	3,09
%Si	1,55
%Mn	0,77
%P	0,08
%S	0,066

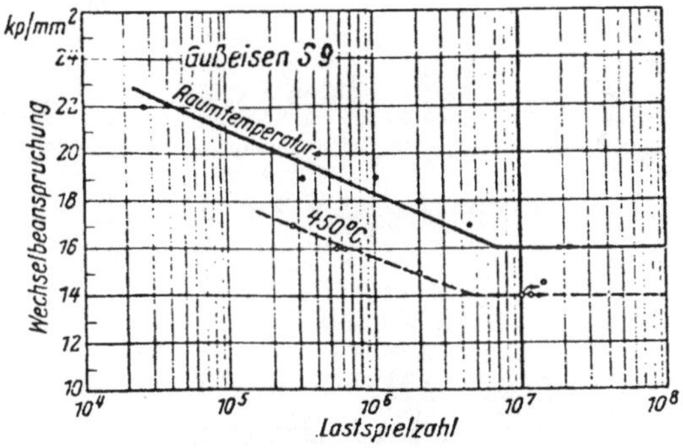

b)

		20°C	450°C
Zugfest.	kp/mm²	35,5	n.b.
	N/mm²	348	--
Z-D-Wechselfest.	kp/mm²	16	14
	N/mm²	157	137
Dauerfest.-Verh.		0,45	n.b.
Brinellhärte		235	n.b.

Bild 78: Zug-Druck-Wechselfestigkeit eines unleg. GGL bei RT (a) und bei 450°C (b)
(Nach R. Verriest u. Mitarb. [116])

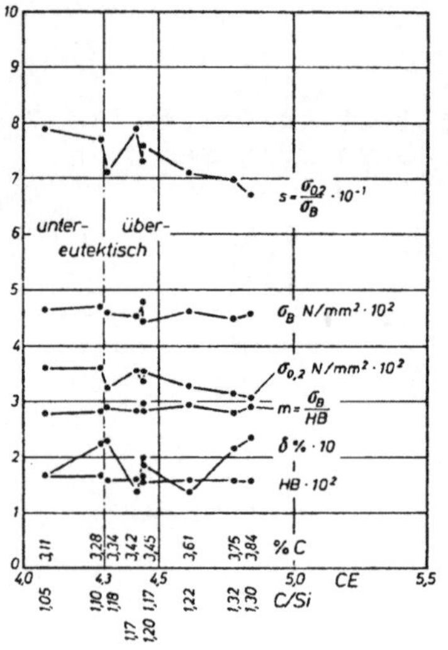

Bild 79:

Einfluss des Kohlenstoffäquivalentes CE und des Kohlenstoffgehaltes bei konstantem Siliciumgehalt von 2,9% auf die Eigenschaften von ferritisch geglühtem Gusseisen mit Kugelgraphit

(Nach J. Czikel und Mitarb.[223])

CE = % C + 1/3 (%Si+%P)

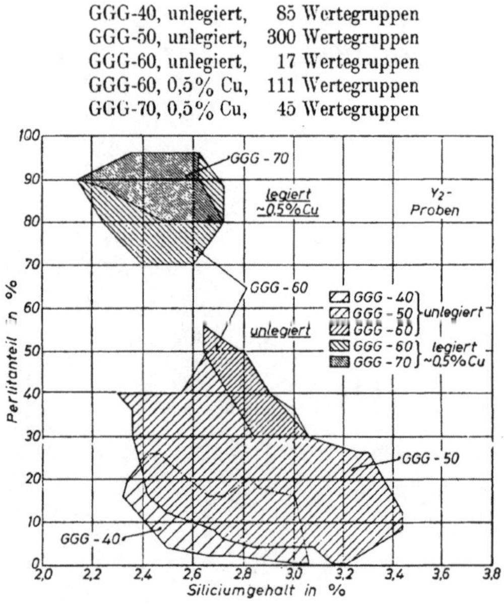

Bild 80:

Gusseisendiagramm für Gusseisen mit Kugelgraphit nach J. Czikel u. Mitarb.[223]

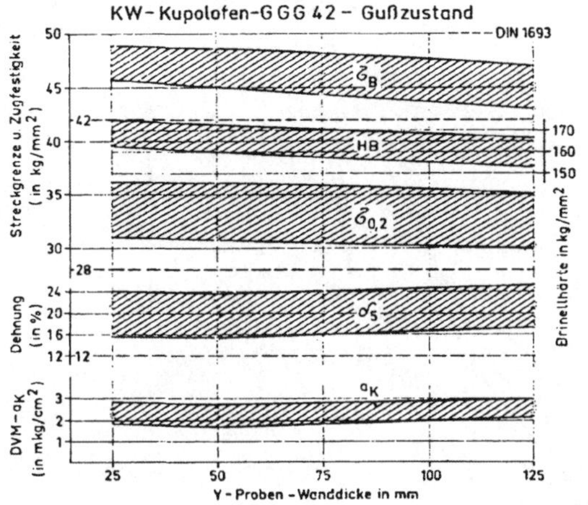

Bild 81: **Wanddickenabhängigkeit der Festigkeitseigenschaften von ferritischem Gusseisen mit Kugelgraphit**

(Nach H. Mühlberger [57])

Gußzustand

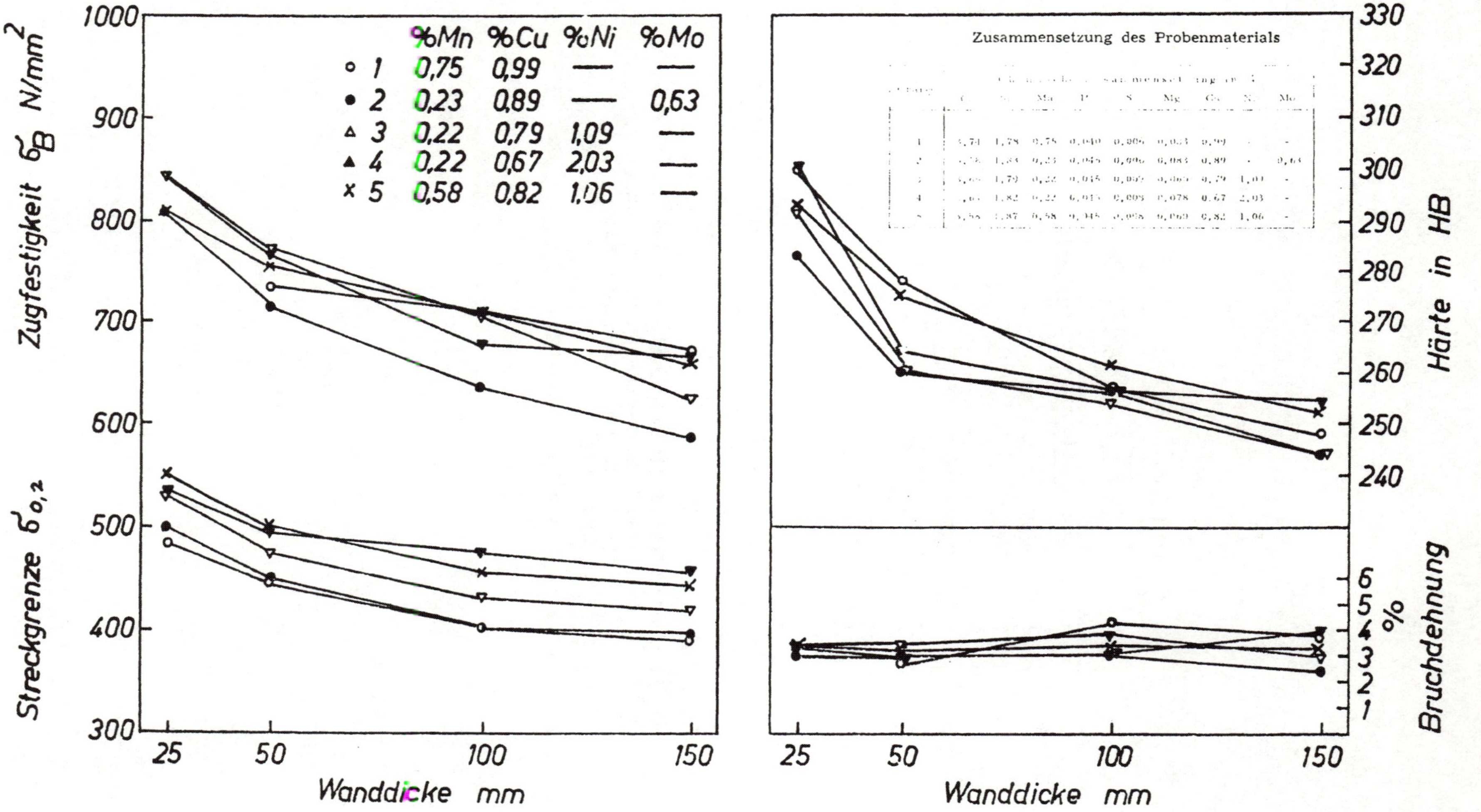

Bild 82a: Wanddickenabhängigkeit der mechanischen Eigenschaften von Gusseisen mit Kugelgraphit im Gusszustand. (vgl. auch Tafeln 22 und 23)
(Nach K. Reifferscheid[34])

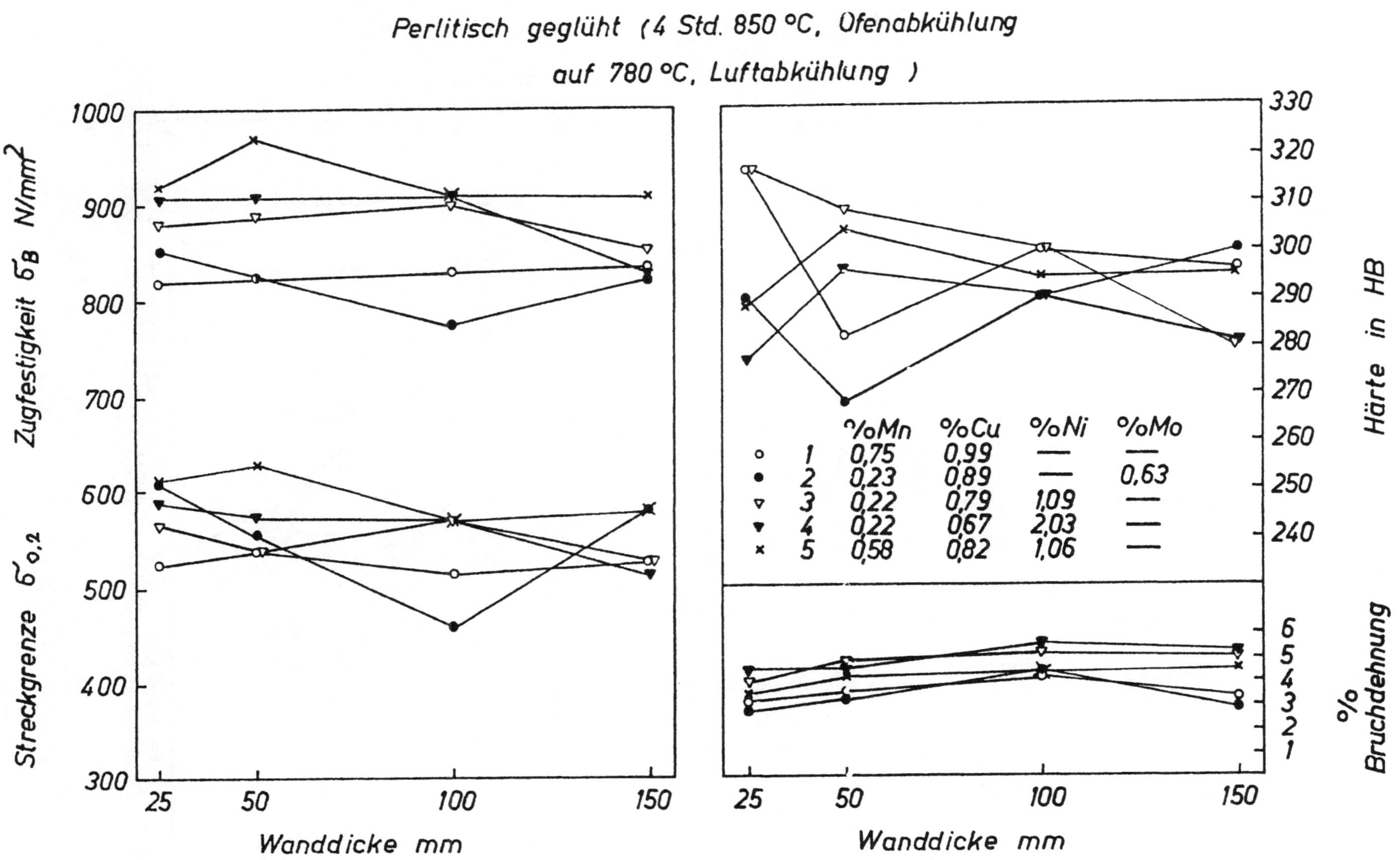

Bild 82b: Wanddickenabhängigkeit der mechanischen Eigenschaften von perlitisch geglühtem Gusseisen mit Kugelgraphit (vgl. auch Tafeln 22 und 23)
(Nach K. Reifferscheid [34])

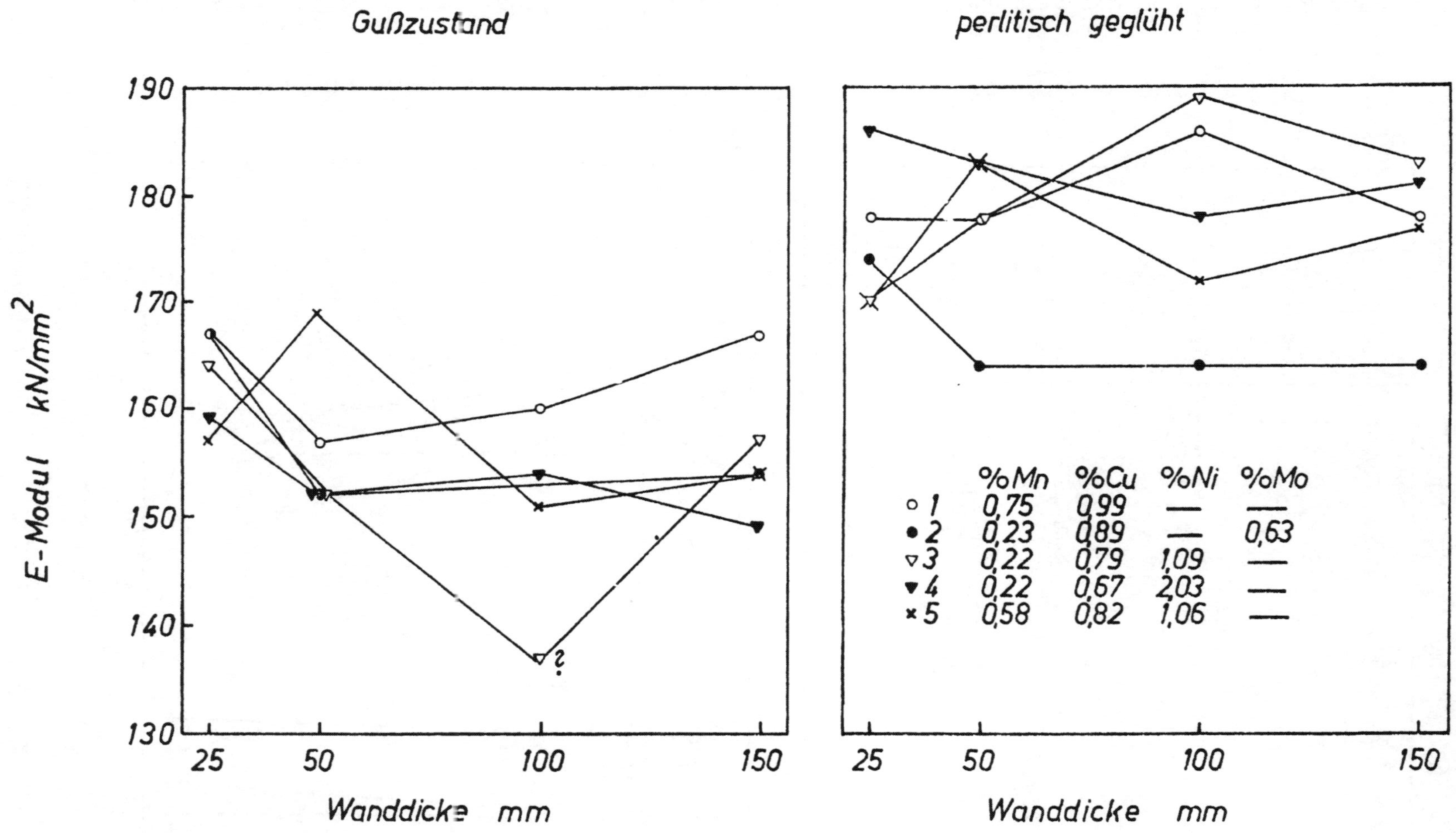

Bild 82c: Statischer E_o-Modul von perlitischem Gusseisen mit Kugelgraphit verschiedener Wanddicke
(Nach K. Reifferscheid[34])

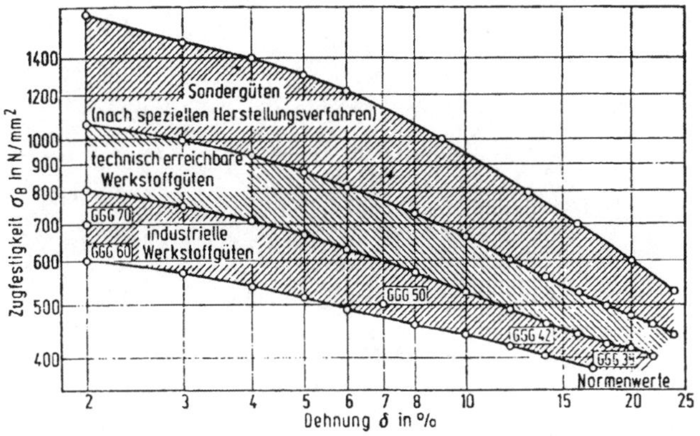

Bild 83:

Beziehung zwischen Zugfestigkeit und Dehnung bei Gusseisen mit Kugelgraphit.

(Nach W. Siefer u. K. Orths entnommen aus [14])

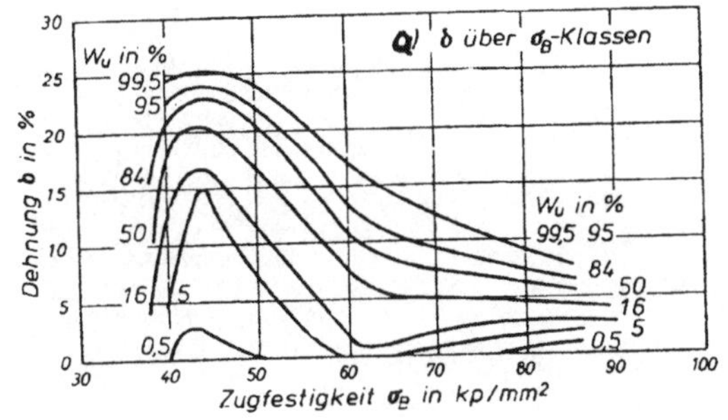

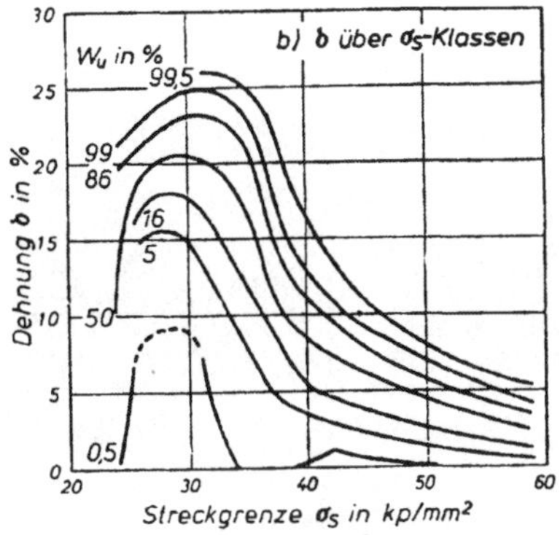

Gusseisen mit Kugelgraphit. Zusammenhang zwischen Zugfestigkeit und Dehnung, Σ n = 3114

Gusseisen mit Kugelgraphit, Zusammenhang zwischen Streckgrenze u. Dehnung, Σ n= 1943

Bild 84 a,b: **Nach W. Siefer u. K. Orths [221]**

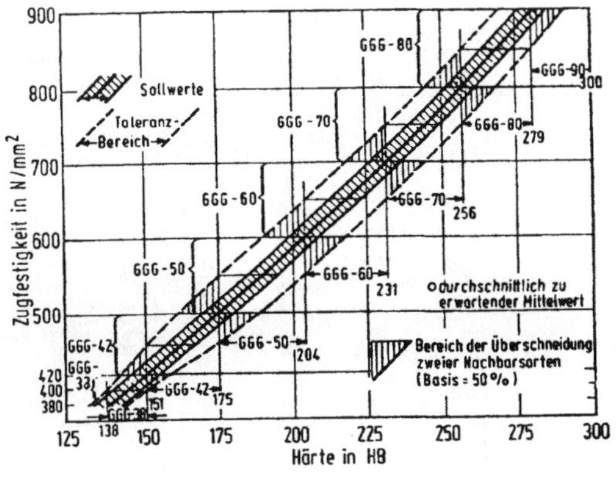

Bild 85:

Zusammenhang zwischen Zugfestigkeit und Härte bei Gusseisen mit Kugelgraphit

(Nach H. Mühlberger, entnommen aus [14])

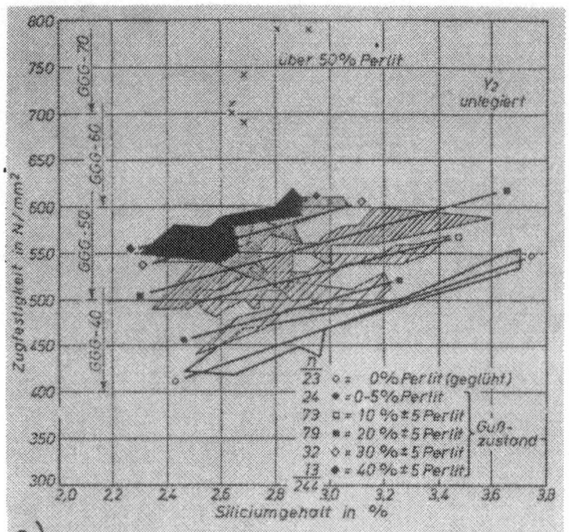

a) Zugfestigkeit in Abhängigkeit vom Siliciumgehalt und Perlitanteil

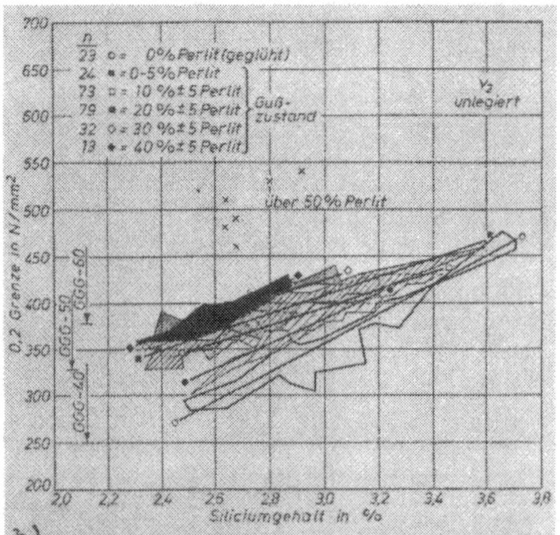

b) 0,2-Grenze in Abhängigkeit vom Siliciumgehalt und Perlitanteil

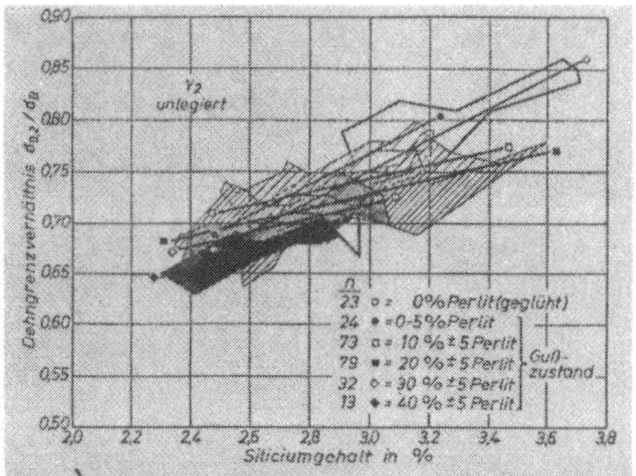

c) Dehngrenzenverhältnis in Abhängigkeit vom Siliciumgehalt und Perlitanteil

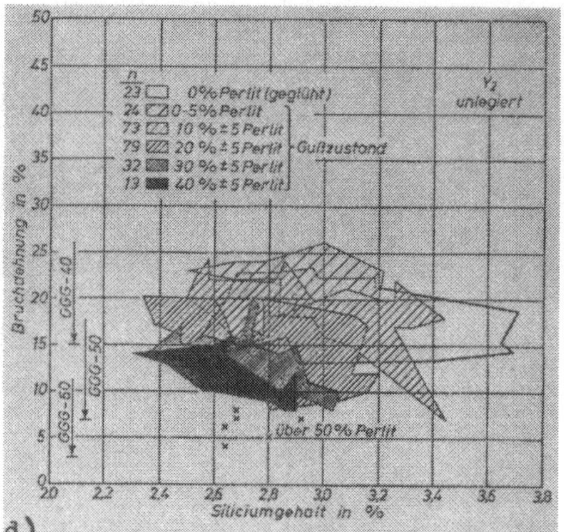

d) Dehnung in Abhängigkeit vom Siliciumgehalt und Perlitanteil

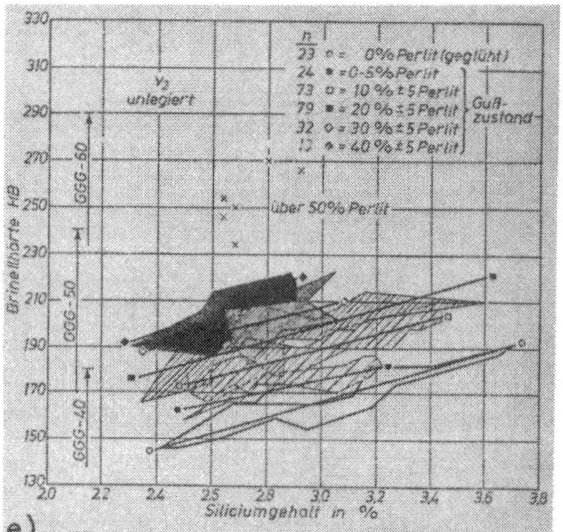

e) Härte in Abhängigkeit vom Siliciumgehalt und Perlitanteil

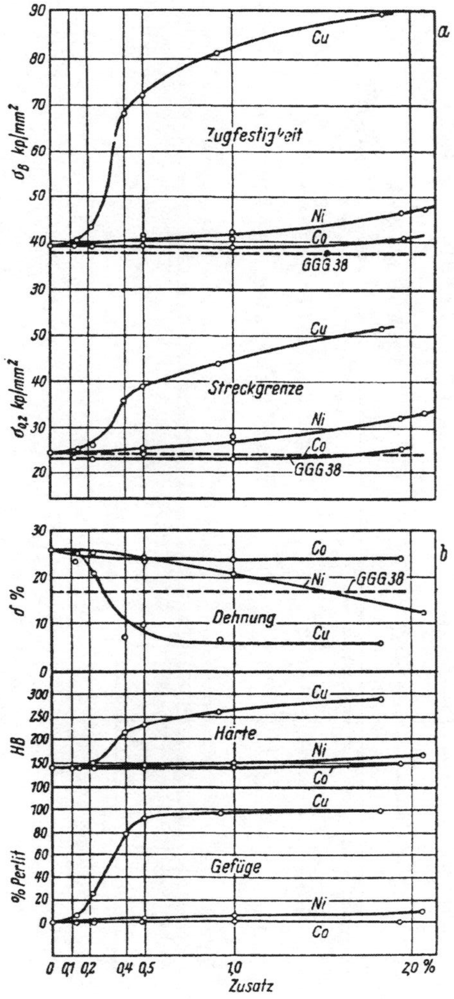

Perlitanteil und mechanische Eigenschaften von ferritischem Gußeisen mit Kugelgraphit in Abhängigkeit vom Zusatz der Elemente Kobalt, Nickel und Kupfer

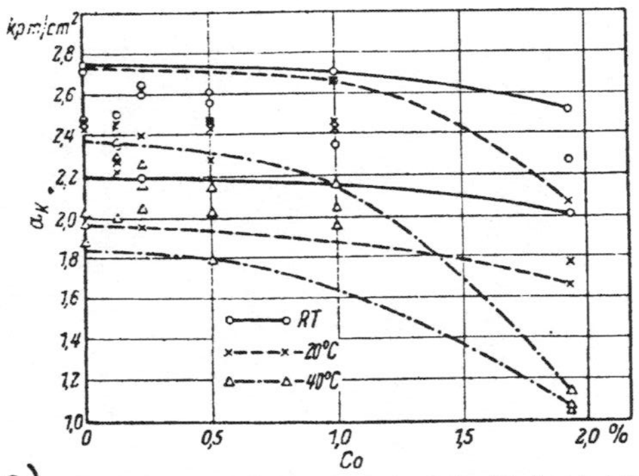

c) Einfluß von Kobaltzusätzen auf die Kerbschlagzähigkeit von ferritischem Gußeisen mit Kugelgraphit

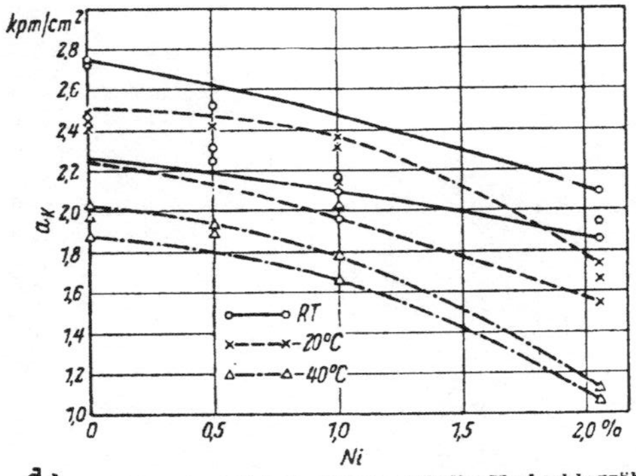

d) Einfluß von Nickelzusätzen auf die Kerbschlagzähigkeit von Gußeisen mit Kugelgraphit

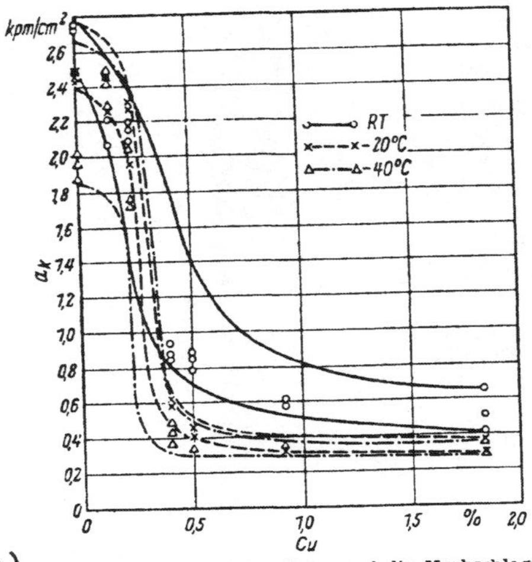

e) Einfluß von Kupferzusätzen auf die Kerbschlagzähigkeit von Gußeisen mit Kugelgraphit

Zusammensetzung:

% C		3,45 -3,60
% Si		2,06 -2,24
% Mn	≤	0,02
% P		0,02
% S	≤	0,008

<u>Bilder 87 a bis e:</u> Nach W. Thury u. Mitarb.[222)]

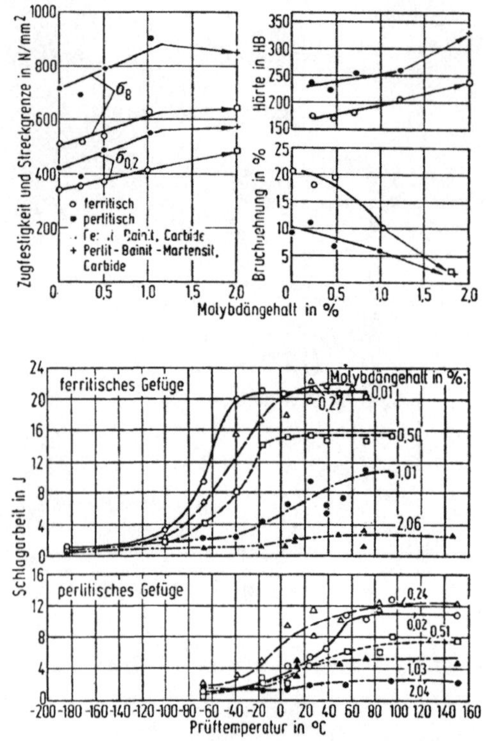

Einfluß von Molybdän auf die Festigkeitseigenschaften von ferritischem und perlitischem Gußeisen mit Kugelgraphit im Gußzustand[18]).

Zusammensetzung:

	% C	Si	Mn	P	Mg
ferritisch	3,47 bis 3,53	2,86 bis 2,96	0,16	0,005	0,05
perlitisch	3,26 bis 3,34	2,39 bis 2,47	0,65 bis 0,73	0,013	0,05

Die Schlagbiegeversuche wurden an ungekerbten 10 · 10 · 55 mm Charpy-Proben ausgeführt.

Bild 88:

Nach J.H. Humphrey, entnommen aus [14]), B. 22)

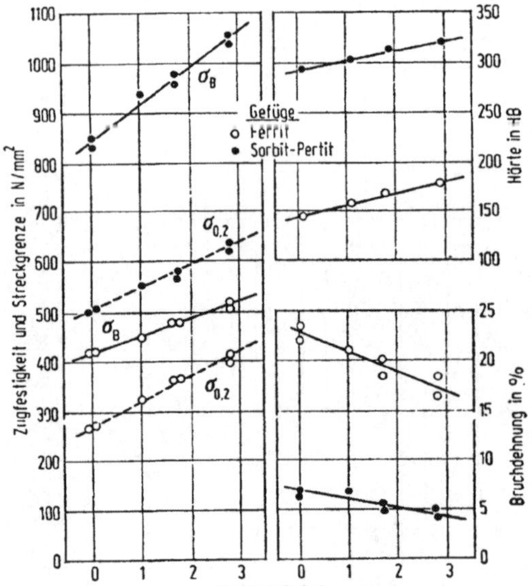

Bild 89:

Einfluss von Nickel auf die mechanischen Eigenschaften (wärmebehandelt) von ferritischem und perlitischem GGG mit 4,0 %C, 2,2 % Si, 0,25%Mn und 0,03%P.

(Nach K. Reifferscheid u. H. Mühlberger, entnommen aus [14]) B. 20a)

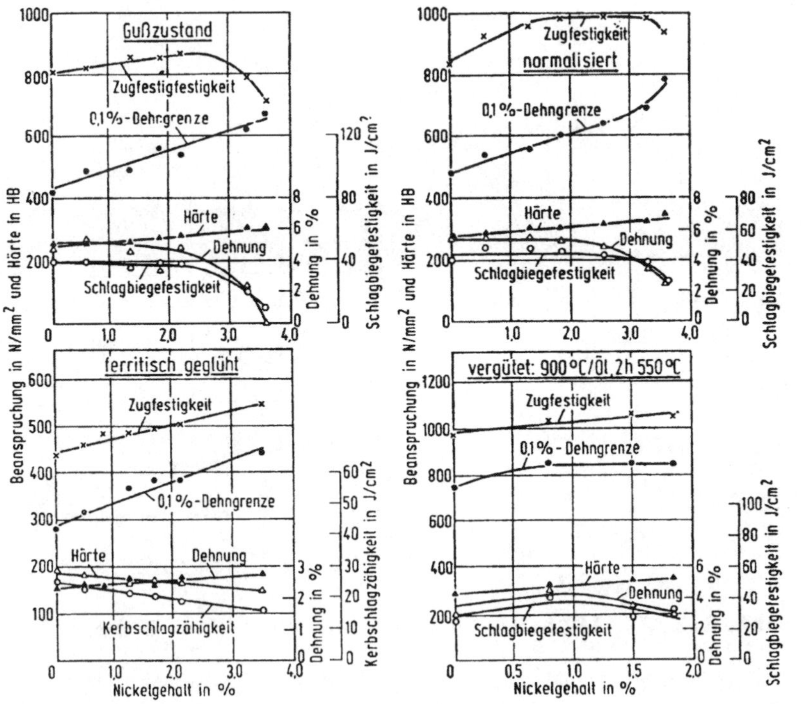

Bild 90: **Einfluss von Nickel auf die mechanischen Eigenschaften (wärmebehandelt) in verschiedenen Gefügezuständen von GGG mit 3,5 % C, 2,0 % Si, 0,3 % Mn u. 0,02 % P (Nach G.J. Cox, entnommen aus [14]B. 20b)**

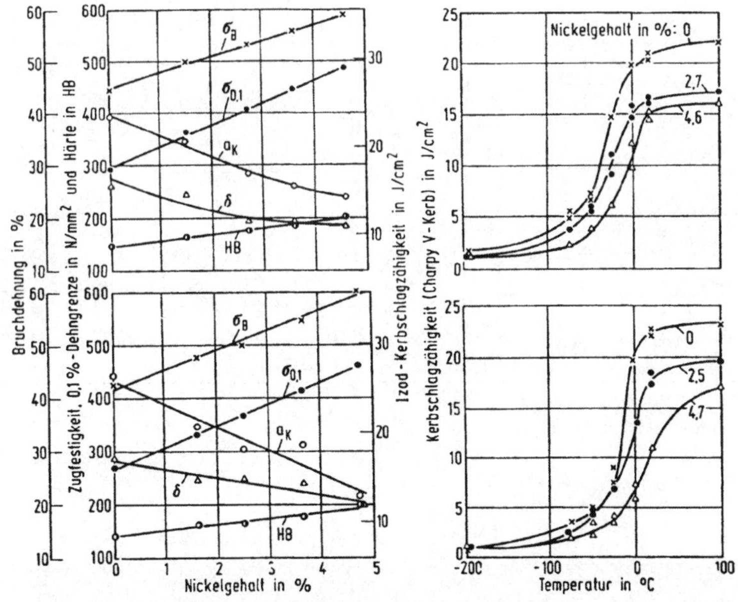

Einfluß von Nickel auf die Eigenschaften von ferritisch geglühten Gußeisen mit Kugelgraphit[16])

a) 3,23 bis 3,45 % C, 2,45 bis 2,60 % Si, 0,21 bis 0,29 % Mn, 0,021 bis 0,023 % P, 0,054 bis 0,076 % Mg, 0,005 bis 0,009 % S, aus synthetischem Roheisen erzeugt.

b) 3,13 bis 3,46 % C, 2,45 bis 2,60 % Si, 0,10 % Mn, 0,012 bis 0,023 % P, 0,057 bis 0,067 % Mg, 0,007 bis 0,010 % S, aus hochreinem mit Sauerstoff geblasenem Roheisen erzeugt.

Bild 91 a, b: Nach G.J. Cox, entnommen aus [14]), B. 21

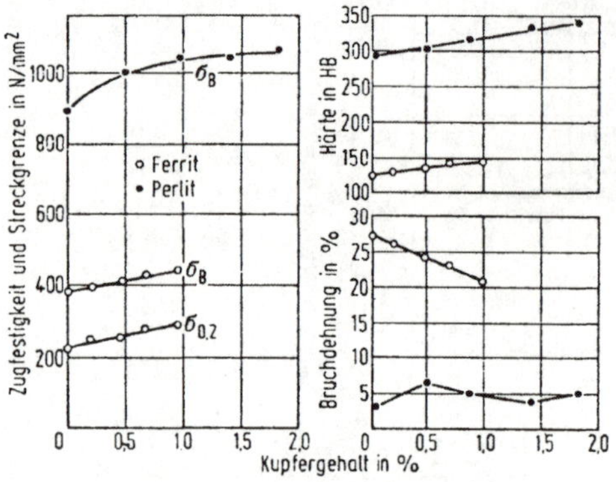

Einfluß von Kupfer auf die mechanischen Eigenschaften von ferritisch geglühtem und normalisiertem Eisen[24]. (3,6% C, 2,1% Si, 0,35% Mn, 0,015 P).

a)

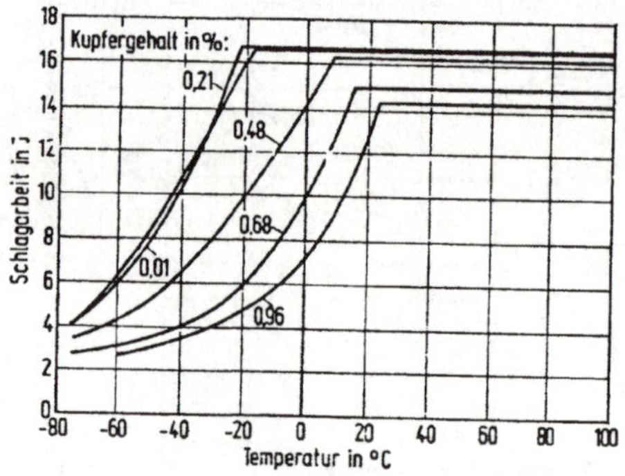

Einfluß von Kupfer auf die Kerbschlagzähigkeit von ferritisch geglühtem Eisen[24]. (Charpy-V-Proben; Zusammensetzung wie in Bild 25).

b) Zusammensetzung wie Bild a

Bild 92 a, b: Nach G.N.J. Gilbert, entnommen aus [14], B. 25/26.

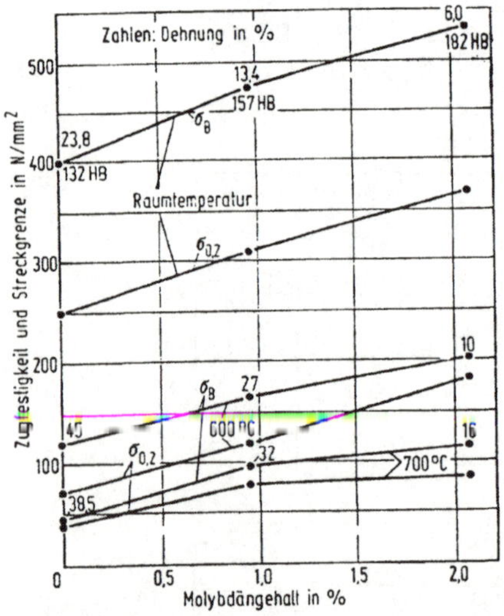

Einfluß des Molybdängehaltes auf die Kurzzeitfestigkeit von ferritisch geglühtem Gußeisen mit Kugelgraphit mit 3,8% C, 2,16 bis 2,37% Si, 0,50% Mn[28]).

Bild 93: Nach [14], B. 51.

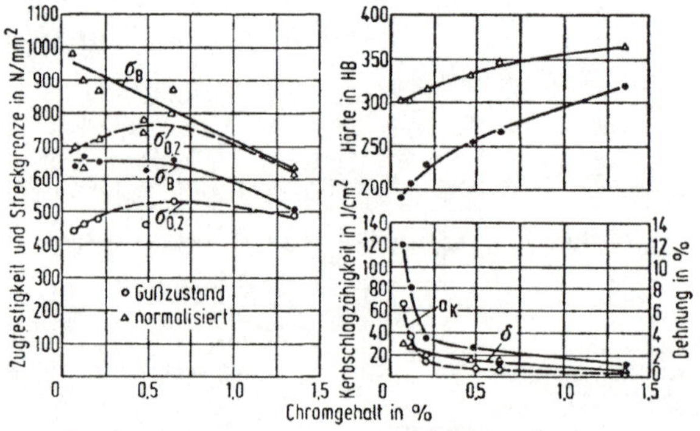

Bild 94a: Einfluss des Cr-Gehaltes auf die mechanischen Eigenschaften von perlitischem GGG im Gusszustand und nach Normalisierungsglühung.
2,9 - 3,1 % C, 2,9 - 3,1 % Si, 0,5 % Mn, 0,1 % P.

Nach C. Hlousek, entnommen aus [14], B. 30.

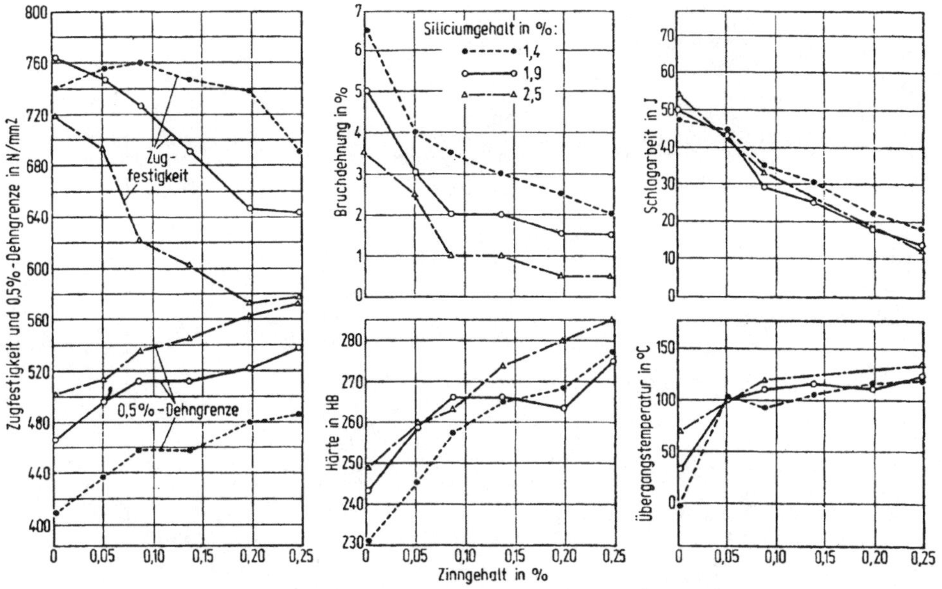

Einfluß von Zinn auf die Festigkeit, die Schlagbiegezähigkeit im duktilen Bereich und die Übergangstemperatur bei perlitischem Gußeisen im Gußzustand[26]). Die Schlagbiegezähigkeit wurde an ungekerbten 10 · 10 · 60 mm Proben ermittelt.
Zusammensetzung: 3,23 bis 3,57% C, 0,40% Mn, 0,20% P, 0,7 bis 0,8% Ni.

b.

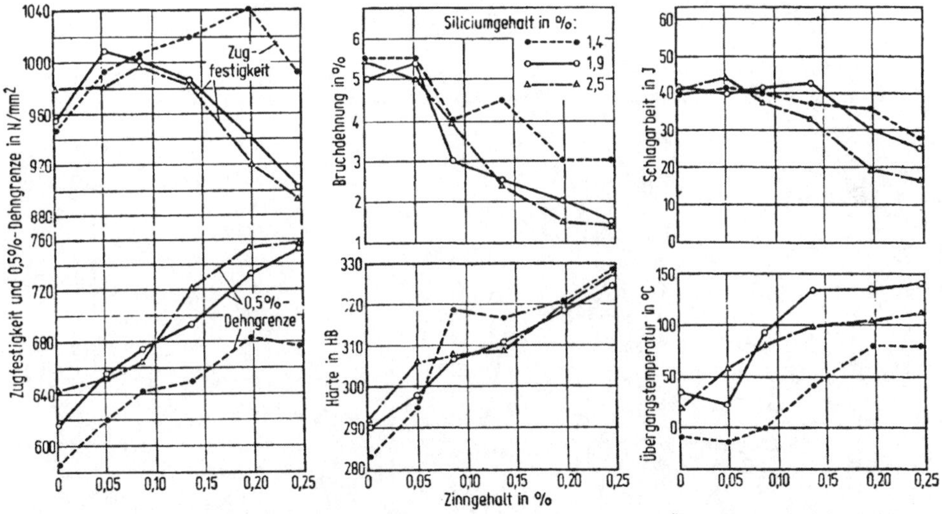

Einfluß von Zinn auf die Festigkeit, die Schlagbiegezähigkeit im duktilen Bereich und die Übergangstemperatur bei normalisiertem Gußeisen[26]). Bedingungen wie Bild 28.

c.

<u>Bild 94b,c:</u> Nach J.C. Prytherch u. G.N.J. Gilbert, entnommen aus [14]), B. 28/29.

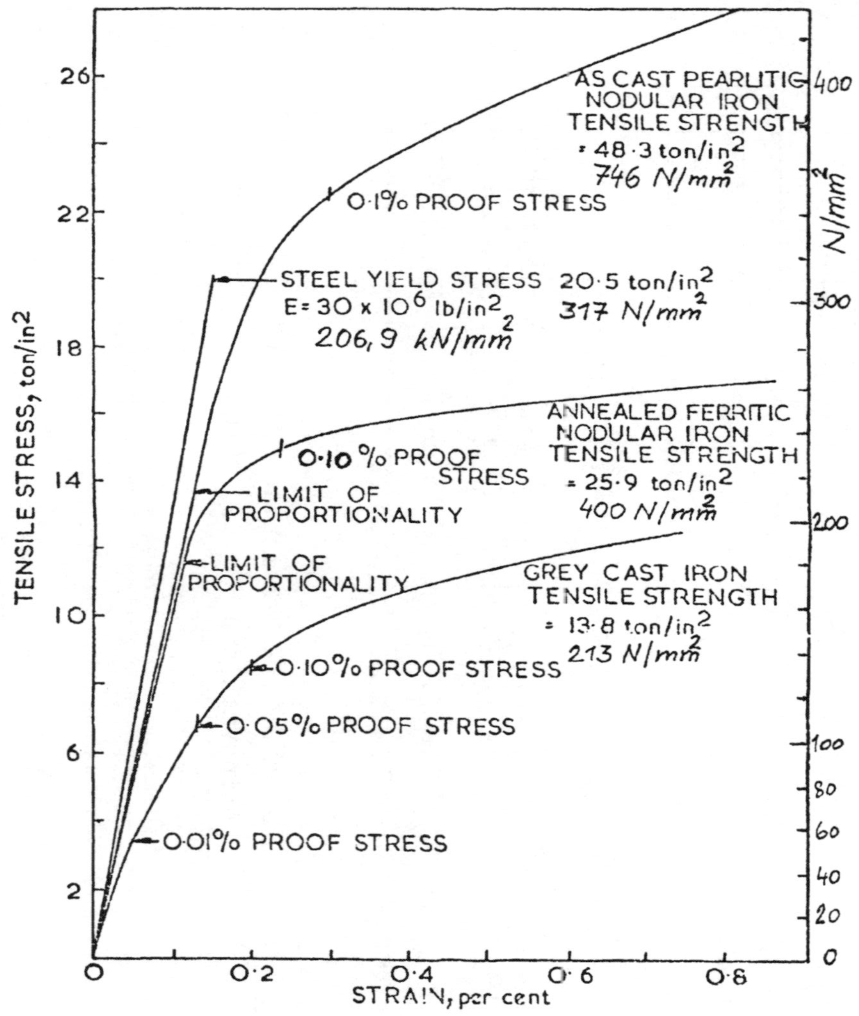

Bild 95: Spannungs-Dehnungs-Diagramme unter Zugbeanspruchung fürStahl, GGG und GGL.

(Nach G.N.J. Gilbert 75))

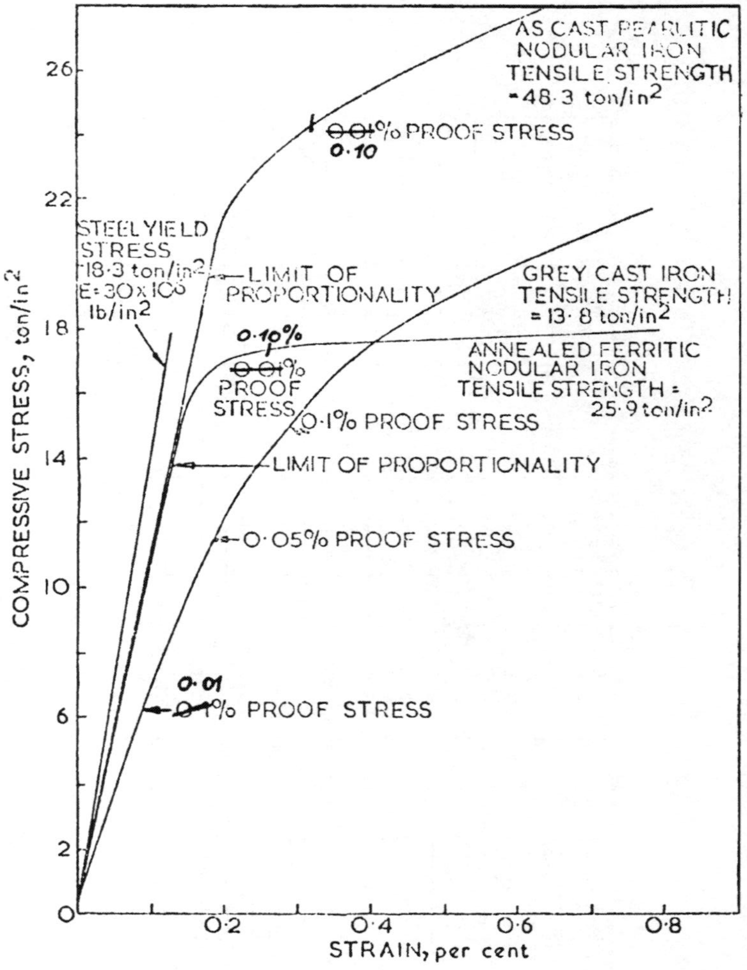

Bild 96: Spannungs-Stauchungs-Diagramme unter Druckbeanspruchung für Stahl, GGG und GGL

(Nach G.N.J. Gilbert 75))

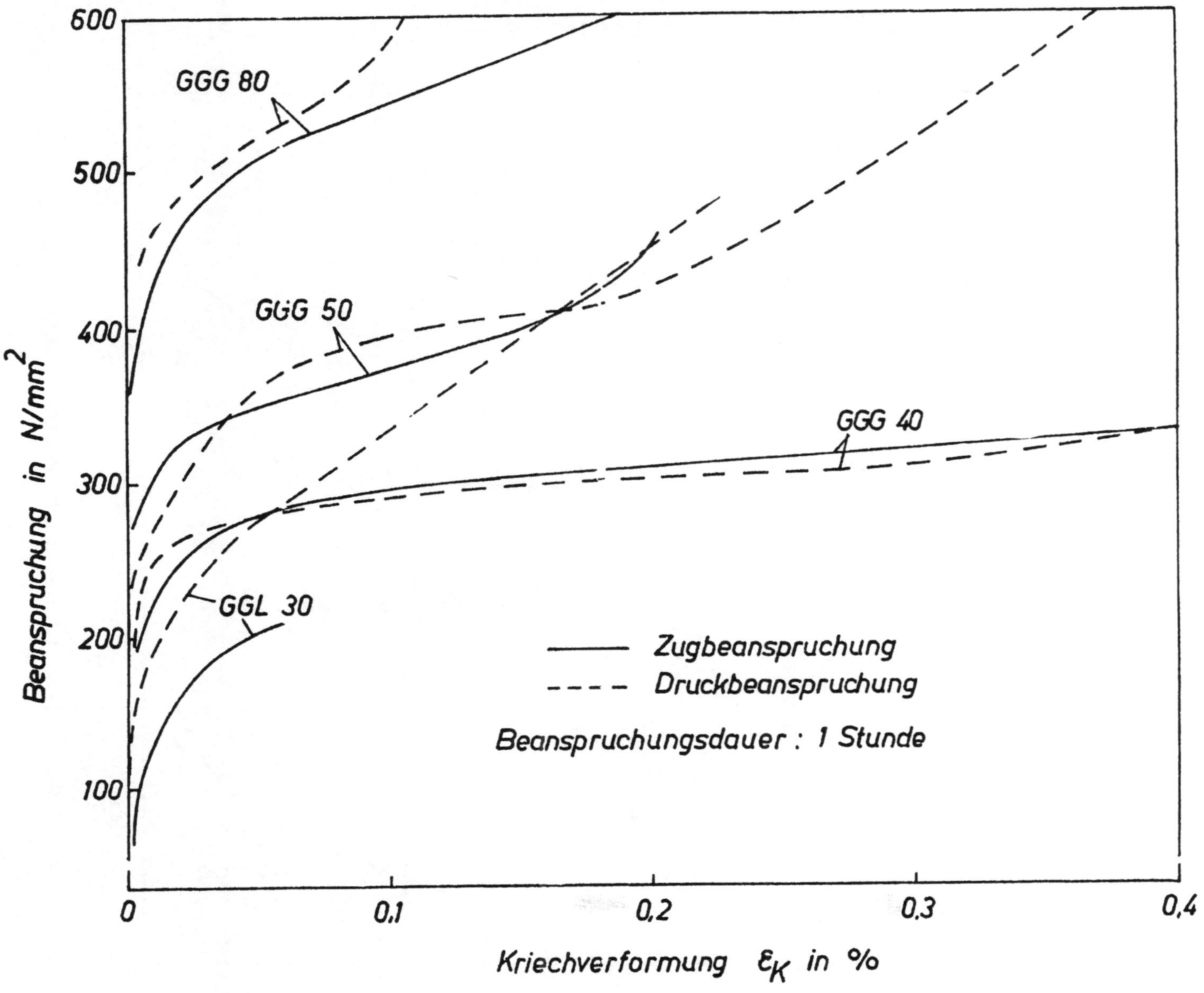

Bild 97:
RT-Kriechverhalten von GGG und GGL bei 1 Std. Beanspruchung in Abhängigkeit von der Belastung.
(Nach 69) u. 224), vgl. auch Tafel 30)

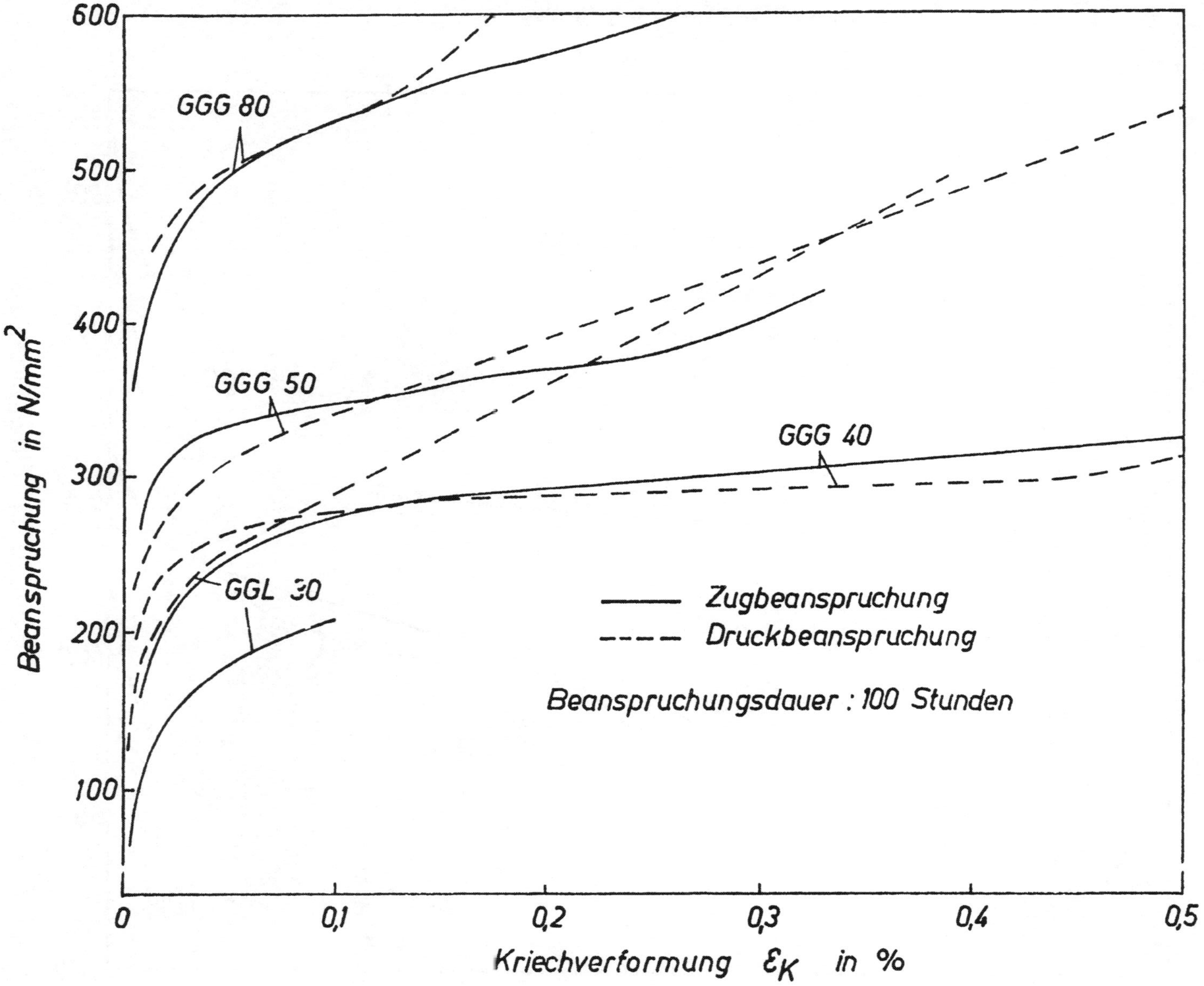

__Bild 98:__
RT-Kriechverhalten von GGG und GGL bei 100 Std. Beanspruchung in Abhängigkeit von der Belastung
(Nach 69) u. 224), vgl. auch Tafel 30.)

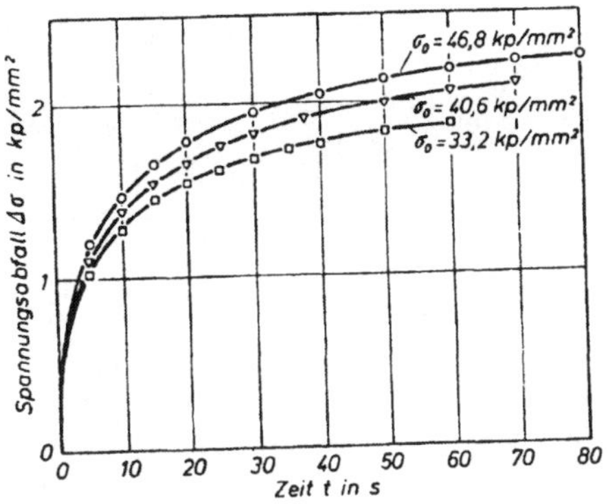

Bild 99:
Zeitabhängiger Spannungsabfall (Relaxation) bei RT für verschiedene Ausgangsspannungen σ_0

Werkstoff GGG 40
(Nach S. Riegger u. Mitarb.[39])

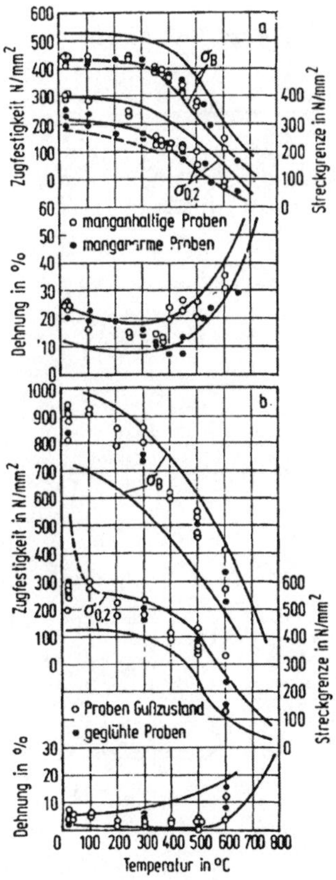

Bild 100:
Ergebnisse von Warmzugversuchen an:

a) überwiegend ferritischem Gusseisen mit Kugelgraphit.

b) überwiegend perlitischem Gusseisen mit Kugelgraphit

(Nach K.J. Reifferscheid u. H. Träger, entnommen aus [14], B. 43)

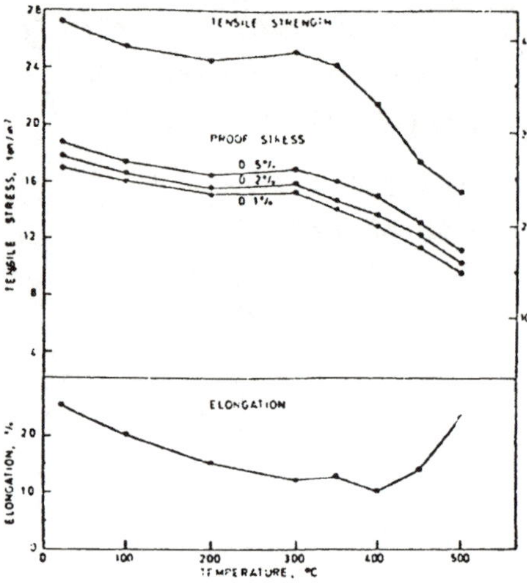

3,60 % C
2,30 % Si
0,40 % Mn
0,015% P
0,020% S
0,75 % Ni
0,060% Mg

Ferritisierungsglühung:

8 Std. 900 °C, Ofenabkühlung auf 690 °C, 16 Std. halten, Ofenabkühlung auf RT

Mechanische Eigenschaften bei RT:

Zugfestigkeit	N/mm^2	423
0,5 %-Dehngrenze	N/mm^2	289
0,2 %-Dehngrenze	N/mm^2	281
0,1 %-Dehngrenze	N/mm^2	275
Bruchdehnung	%	27
Härte HB 30/10		144

Bild 101: Warmfestigkeitseigenschaften von ferritisch geglühtem GGG 40.
(Nach K.B. Palmer[58])

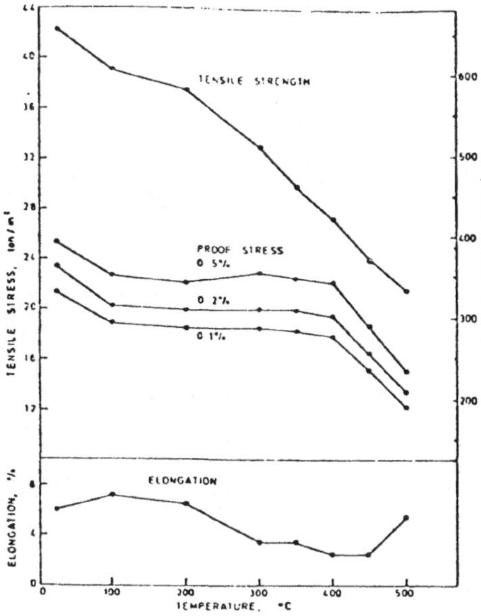

a) perlitischer GGG 60
Gusszustand

3,54 % C
2,25 % Si
0,36 % Mn
0,014 % P
0,011 % S
ohne Ni
0,054 % Mg

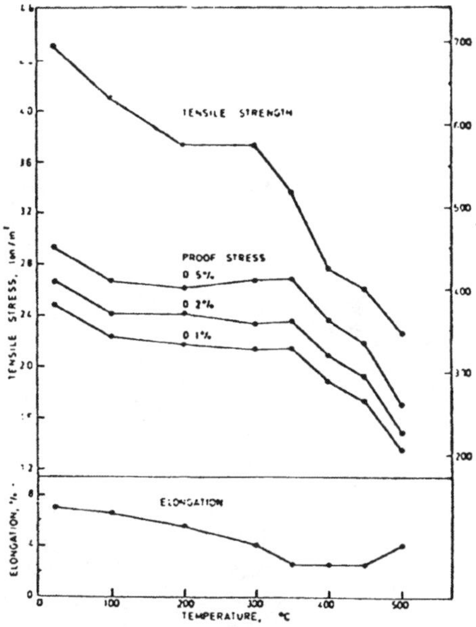

b) perlitischer GGG 70
normalgeglüht

3,68 % C
2,36 % Si
0,38 % Mn
0,016% P
0,019% S
0,77 % Ni
0,067% Mg

Normalisierungsglühung:

3 Std. 900°C, Überstellung in Ofen mit 400°C, Ofenabkühlung auf RT:

Mechanische Eigenschaften bei RT:

Zugfestigkeit N/mm²	692	726
0,5 %-Dehngrenze "	398	456
0,2 %-Dehngrenze "	360	417
0,1 %-Dehngrenze "	335	386
Bruchdehnung %	7	7
Härte HB 30/10	219	247

<u>Bild 102:</u> Warmfestigkeitseigenschaften von perlitischem GGG. (Nach K.B. Palmer[58])

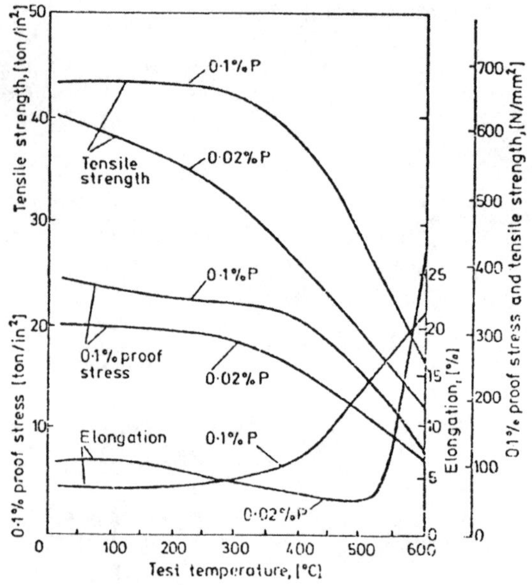

3,3 % C
2,0 % Si

Bild 103: Einfluss von Phosphor auf die Warmfestigkeitseigenschaften von perlitischem GGG 70. (Nach K.B. Palmer[21]).

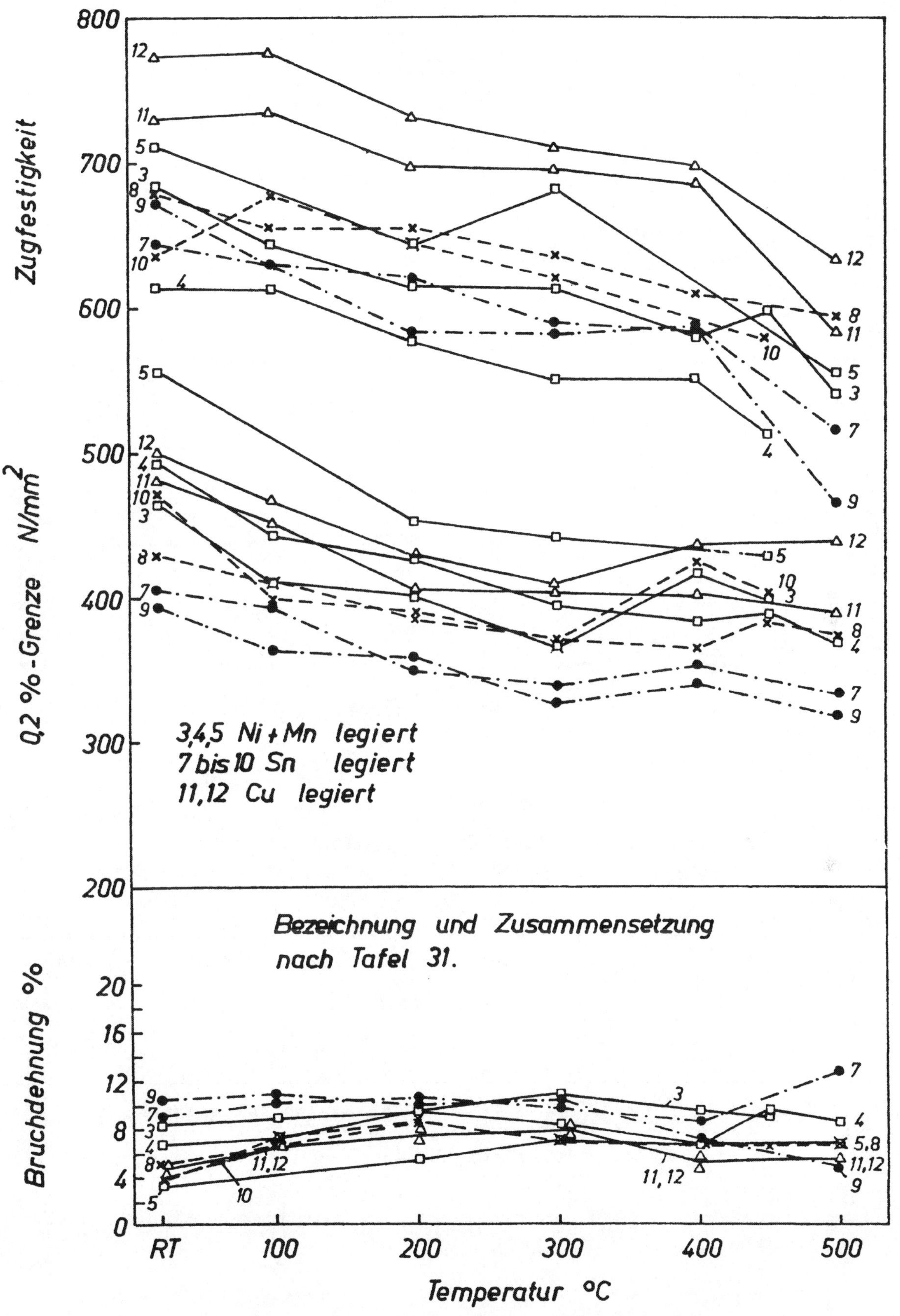

<u>Bild 104:</u> Warmfestigkeitseigenschaften verschieden legierter ferritisch-perlitischer und perlitischer GGG-Sorten im Gusszustand. (Nach J.A. Dilewijns [44]).

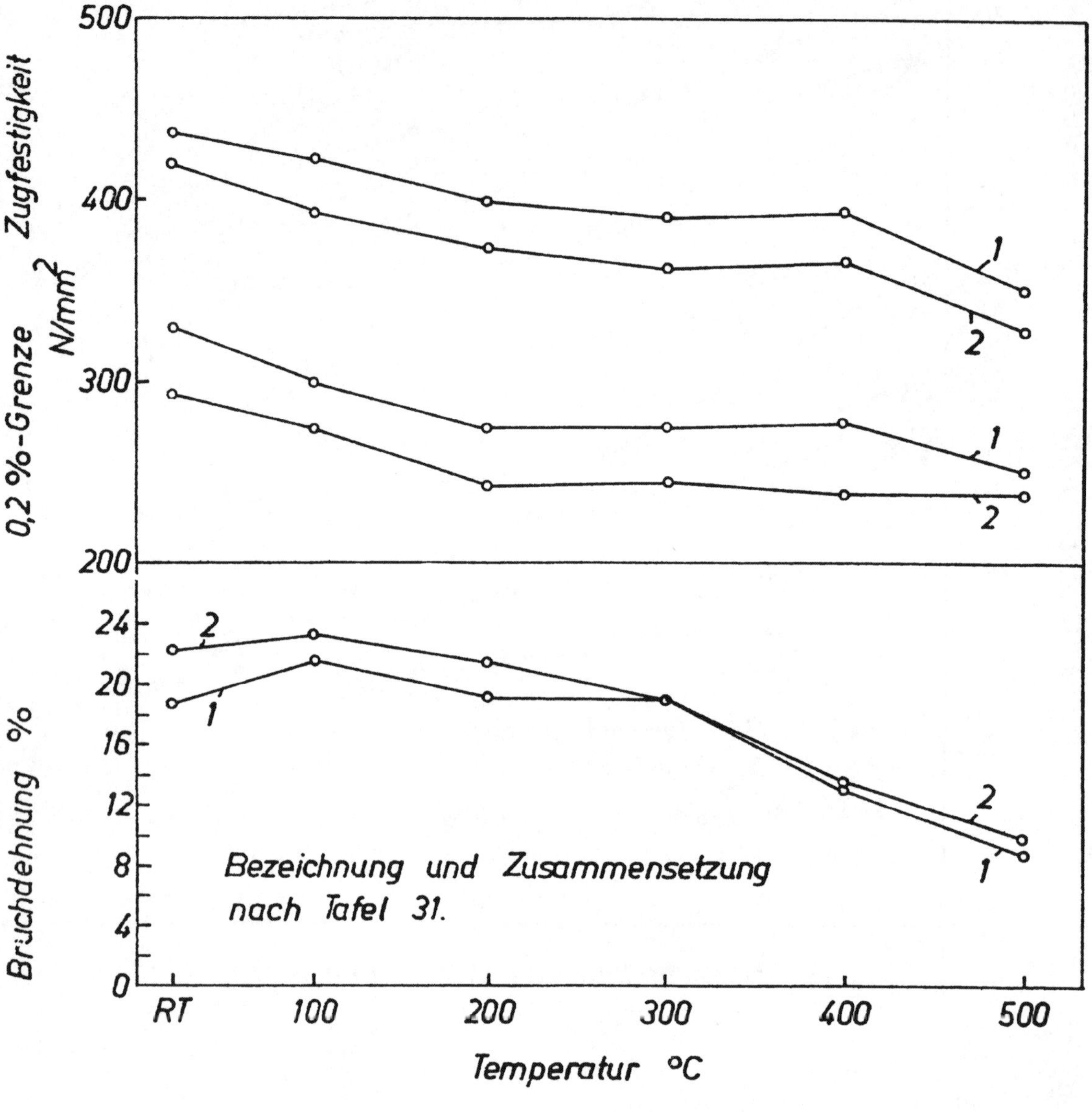

Bild 105: Warmfestigkeitseigenschaften von unlegiertem, ferritischem GGG im Gusszustand. (Nach J.A. Dilewijns[44]).

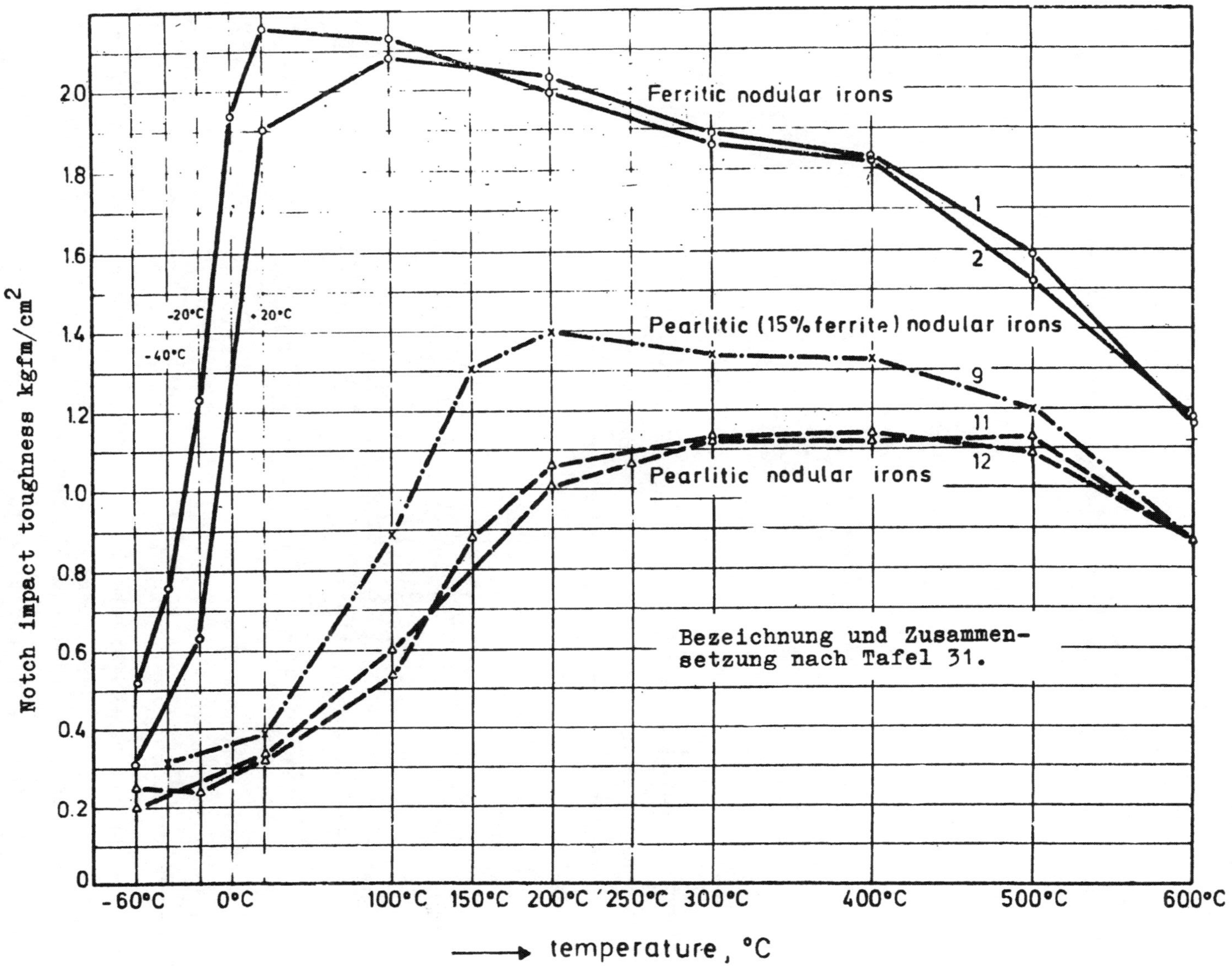

Bild 106: Kerbschlagzähigkeit (Charpy-V-Probe) von ferritischem und perlitischem GGG im Gusszustand in Abhängigkeit von der Temperatur.
(Nach J.A. Dilewijns[44]).

Zusammensetzung der untersuchten Eisensorten

	Nr. 1	Nr. 2	Nr. 3
C in %	3,59	3,36	3,34
Si in %	2,66	2,89	2,52
Mn in %	0,56	0,87	0,89
Mo in %	–	0,52	0,78
Cr in %	0,03	0,05	0,06
Ni in %	Spuren	0,1	0,1
S in %	0,022	0,008	0,007
P in %	0,058	0,038	0,041
Mg in %	0,045	0,073	0,066

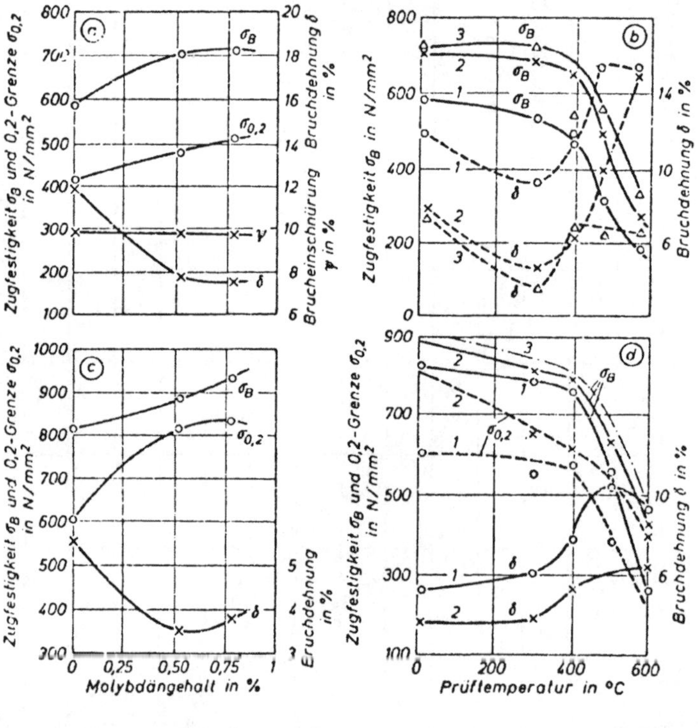

Bild 107 a-d: Einfluss von Mo auf die Warmfestigkeitseigenschaften von perlitischem GGG.

a, b: Gusszustand

c, d: Normalgeglüht 2 Std. 900°C, Luftabkühlung, 3 Std. 600°C Spannungsfreiglühung.

(Nach A.M. Petrichenko u. Mitarb.[190]).

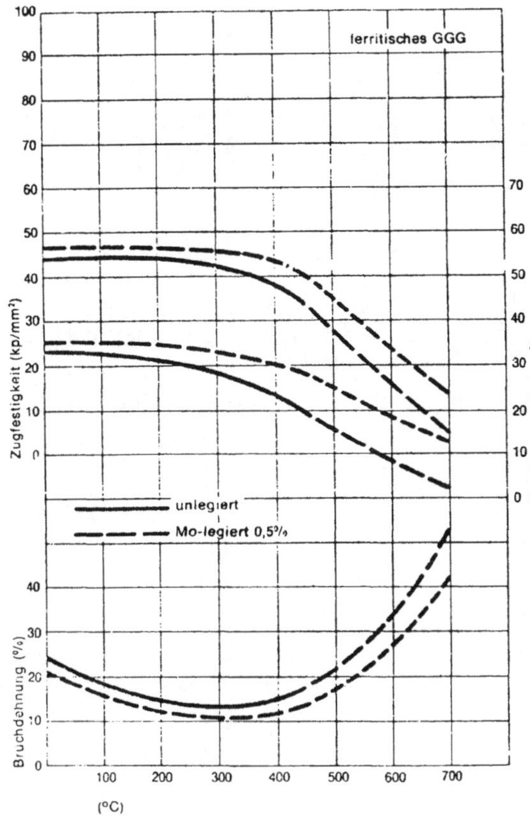

Warmfestigkeit von molybdän- und unlegiertem ferritischen Gußeisen mit Kugelgraphit (Kurzzeitversuch)

e

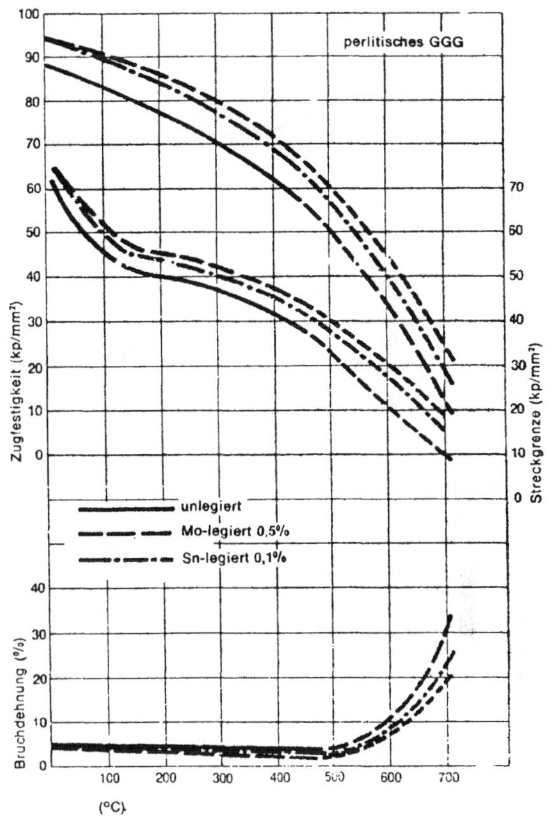

Warmfestigkeit von zinn-, molybdän- und unlegiertem perlitischen Gußeisen mit Kugelgraphit (Kurzzeitversuch)

f

Bild 107 e, f: Nach 226)

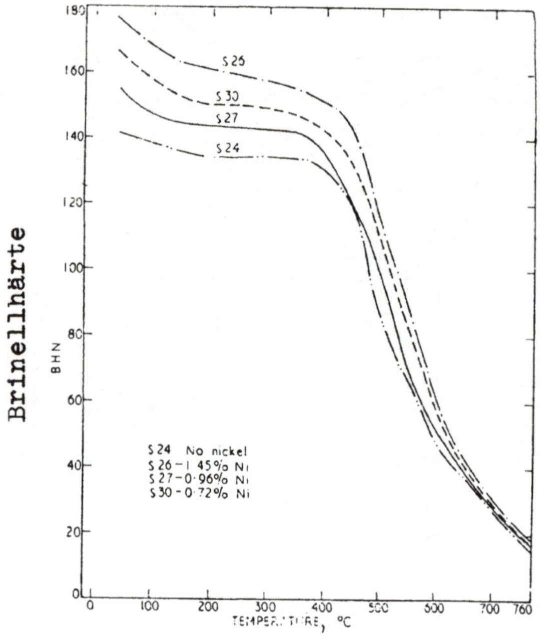

Zusammensetzung

	S24	S26	S27	S30
%C	3,42	3,38	3,36	3,50
%Si	1,85	2,63	2,30	2,41
%Mn	0,57	0,59	0,26	0,42
%P	0,037	0,024	0,025	0,051
%S	0,018	0,015	0,020	0,010
%Ni	--	1,45	0,96	0,72

Bild 108a: Warmhärte von ferritischem und ferritisch-perlitischem GGG.

Nach H. Merchant u. Mitarb.[227)]

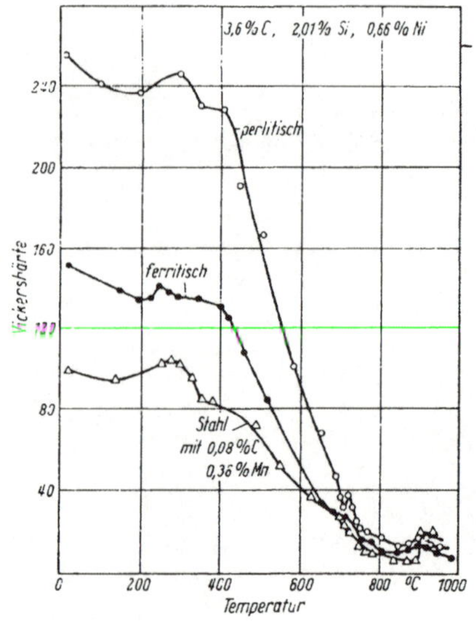

Bild 108b: Warmhärte von perlitischem (Gusszustand) und ferritisch geglühtem GGG im Vergleich zu Stahl.

Nach E.R. Petty u. H. O'Neill, entnommen aus [189)], B. 15.

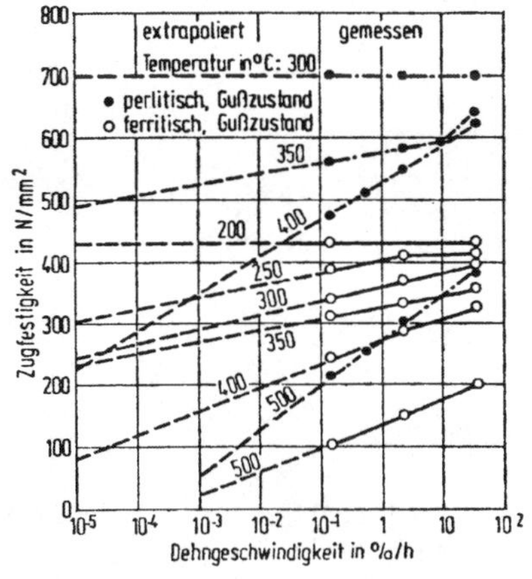

Zusammensetzung

	perlit. GGG	ferrit. GGG
% C	3,67	3,31
% Si	2,40	2,79
% Mn	0,42	0,08
% P	0,030	0,020
% S	0,013	0,010
% Sn	0,036	--
% Mg	0,041	0,051
Raumtemp. - Eigenschaften		
σ_B N/mm²	691	443
$\sigma_{0,2}$ N/mm²	443	283
δ_5 %	1,5	23,8

Bild 109: Vergleich des Warmkriechzugverhaltens von perlitischem und ferritischem Gusseisen mit Kugelgraphit im Gusszustand.
(Nach E. v. Rajakovics u. E. Nechtelberger[72), entnommen aus [14), B. 44)

FERRITIC NODULAR IRON
STRESS/ LOG, TIME CURVES FOR GIVEN STRAINS 427°C

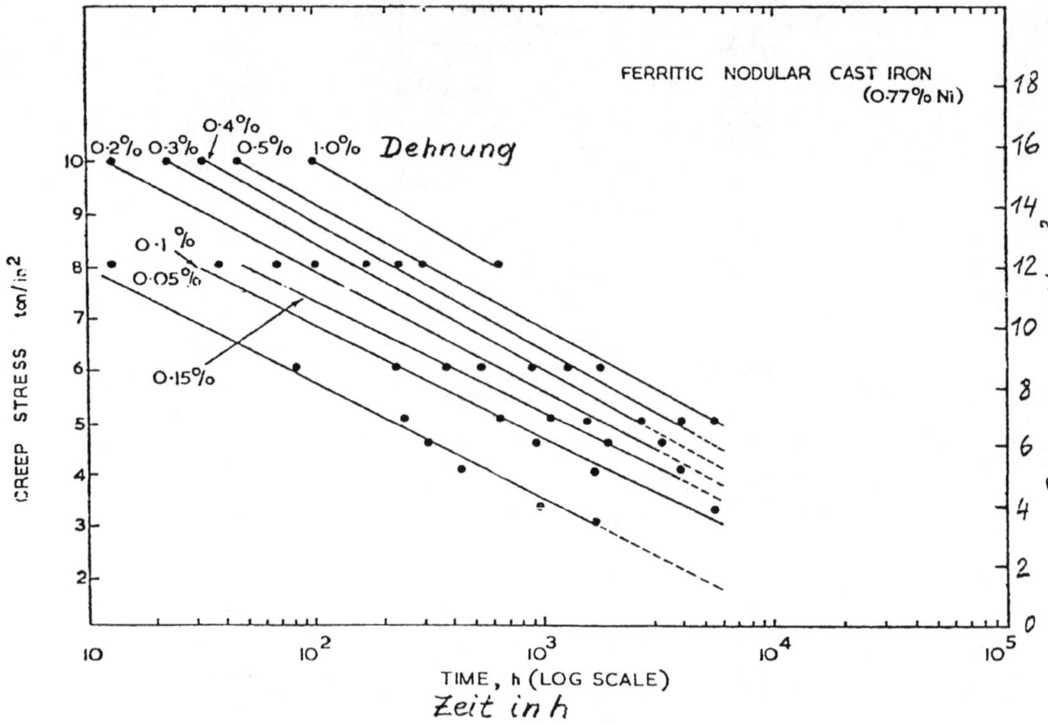

Zusammensetzung:

% C	3,38
% Si	2,32
% Mn	0,55
% P	0,023
% S	0,009
% Ni	0,77
% Mg	0,041

RT - Eigenschaften

σ_B	N/mm²	437
$\sigma_{0,1}$	N/mm²	278
δ_5	%	26
HB		150

Extrapolationswerte aus dem Larson-Miller-Diagramm, Bild 112:

350°C, 10^5 Stunden Beanspruchung

σ_B	N/mm²	185
$\sigma_{0,1}$	N/mm²	93

Bild 110: Kriechverhalten von ferritischem GGG bei 427°C
(Nach H.T. Angus[49], Fig. 8)

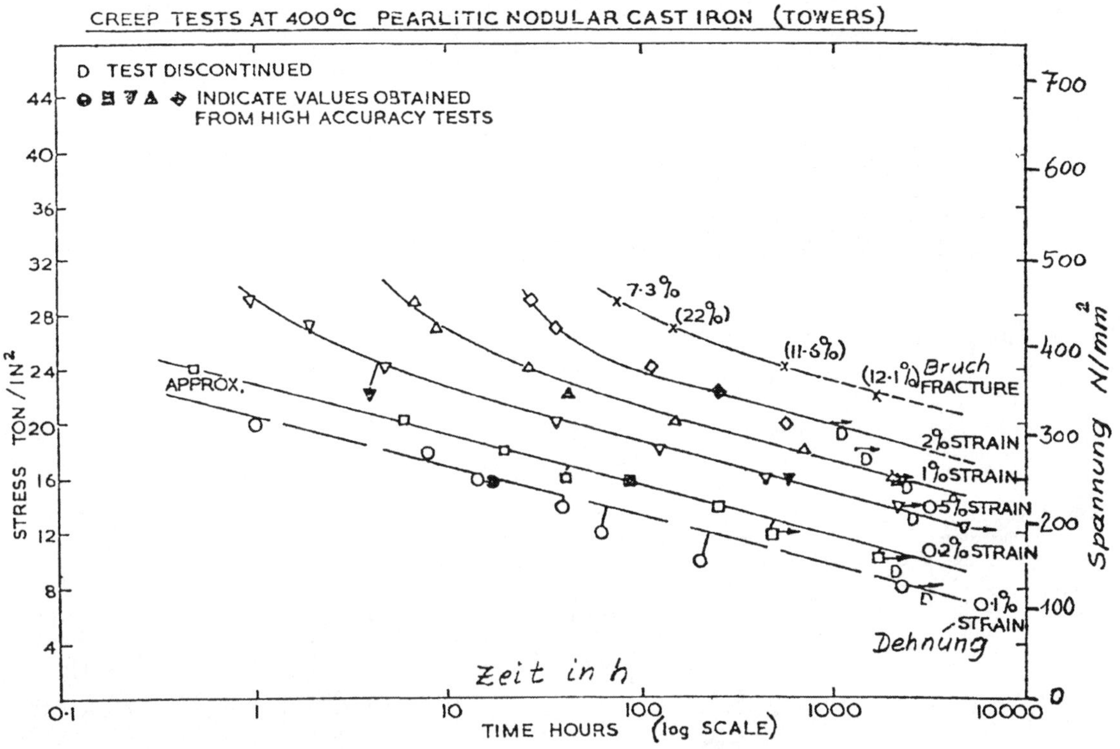

Zusammensetzung	
% C	2,95
% Si	1,52
% Mn	0,44
% P	0,05
% S	0,024
% Ni	1,11
% Mg	0,049
% Ce	0,005

RT - Eigenschaften		
σ_B	N/mm^2	725
$\sigma_{0,1}$	N/mm^2	409
δ	%	4,5
HB		271

Zeitstandfestigkeit für 400°C

σ_B N/mm^2

100	h	433
1000	h	355
10000	h	293

Extrapolationswerte aus dem Larson-Miller-Diagramm, Bild 112:

350°C, 10^5 Std. Beanspruchung

σ_B	N/mm^2	340
$\sigma_{0,1}$	N/mm^2	139

Bild 111: Kriechverhalten von perlitischem GGG bei 400°C (Nach J.A. Towers, entnommen aus [49], Fig. 7)

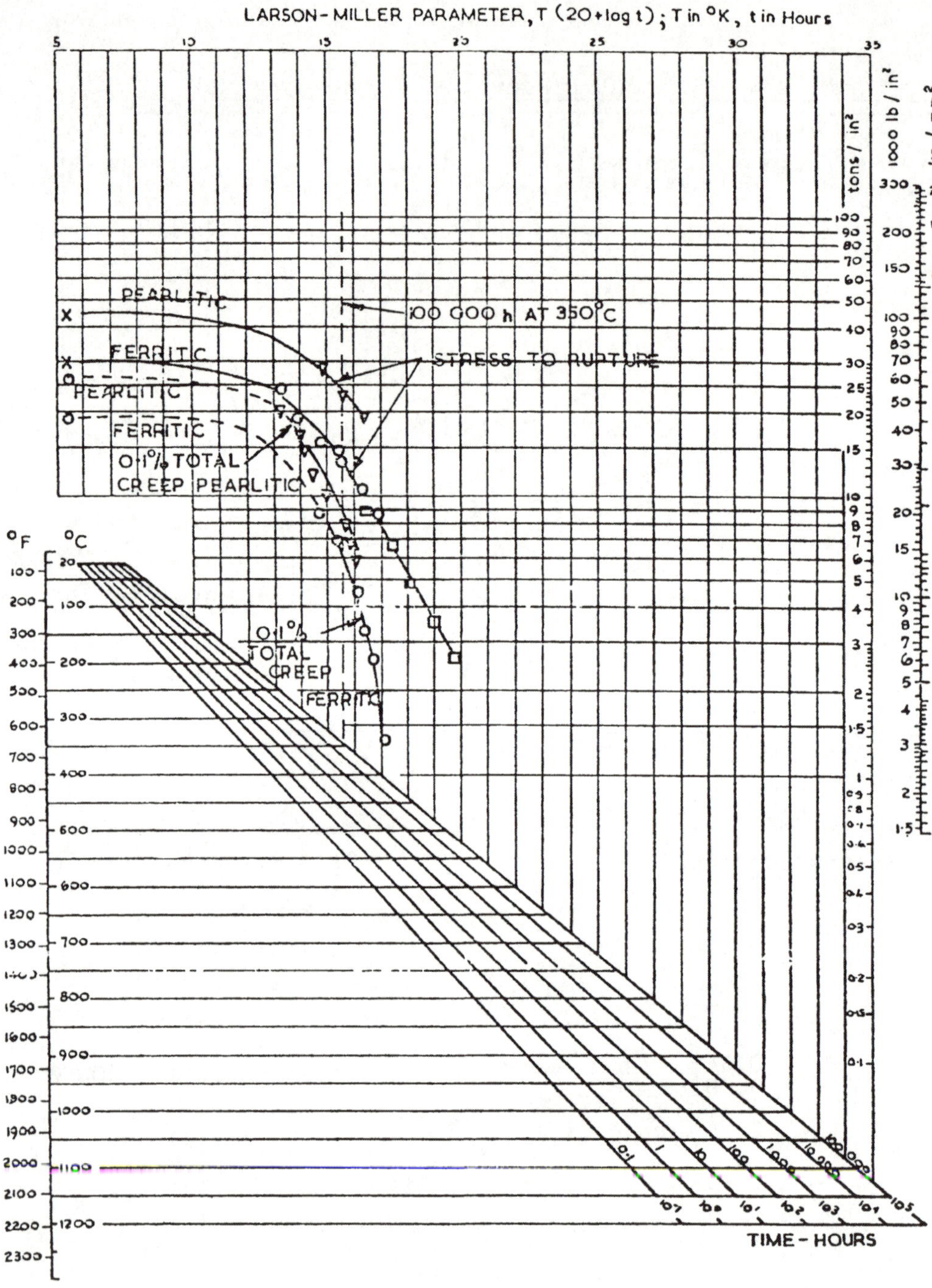

—*Rupture strength, nodular iron pearlitic and ferritic.*

Pearlitic Nodular, tensile 46·9 ton/in² elongation 4·5%. Brinell 271 (1·11% Ni). $\sigma_{B\text{-}RT} = 725\ N/mm^2$

Ferritic Nodular, tensile 30 ton/in², elongation 17%, Brinell 156 (0·77% Ni) $-\shortmid- = 464\ N/mm^2$

○ × ▽ *Pearlitic, Towers J. H.: BCIRA J. 1960, 8, No. 3, 422.*

× ○ □ *Ferritic Kattus J. R., McPherson D: A.S.T.M. Special Tech. Pub. No. 248, 1959, and BCIRA work.*

○ × *room temperature*

▽ *400 C* [13]

○ *427 C* [15]

□ *535 C* [17]

Pearlitic 0·1% total creep data up to 2 300 h at 400 C and one point at 500 C.[13]

Ferritic 0·1% total creep data up to 5 500 h at 427 C[18]

Bild 112: Larson-Miller-Diagramm zur Ermittlung der Zeitstandfestigkeit und 0,1 %-Zeitdehngrenze von ferritischem und perlitischem Gusseisen mit Kugelgraphit (Nach H.T. Angus[49], Fig. 9)

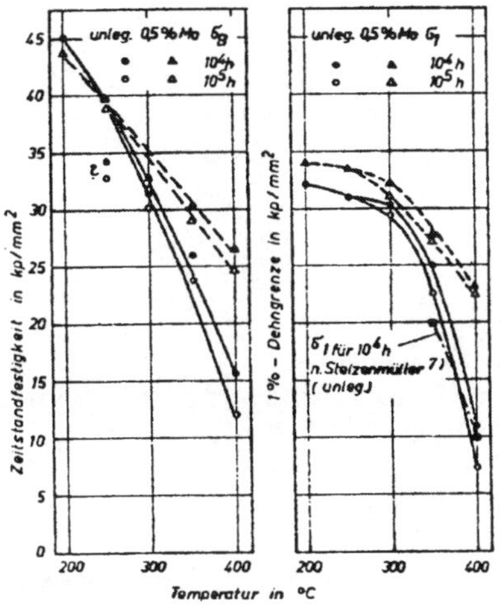

Zusammensetzung

	unleg.	Mo-leg.
% C	3,56	3,48
% Si	2,32	2,38
% Mn	0,25	0,24
% P	0,030	0,030
% S	0,018	0,018
% Mo	--	0,51
% Mg	0,048	0,040

RT - Eigenschaften

		unleg.	Mo-leg.
σ_B	N/mm²	434	454
$\sigma_{0,2}$	N/mm²	289	311
δ_5	%	25,9	21,9

Bild 113: Zeitstandfestigkeit und 1 %-Zeitdehngrenze für 10^4 und 10^5 Stunden im Bereich von 200 bis 400 °C von ferritisch geglühtem Gusseisen mit Kugelgraphit ohne und mit 0,5 % Mo. (Nach E. v. Rajakovics u. E. Nechtelberger[72], Abb. 9)

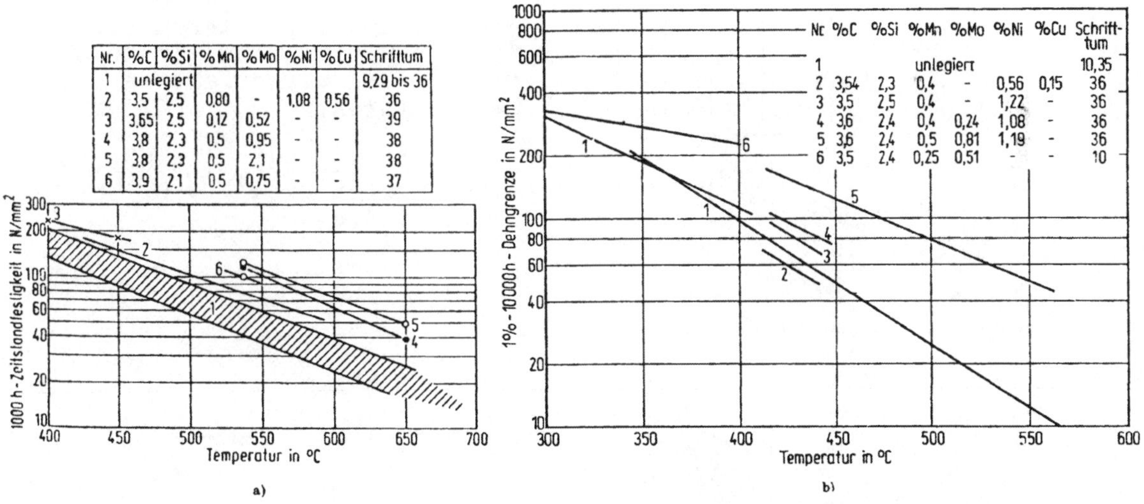

Bild 114 a, b: Zeitstandeigenschaften einiger Gusseisensorten mit Kugelgraphit: a) Zeitstandfestigkeit, b) Dehngrenze (Nach K. Röhrig u. Mitarb.[14], B. 49. Schrifttumsangaben nach [14]).

	Wanddicke mm	Temperatur °C
△ unlegiert, Gußzustand	rd.100	350
□ unlegiert, Gußzustand	rd.100	400
○ unlegiert, Gußzustand	rd.100	450
• 0,5% Mo, wärmebehandelt	rd. 30	450
▲ 1,0% Mo, wärmebehandelt	rd. 30	450
■ 0,9% Mo, Gußzustand	rd.300	450

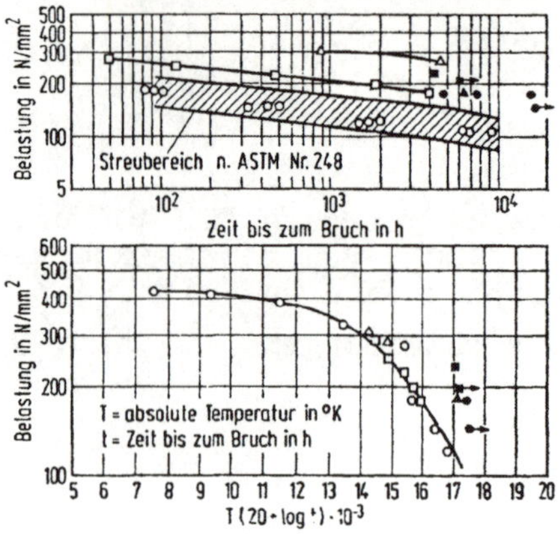

Bild 115:

Zeitbruchwerte für ferritisches, unlegiertes und Mo-legiertes Gusseisen mit Kugelgraphit in dickwandigen Stücken bei 350, 400 und 450°C

(Nach H. Mayer[228], entnommen aus [14], B. 52)

Nr.	%C	%Si	%Mn	%Mo	%Ni	%Cu	%Cr	Temperatur °C	Schrifttum x)
1	GGG 60, unlegiert							400	
2, 3	GGG 60			0,5				400, 450	40
4	3,8	2,2	0,4	-				540	37
5	3,9	2,1	0,5	0,75				540	37
6	3,6	2,4	0,5	0,8	1,2			430	
7, 8	3,5	2,5	0,8	-	1,1	0,6		430, 527	36
9, 10, 11	3,0	1,5	0,4	-	1,1	-		400, 450, 500	
12, 13	3,3	2,5	1,3	0,3	0,5	-	0,4	450, 550	25
14, 15	3,7	2,4	0,4	4,9	0,7 Al			650, 820	38

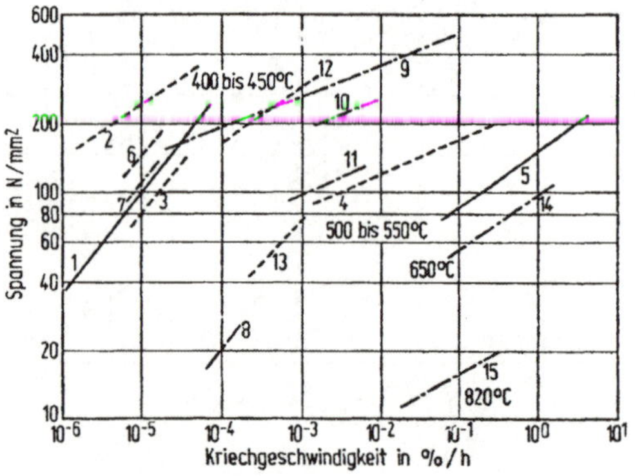

Bild 116:

Kriechverhalten unter Zugbeanspruchung einiger unlegierter und legierter perlitischer Gusseisenwerkstoffe mit Kugelgraphit bei verschiedenen Temperaturen.

(Nach [14], B. 53. x) Schrifttumsangaben nach [14], S. 36, Kap. 2.3.8)

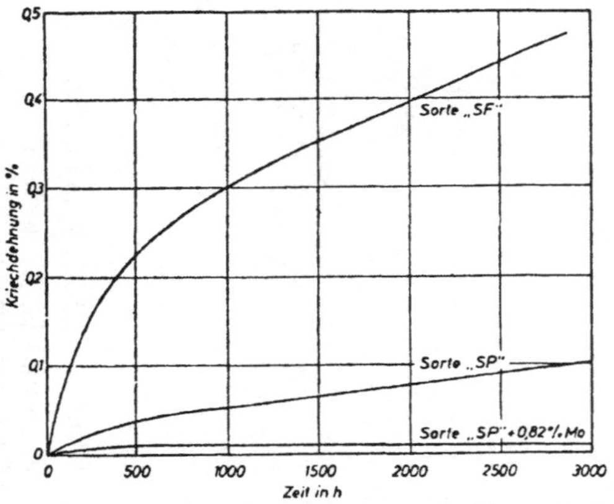

Dauerstandverhalten von Meehanite-Gußeisen mit Kugelgraphit bei 400° C und 14,06 kp/mm² Belastung

a)

Die Kriechgeschwindigkeit von Meehanite-Gußeisen mit Kugelgraphit in 10^{-5} %/h nach einer Beanspruchungsdauer von 2500 h

Sorte	„SF"	„SP"	„SP" + Mo	
Temperatur °C	400	400	400	450
Beanspruchung kp/mm²				
29,53	—	—	1,8	—
24,61	—	—	1,1	—
21,09	—	—	0,5	—
17,58	—	—	0,2	—
14,06	6,9	2,4	0,0	1,3
10,55	2,1	1,6	0,0	0,3
7,03	0,2	0,1	—	0,6
3,52	0,1	0,1	—	0,0

b)

Bild 117 a, b: Kriechverhalten unter Zugbeanspruchung von Meehanite-Gusseisen mit Kugelgraphit

a) bei 400°C und 14,06 kp/mm² Beanspruchung

b) bei 400 und 450°C und verschiedenen Beanspruchungshöhen

Sorte "SF" = ferritisches GGG

Sorte "SP" = perlitisches GGG

Sorte "SP"+Mo = perl. GGG mit 0,82 % Mo

(Nach G. Woelke[91])

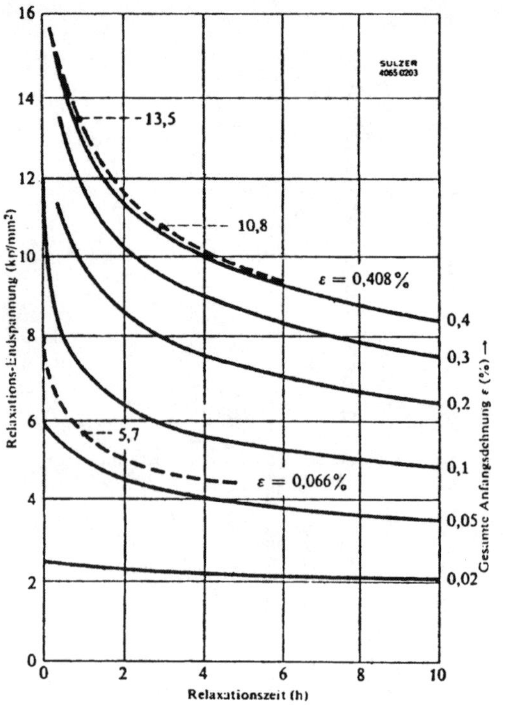

Relaxationskurven von Sphäroguß bei 500 °C.

----- Gemessene Werte

a)

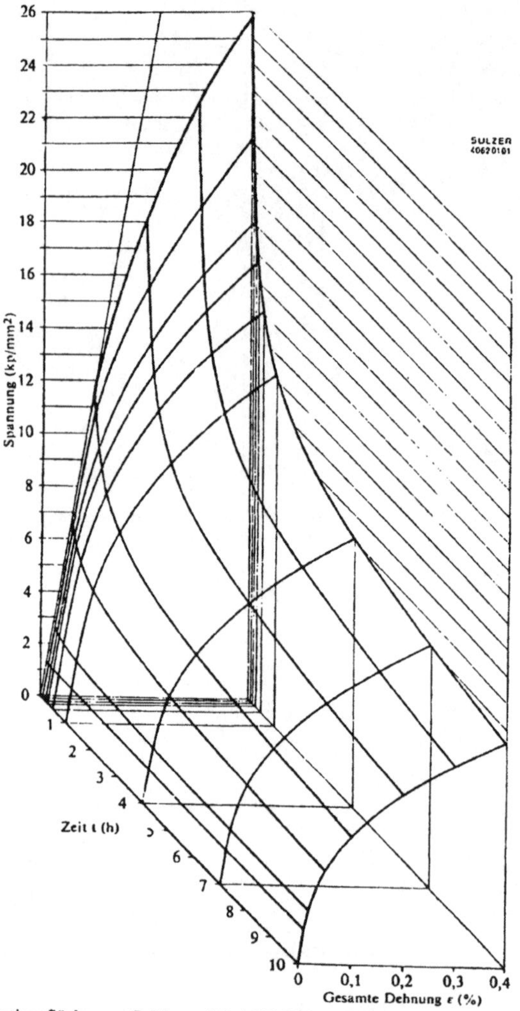

Relaxationsfläche von Sphäroguß bei 500 °C in Abhängigkeit von Prüfzeit und Anfangsdehnung in räumlicher Darstellung.

b)

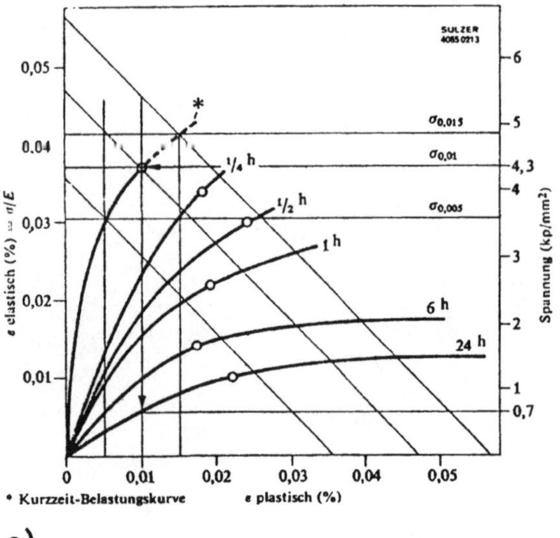

c)

Schnitte durch ein räumliches Relaxationsschaubild von ferritischem GGG bei 550°C.

Bilder 118 a bis c:

Relaxationsverhalten von ferritischem GGG bei Zugbeanspruchung

(Nach E. Zingg u. E.K. Modl[159]).

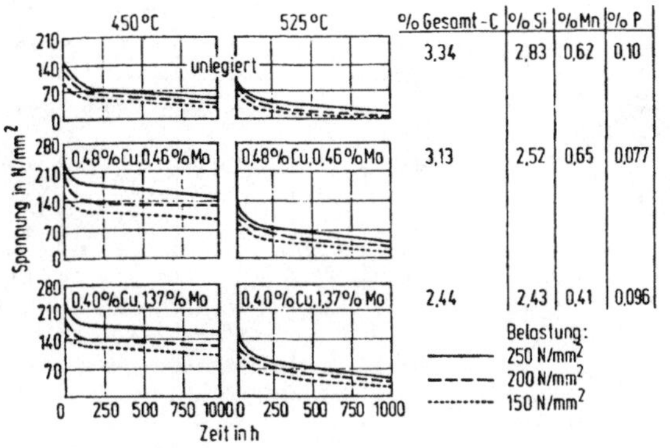

<u>Bild 119:</u> Relaxationsverhalten von perlitischem Gusseisen mit Kugelgraphit bei Zugbeanspruchung.

(Nach V.Z. Tseytlin u. I.I. Kalugina, entnommen aus [14], B. 54)

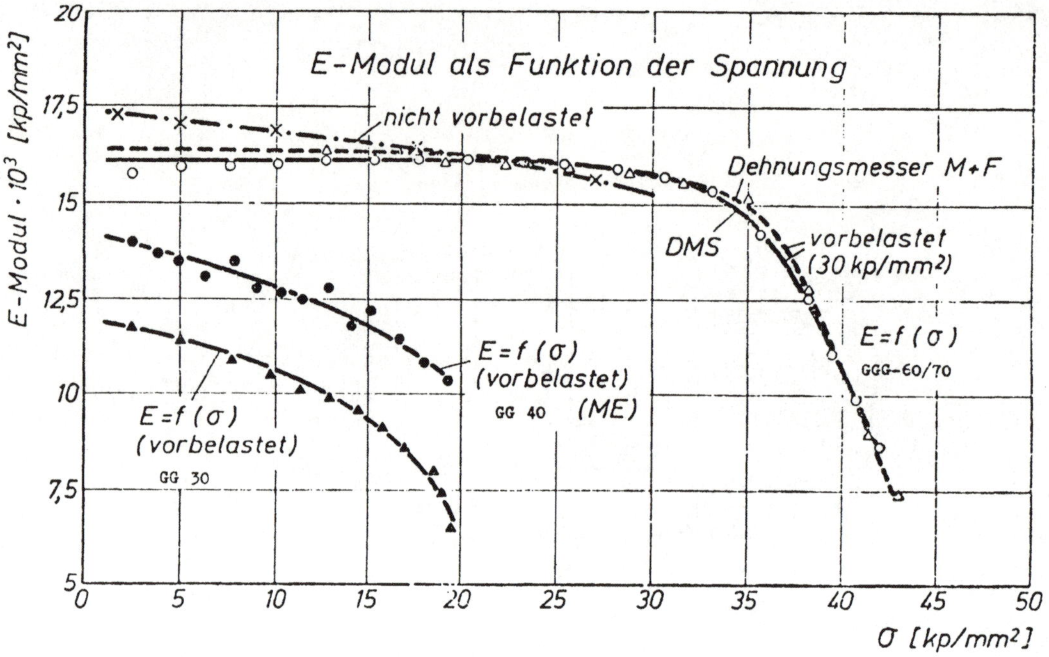

GGG 70		GG 30	GG 40
% C	2,91	siehe Bild 51	siehe Bild 52
% Si	2,63		
% Mn	0,14		
% P	0,047		
% S	0,032 ?		
% Mg	0,056		

Zugfestigkeit	kp/mm^2	74,7
0,2%-Grenze	kp/mm^2	43,9
Bruchdehnung	δ_5 %	5,2

Bild 120: Spannungsabhängigkeit des E-Moduls bei RT von perlitischem Gusseisen mit Kugelgraphit im Vergleich zu perlitischem hochfestem Gusseisen mit Lamellengraphit
(Nach H. Nieth[167], B. 40)

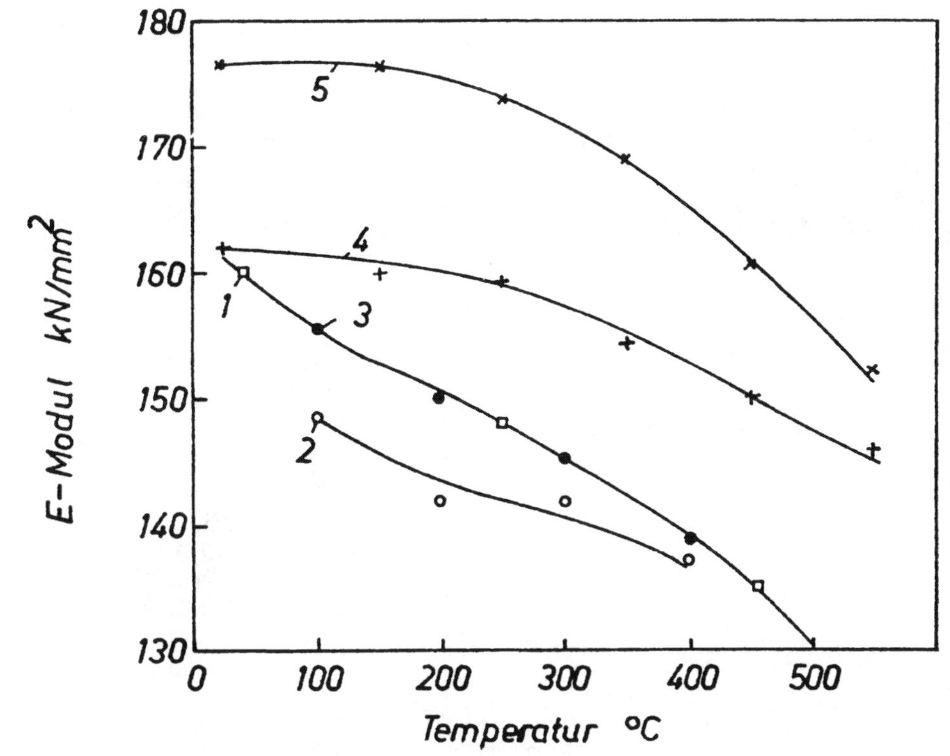

	ferritisch geglühtes GGG				perl. GGG (Gußzust.)
	1	2	3	4	5
	□	○	●	+	✕
%C	3,54	3,65	3,55	3,51	3,51
%Si	2,56	2,48	2,45	2,46	2,46
%Mn	0,52	0,12	0,14	0,37	0,37
%P	0,066	0,015	0,017	0,02	0,02
%S	n. b.	0,008	0,017	0,01	0.01
%Mg	0,039	0,088	0,074	n. b.	n. b.
%Mo	—	0,52	0,98	—	—
%Ni	—	—	—	2,06	2,06
Literatur	229)	228)	228)	117)	117)
				Eisen G	Eisen F

nach Tafel 16 u. Bild 55

Bild 121: Temperaturabhängigkeit des E-Moduls von Gusseisen mit Kugelgraphit

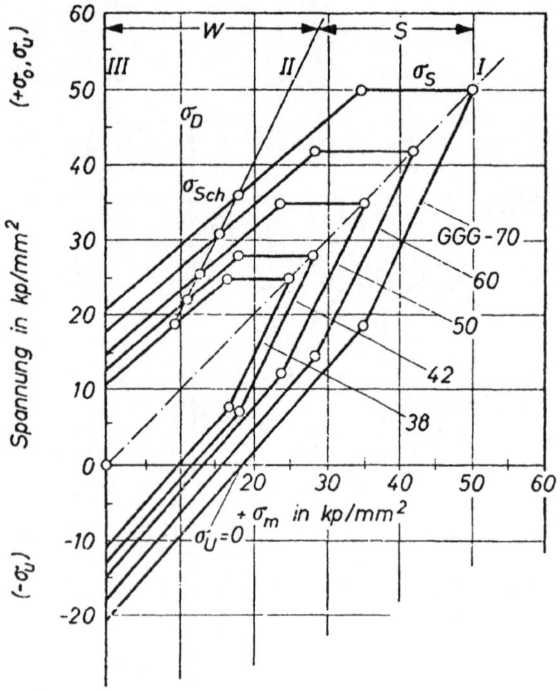

Bild 122: Zug und Zug-Druck

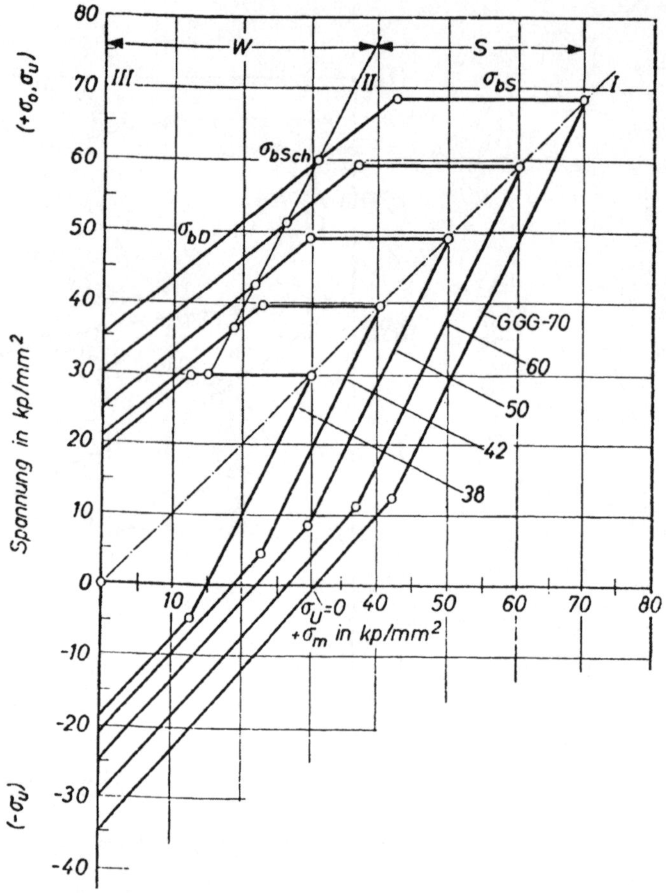

Bild 123: Biegung

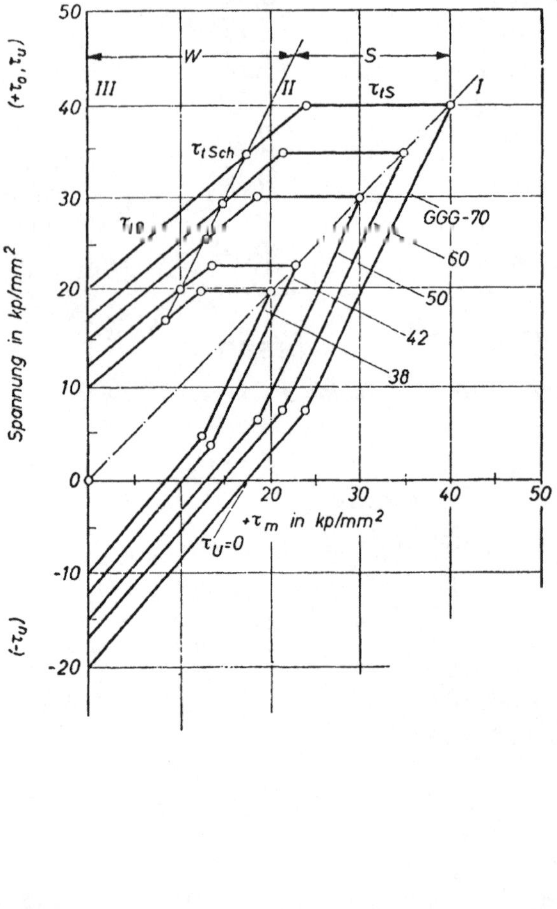

Bild 124: Verdrehung

Bilder 122 bis 124: Dauerfestigkeitsschaubilder zur Ermittlung der zulässigen Spannungen für Konstruktionen aus Gusseisen mit Kugelgraphit.

(Nach R. Hänchen[55], entnommen aus [165]).

Eigenschaften		GGG-40	GGG-60
Streckgrenze	$\sigma_{0,2}$ [kp/mm²]	29,5	42,5
Zugfestigkeit	σ_B [kp/mm²]	47,0	65,5
Bruchdehnung	δ [%]	12,2	2,2
Stauchgrenze	$\sigma_{d\,0,2}$ [kp/mm²]	30,5	45,2
Biegefließgrenze	$\sigma_{b\,0,2}$ [kp/mm²]	47,5	70,5
Biegefestigkeit	σ_{bB} [kp/mm²]	93,5	110,0

Eigenschaften	GGG-40 [kp/mm²]	GGG-60 [kp/mm²]
Zugschwellbereich $\sigma_{zD} = \sigma_M \pm \sigma_A$	20 ± 9	24 ± 9 36 ± 9
Zug-Druck-Wechselbereich $\sigma_{zdD} = \sigma_M \pm \sigma_A$		−12 ± 22
Druck-Schwellbereich σ_{dSch}	32	>44 <52
Biege-Schwellbereich $\sigma_{bD} = \sigma_M \pm \sigma_A$	40 ± 8	60 ± 8

Eigenschaften		GGG-40			GGG-60		
		z	m [kp/mm²]	s [kp/mm²]	z	m [kp/mm²]	s [kp/mm²]
Zug-Druck-Wechselfestigkeit	σ_{zdW}	15	± 15	± 4	12	± ~~19~~ 18	± 2
Zug-Schwellfestigkeit	σ_{zSch}	8	22	± 2	9	26	± 2
Biege-Wechselfestigkeit	σ_{bW}	20	± ~~22~~ 19	± 2	15	± 25	± 3
Biege-Schwellfestigkeit	σ_{bSch}	8	30	± 2	8	38	± 1

z Anzahl der Proben
m Erwartungswert des Mittelwertes
s Erwartungswert der Standardabweichung

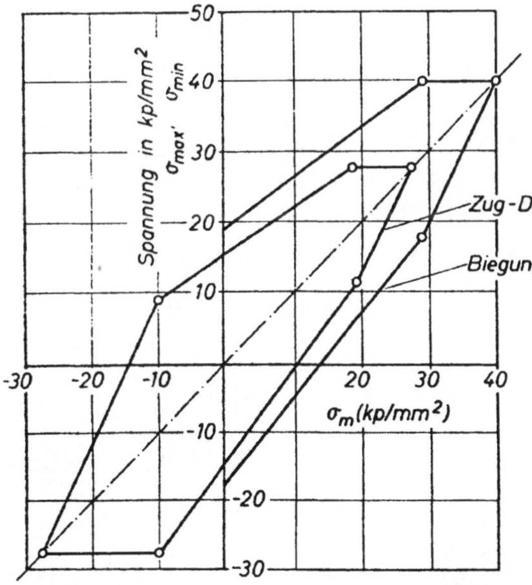

GGG-40

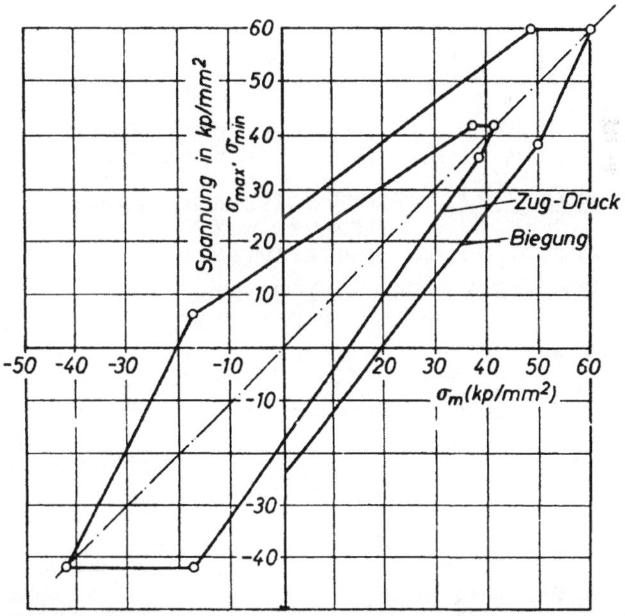

GGG-60

Bild 125: Erweitertes Dauerfestigkeitsschaubild für GGG 40.

Bild 126: Erweitertes Dauerfestigkeitsschaubild für GGG 60

(Nach P. Hänsel[168], entnommen aus [165]).

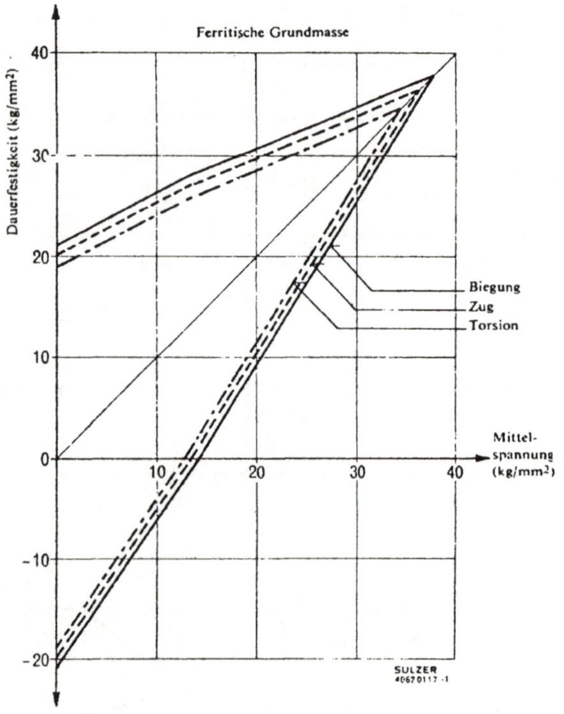

Bild 127: Dauerfestigkeitsdiagramm für Sulzer-Sphäroguss mit ferritischem Grundgefüge

(Nach E.K. Modl[31], B. 24)

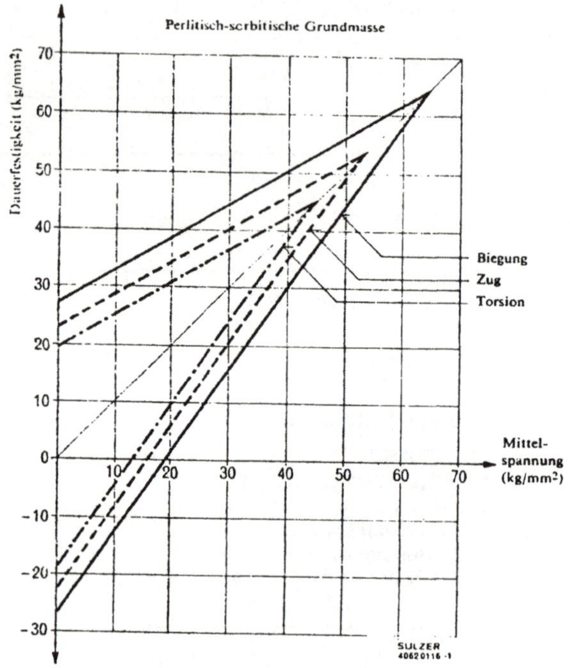

Bild 128: Dauerfestigkeitsdiagramm für Sulzer-Sphäroguss mit perlitisch-sorbitischem Grundgefüge

(Nach E.K. Modl[31], B. 25)

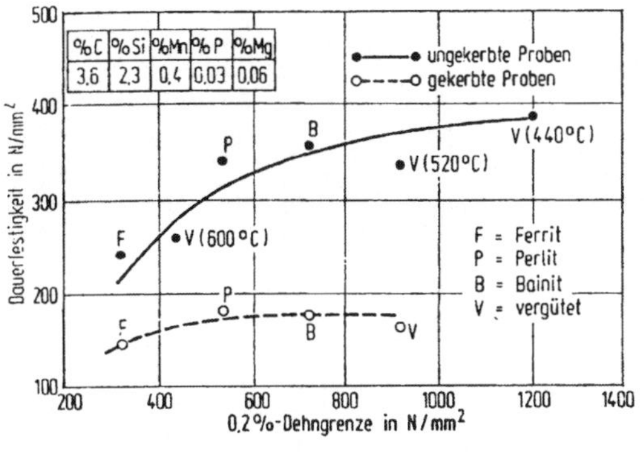

Bild 129:

Biegewechselfestigkeit von gekerbten und ungekerbten GGG-Proben in Abhängigkeit von der Streckgrenze.
Das Gefüge wurde durch Wärmebehandlung eingestellt, ausser beim Perlit.
(Nach [163], entnommen aus [14], B. 40)

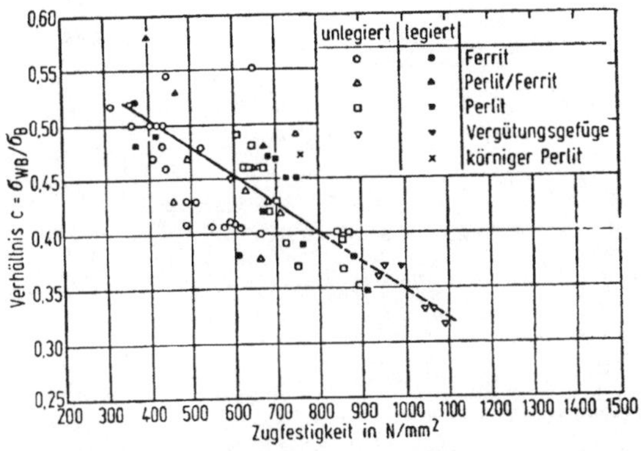

Beziehung zwischen der Zugfestigkeit und dem Dauerfestigkeitsverhältnis $c = \sigma_{WB}/\sigma_B$
Die eingezeichnete Gerade entspricht $c = 0{,}61 - 0{,}00026\,\sigma_B$.

Bild 130:

(Nach K. Röhrig[14], B. 42, Auswertung von 12 Schrifttumsangaben)

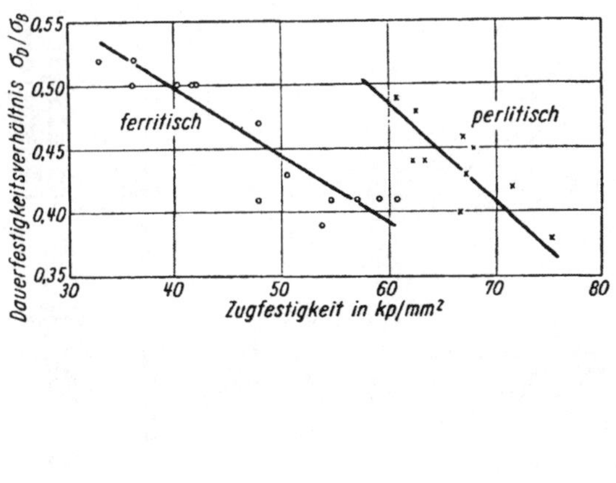

Bild 131:

Beziehung zwischen Dauerfestigkeitsverhältnis und Zugfestigkeit von GGG
ferritisch = geglüht
perlitisch = Gusszustand
(Nach K.B. Palmer[77], entnommen aus [213], B. 162)

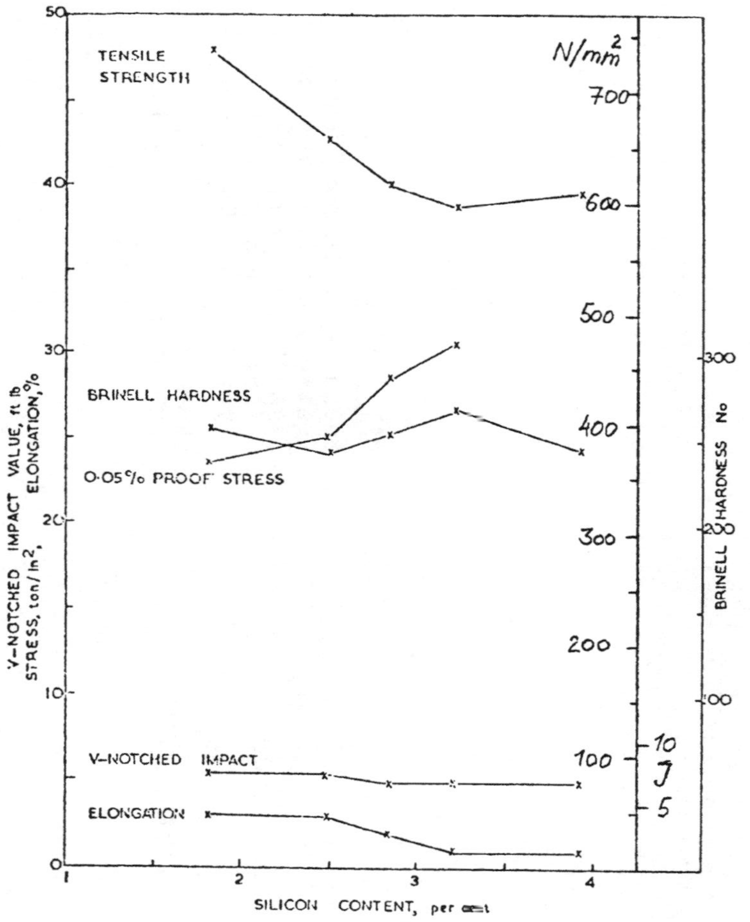

a) perlitisches GGG (Gusszustand)

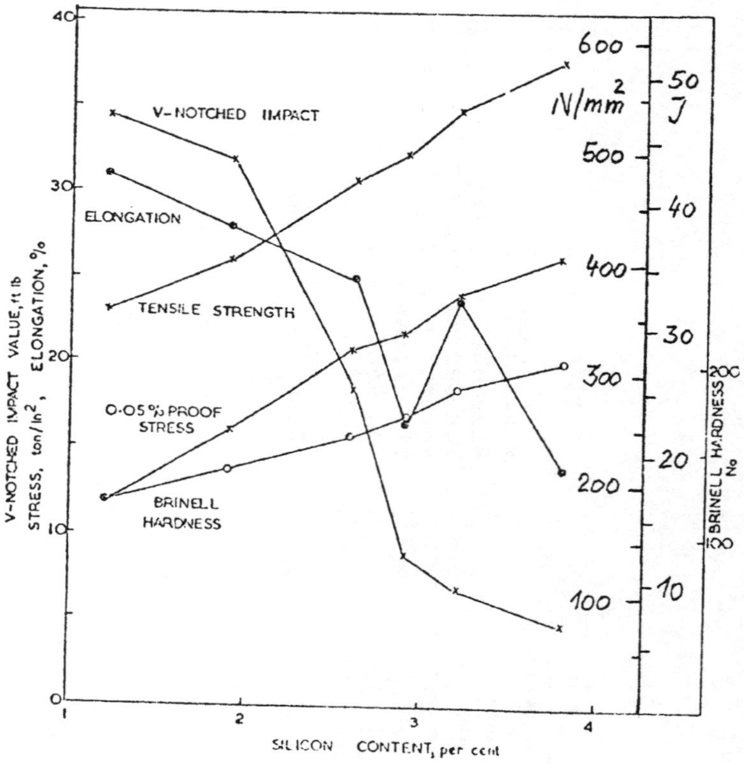

b) ferritisches GGG (geglüht)

Bild 132 a, b: Einfluss vom Si auf die mechanischen Eigenschaften von Gusseisen mit Kugelgraphit.
(Nach K.B. Palmer[77])

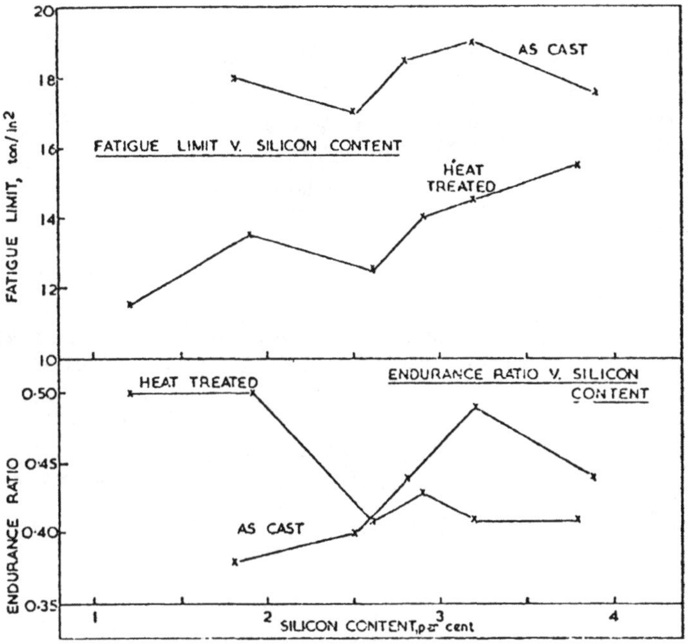

c) **Dauerfestigkeit**

d) **Dauerfestigkeitsverhältnis**

Bild 132 c, d: **Einfluss von Si auf Dauerfestigkeit und Dauerfestigkeitsverhältnis von perlitischem (Gusszustand = as cast) und ferritischem (geglüht = heat treated) Gusseisen mit Kugelgraphit.**
(Nach K.B. Palmer[77]).

Chemische Zusammensetzung und Gefüge der untersuchten Gusseisensorten mit Kugelgraphit.

Proben-Nr.	C (%)	Si (%)	Mn (%)	P (%)	S (%)	Cr (%)	Mikrostruktur x)	Perlit (%)
N1	3,66	1,88	1,16	0,136	0,009	0,041	VI 5/6 (15%) + ID 6/7 (60%) + III 6 (25%)	P90
N2	3,66	1,88	1,16	0,136	0,009	0,041	VI 5/6 (20%) + IA 6 (15%) + III 4/5 (65%)	P90
N3	3,66	1,88	1,16	0,136	0,009	0,041	VI 6 (40%) + III 5 (60%)	P90
N4	3,66	1,88	1,16	0,136	0,009	0,041	VI 5/6 (55%) + III 4 (45%)	P85
N5	3,66	1,88	1,16	0,136	0,009	0,041	VI 4/5 (60%) + III 4 (40%)	P90
N6	2,99	3,40	1,13	0,136	0,009	0,041	VI 4/5 (70%) + IE (30%)	P30
N7	3,16	3,52	1,13	0,136	0,009	0,041	VI 4/5 (80%) + IE (20%)	P30
N8	3,16	3,52	1,13	0,136	0,009	0,041	VI 4/5 (80%) + IE (20%)	P40
N9	3,66	1,88	1,16	0,136	0,009	0,041	VI 5/6 (85%) + III 5 (15%)	P90
N10	3,16	3,52	1,13	0,136	0,009	0,041	VI 5/6 (90%) + IE (10%)	P60
N11	3,45	3,89	0,65	0,130	0,006	0,180	VI 6 (100%)	P80

x) vgl. Bilder 6 bis 8

Biegewechselfestigkeit, Zugfestigkeit und Dauerfestigkeitsverhältnis

Proben-Nr.	Ermüdungs-festigkeit kg/mm²	Zugfestigkeit kg/mm²	«Endurance Ratio» (Ermüdungsfestigkeit / Zugfestigkeit)
N1	12,5	34,46	0,36
N2	14,2	–	
N3	18,6	–	
N4	19,3	36,84	0,52
N5	17,5	36,61	0,48
N6	22,7	43,11	0,53
N7	21,5	–	
N8	24,0	40,46	0,59
N9	20,1	41,30	0,49
N10	25,2	47,02	0,53
N11	36,2	74,30	0,49

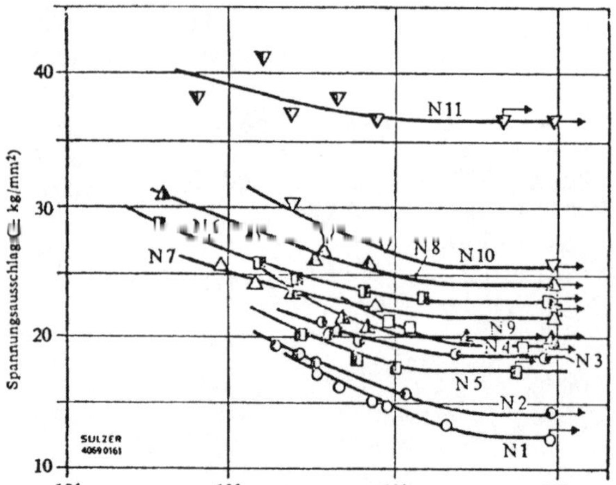

Bild 133: Dauerfestigkeit von Gusseisen mit Kugelgraphit mit unterschiedlichen Kugelgraphitanteilen.
(Nach K. Ikawa u. G. Ohira[186], entnommen aus [170]).

Probe	Zug-festigkeit *) [kp/mm²]	Streck-grenze *) [kp/mm²]	Vickers-härte [kp/mm²]	Bruch-dehnung *) [%]	Biegewechselfestigkeit ungekerbt [kp/mm²]	gekerbt [kp/mm²]	β_K
P (Perlit)	84 ... 89	52 .. 55	290	3,6 .. 8,0	34,0	18,0	1,89
F (Ferrit)	44 ... 46	30 .. 32	158	24,0 .. 25,0	24,0	14,5	1,66

*) ermittelt an kurzen Proportionalstäben mit 10 mm Ø

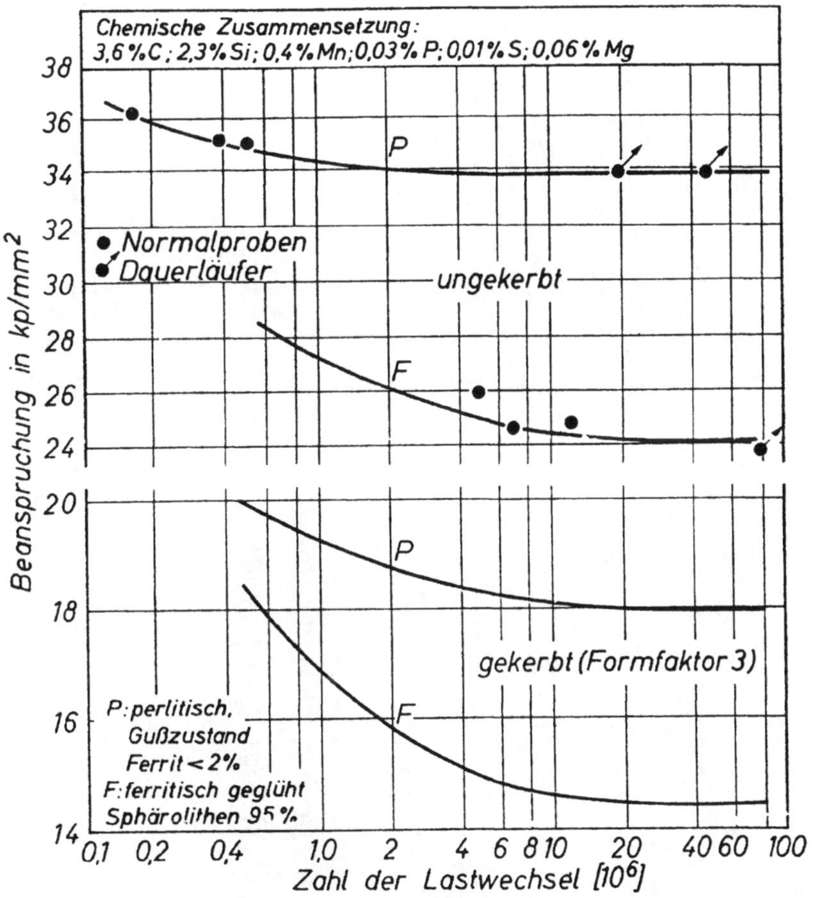

Bild 134: Vergleich der Umlaufbiegewechselfestigkeit von Gusseisen mit Kugelgraphit an ungekerbten und gekerbten (60° Kerbwinkel, r = 0,06 mm, Ø = 6,74 mm) Proben (Nach J. Motz[163]), entnommen aus [165]), B. 1)

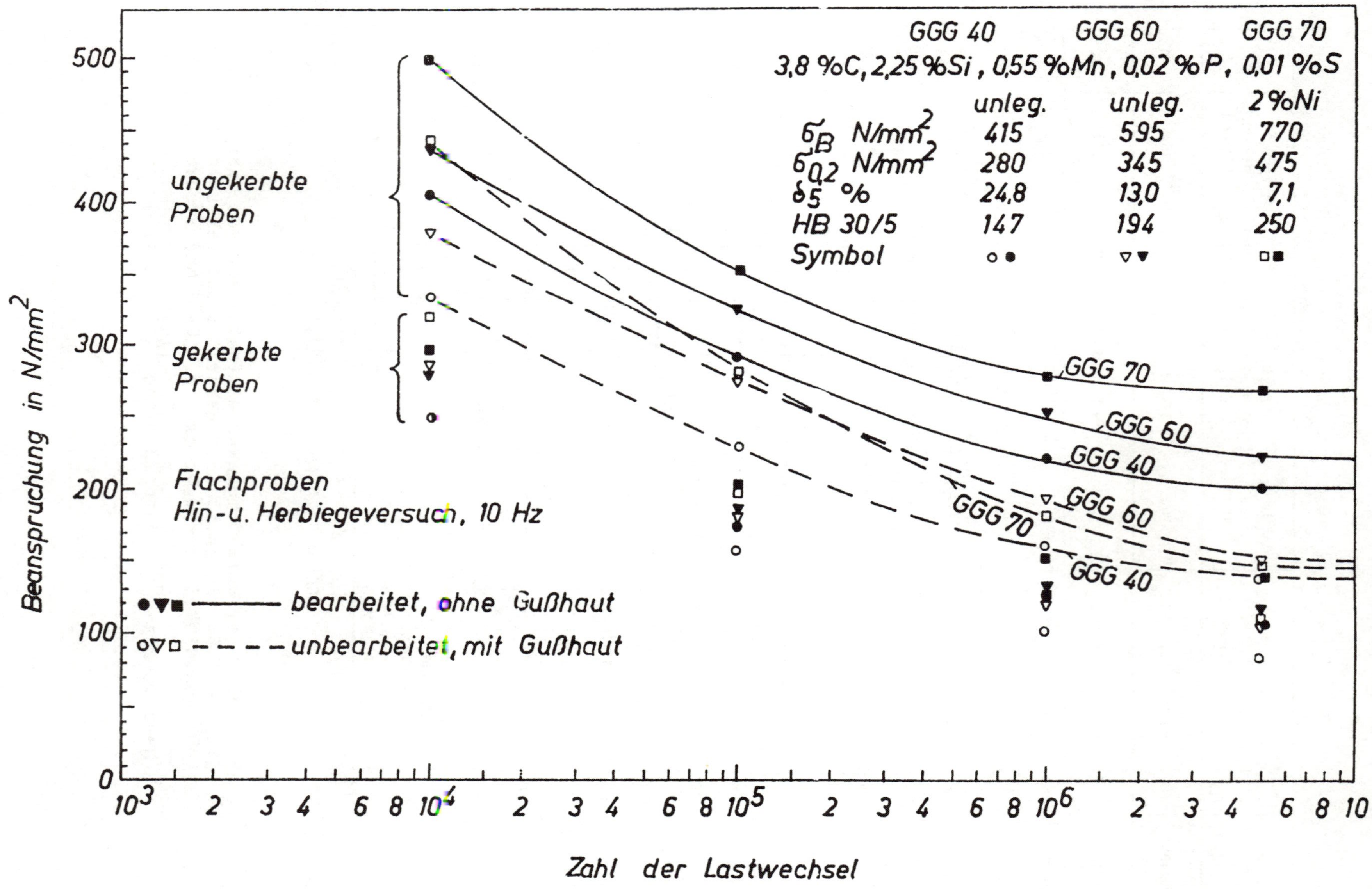

Bild 135: Einfluss der Gusshaut auf die Biegewechselfestigkeit von GGG. (Nach 173))

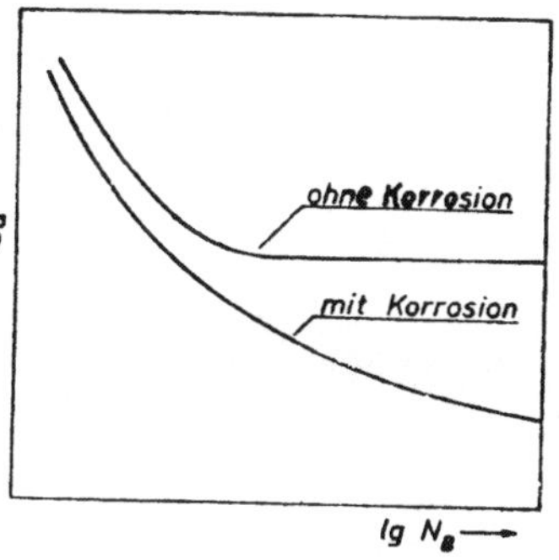

Bild 136: Schematischer Verlauf von Wöhlerkurven ohne und mit Korrosionseinwirkung.

(Nach D. Munz u. Mitarb. [230], B. 2.17)

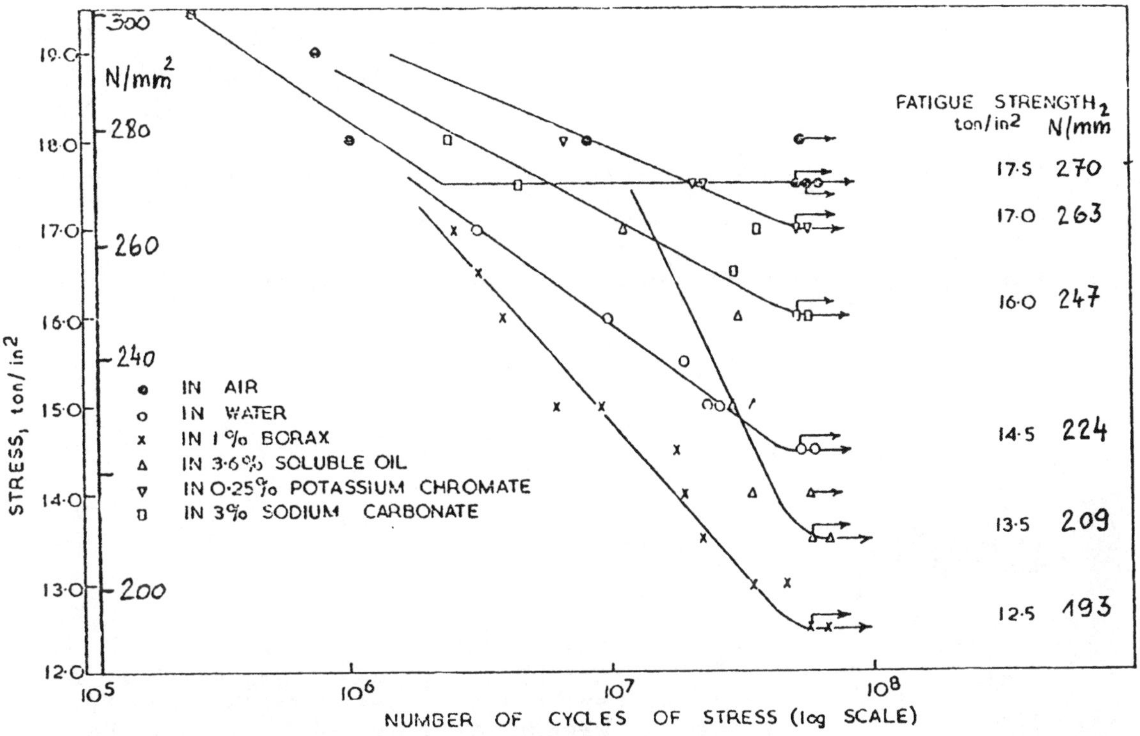

FIG. 27 Corrosion fatigue of pearlitic nodular graphite iron

Bild 137: Dauerbiegewechselfestigkeit von perlitischem GGG bei überlagerter Korrosion. Prüffrequenz 50 Hz.
(Nach K.B. Palmer [77], Fig. 27)

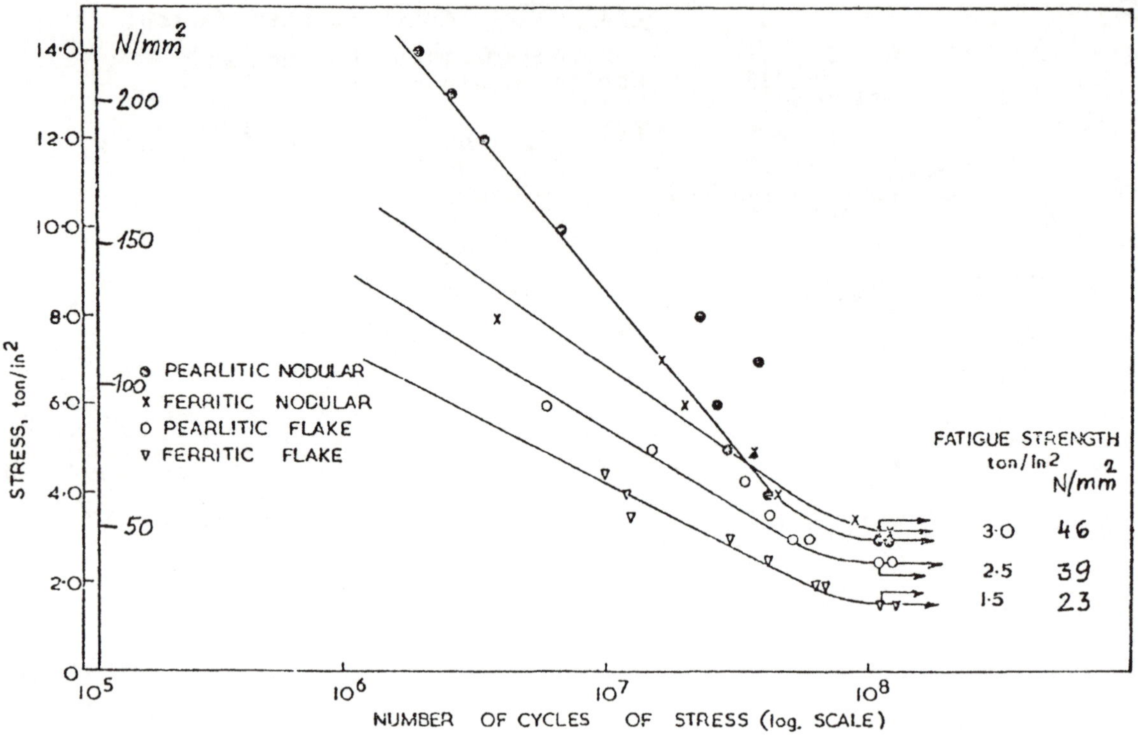

Bild 138: Dauerbiegewechselfestigkeit von perlitischem und ferritischem GGG und GGL bei überlagertem Korrosionsangriff durch 3 %ige NaCl-Lösung. Prüffrequenz 50 Hz.
(Nach K.B. Palmer[77], Fig. 28)

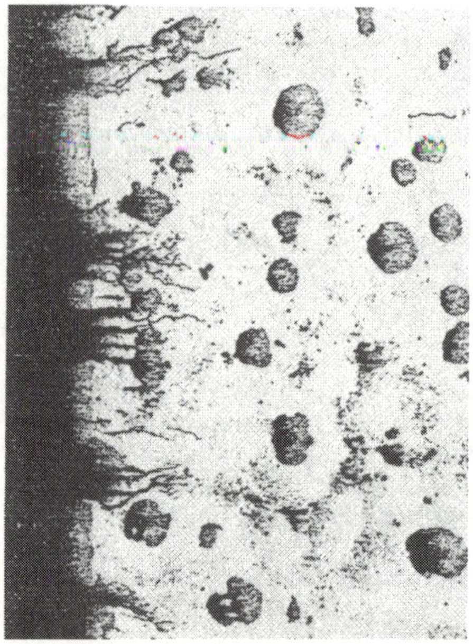

Bild 139:
Korrosionsbedingte Anrisse einer in enthärtetem Wasser geprüften Dauerwechselprobe aus perlitischem GGG.
x 100
(Nach K.B. Palmer[77], Fig. 29)

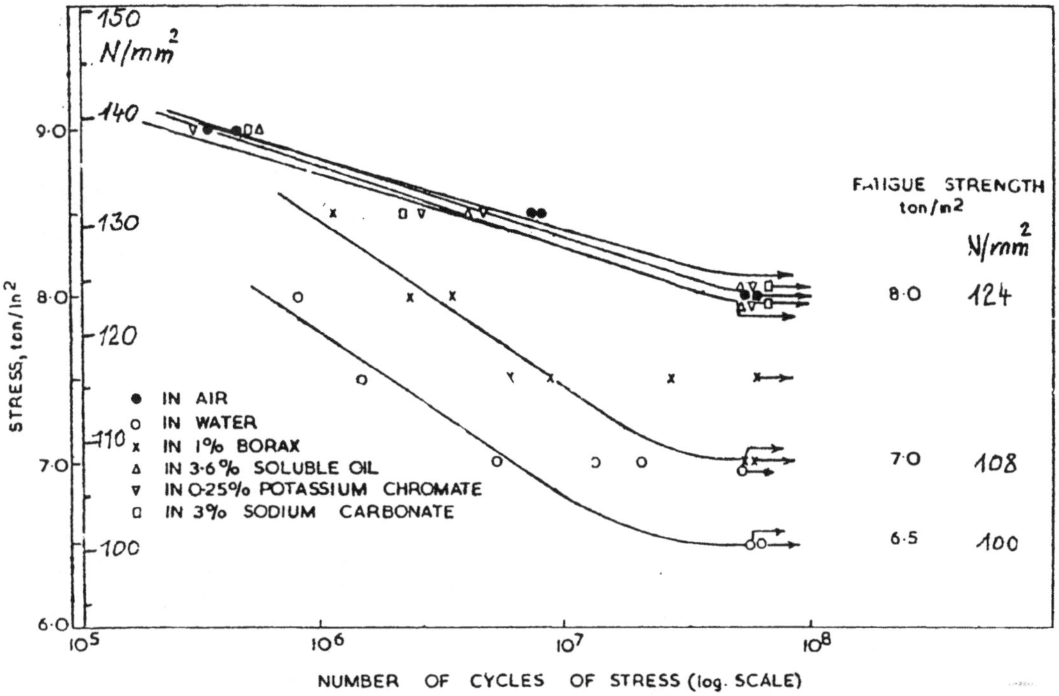

Bild 140: Einfluss eines Korrosionsangriffes in verschiedenen Medien auf die Dauerbiegewechselfestigkeit von perlitischem Gusseisen mit Lamellengraphit. Prüffrequenz 50 Hz.
(Nach K.B. Palmer[77], Fig. 26)

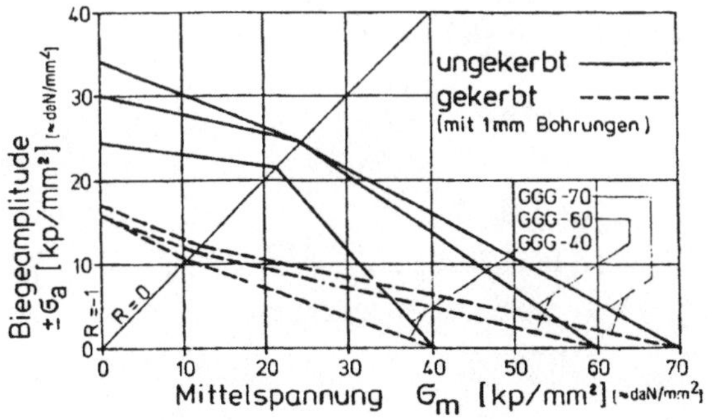

a) Dauerfestigkeitsschaubild nach Haigh für ungekerbte und gekerbte Proben

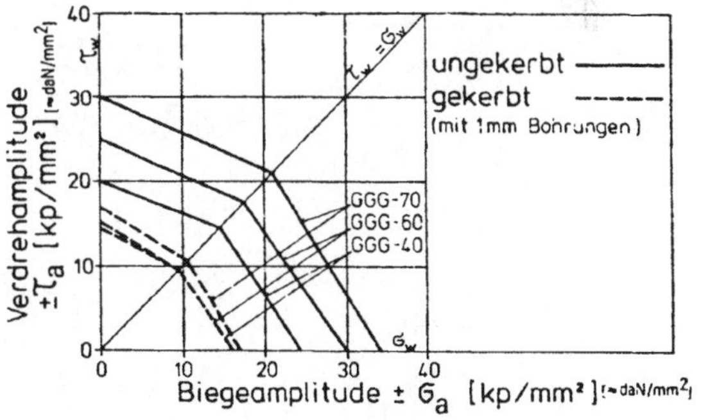

b) Verdrehbiegediagramm für ungekerbte und gekerbte Proben.

Bild 141 a, b: Dauerfestigkeitsschaubilder für GGG 40, 60 und 70. Nach K. Hornung u. A. Rist[75]

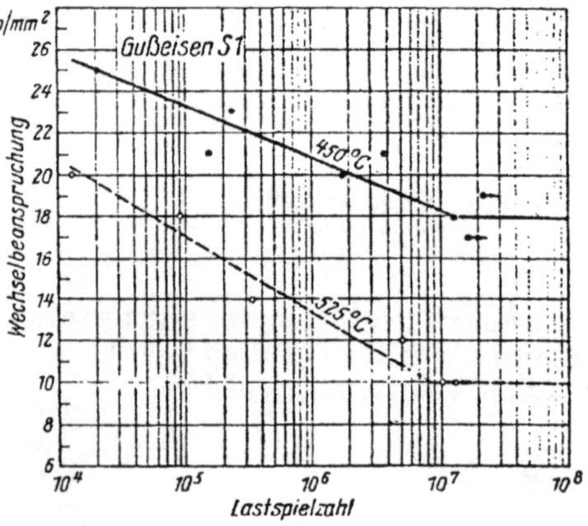

a) Gusseisen S1 nach Tafel 42

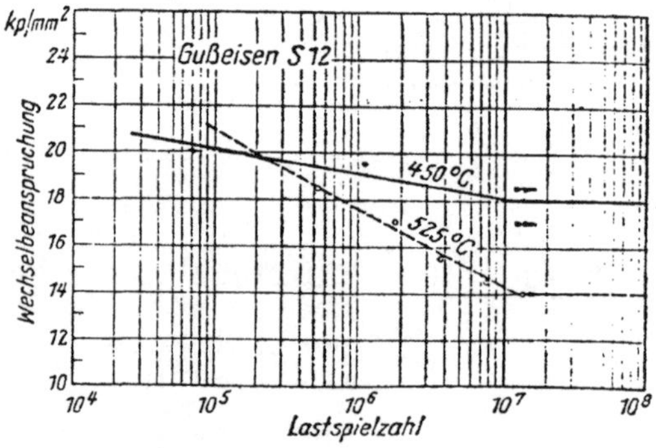

b) Gusseisen S12 nach Tafel 42

Bild 142 a, b: Zug-Druck-Wechselfestigkeitsschaubilder von ferritischem Gusseisen mit Kugelgraphit bei 450 und 525°C.

(Nach R. Verriest u. Mitarb.[166]).

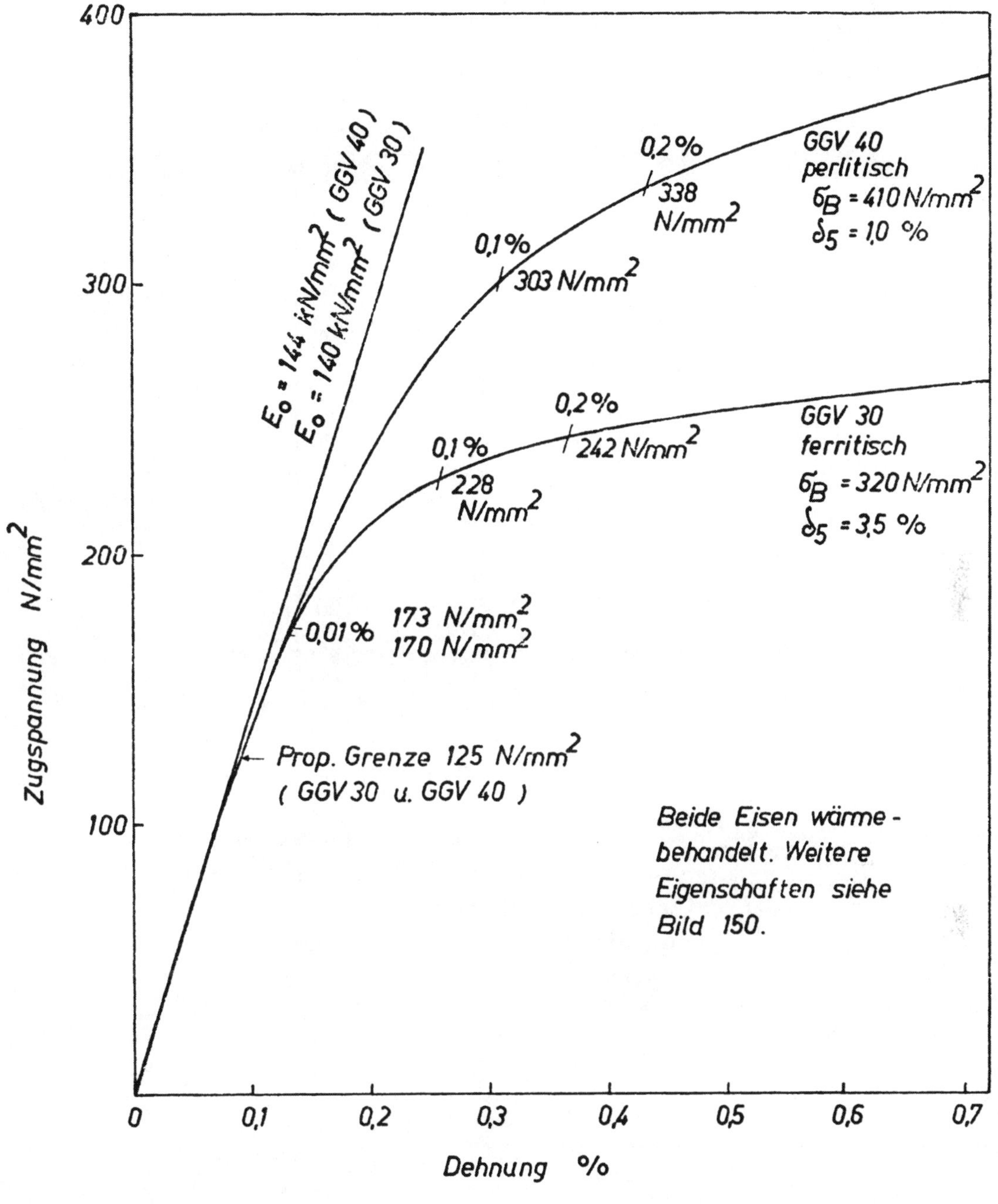

Bild 143: Spannungs-Verformungs-Kurven von ferritischem und perlitischem Gusseisen mit Vermiculargraphit bei Zugbeanspruchung
Nach [200]

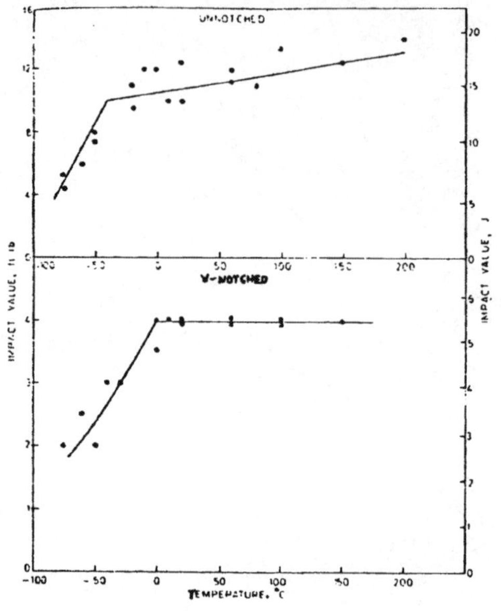

Bild 144: Schlagbiege- und Kerbschlagzähigkeit von ferritisch-geglühtem Gusseisen mit Vermiculargraphit . Charpy-Proben, 10 x 10 mm (Nach K.B. Palmer[232])

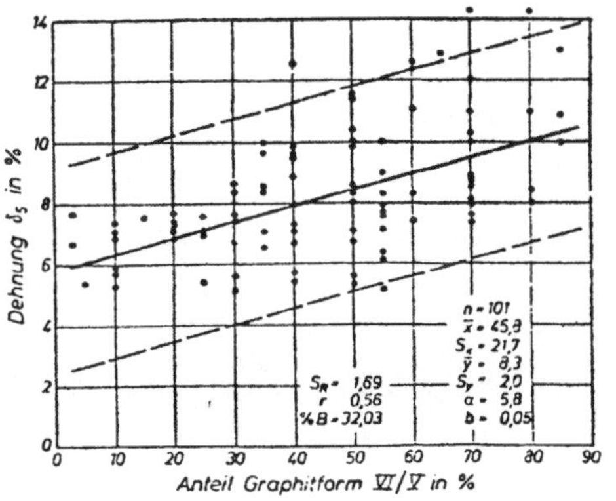

Bild 145: Zusammenhang zwischen dem Anteil an Kugelgraphit im Gefüge und der Bruchdehnung bei ferritischem Gusseisen mit Vermiculargraphit.

(Nach K.H. Riemer[129]).

Zylinderdeckel für einen Dieselmotor aus Gußeisen mit Vermiculargraphit, Stückgewicht 500 kg, hergestellt in kaltharzgebundener Form nach einer Modelleinrichtung für Gußeisen mit Lamellengraphit, Ausbringen 75%; im angegossenen Probestück betrugen nach dem Glühen die Zugfestigkeit über 300 N/mm² und die Dehnung 2%

Bild 146: Nach K.H. Riemer[129])

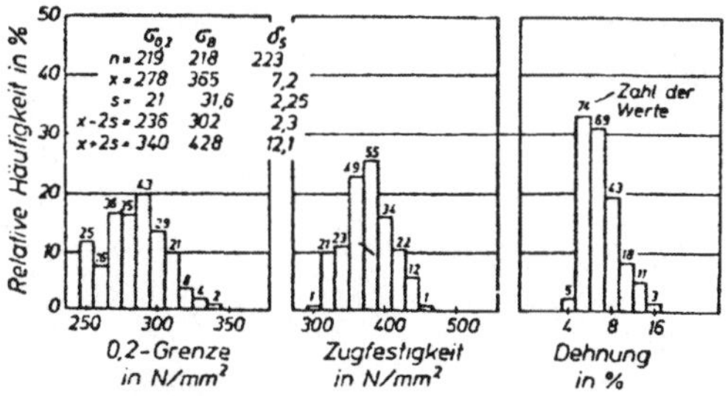

Häufigkeitsverteilung mechanischer Eigenschaften

Bild 147a.

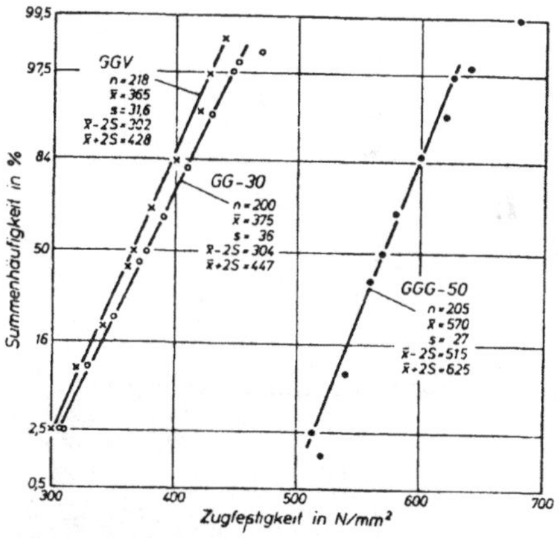

Gegenüberstellung der Zugfestigkeit von Gußeisen mit Vermiculargraphit sowie Gußeisen mit Lamellengraphit GG-30 und Gußeisen mit Kugelgraphit GG-50

Bild 147b.

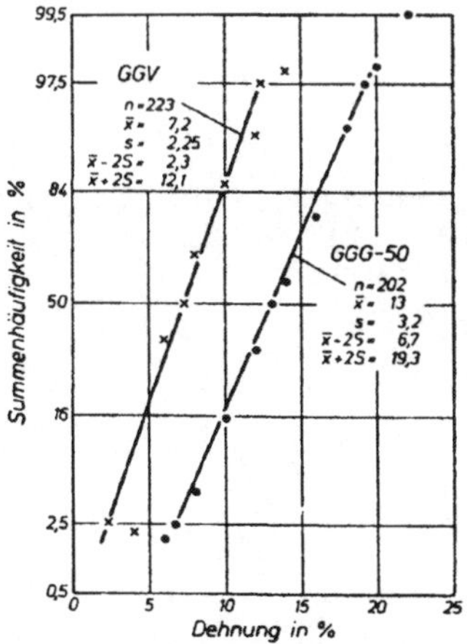

Vergleich der Dehnungen von Gußeisen mit Vermiculargraphit und GG-50

Bild 147c.

Bilder 147 a bis c:

Statistische Auswertungen von 200 Zylinderdeckelchargen. Angegossene Proben aus GGV, ferr. gegl.

(Nach K.H. Riemer[129]).

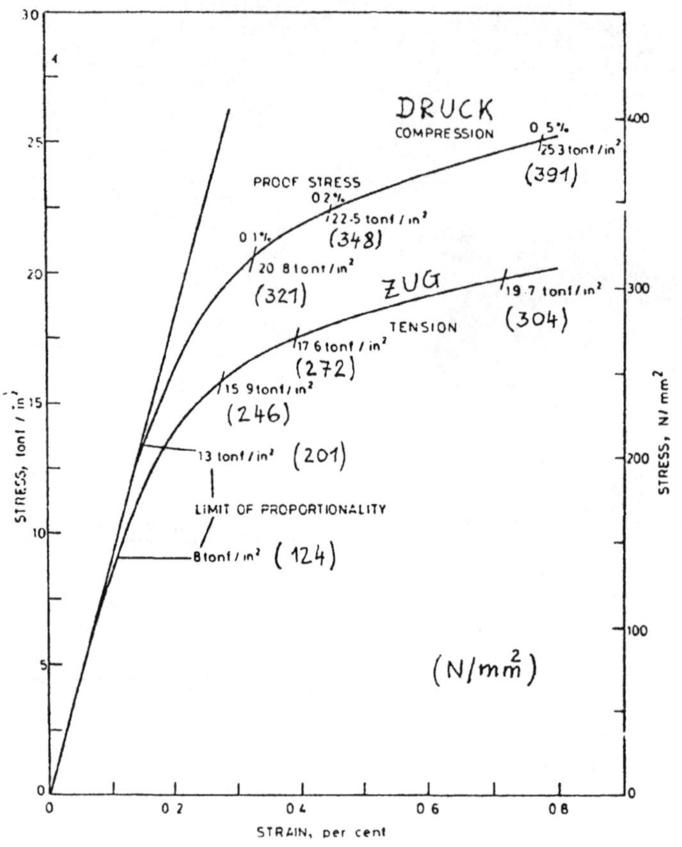

Bild 148: Spannungs-Verformungs-Kurven von überwiegend perlitischem Gusseisen mit Vermiculargraphit bei Zug- und Druckbeanspruchung
(Eisen 11 nach Tafel 44)
(Nach K.B. Palmer[232])

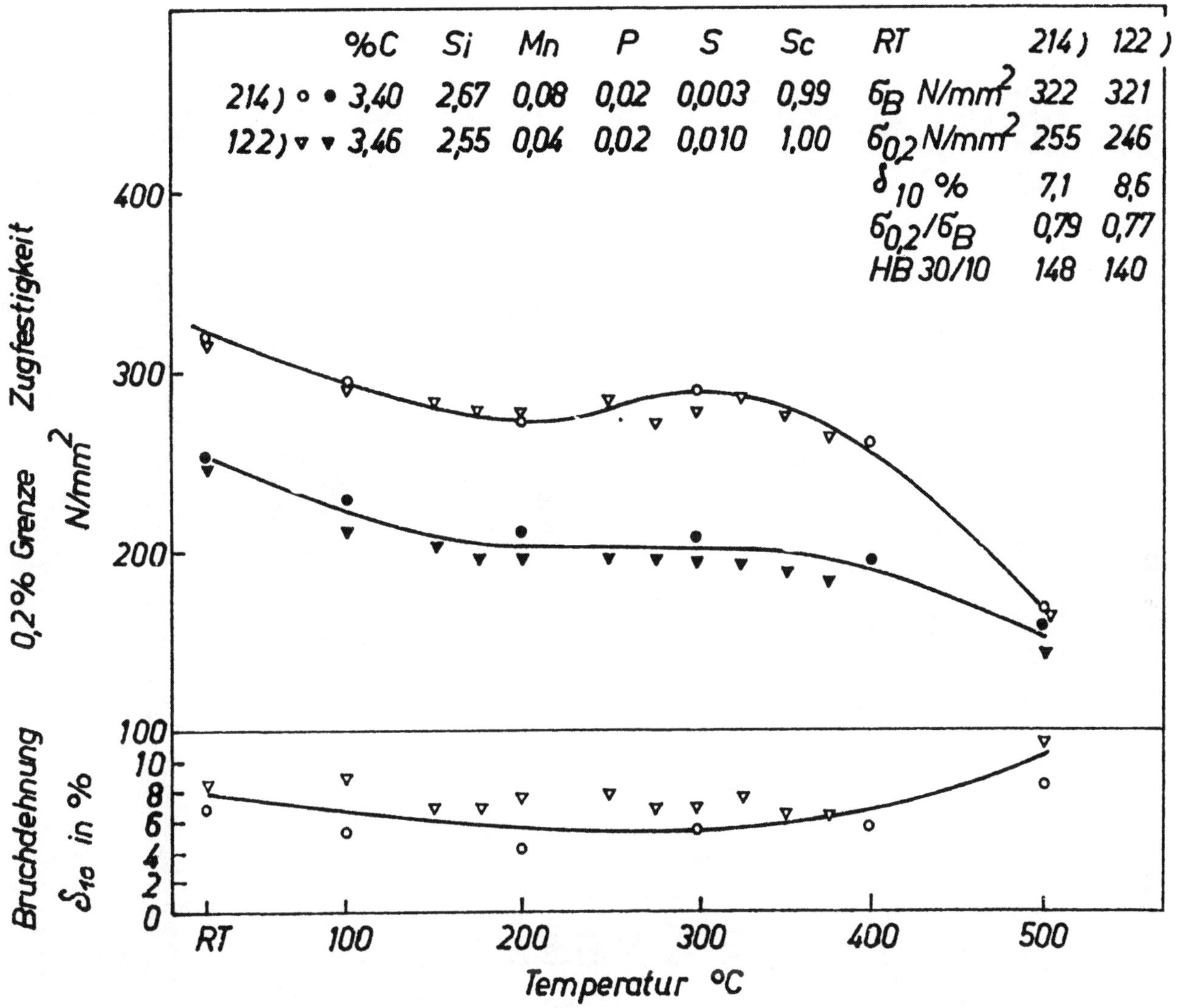

Bild 149: Warmzugfestigkeitseigenschaften von ferritisch geglühtem Gusseisen mit Vermiculargraphit

(Nach K. Hüttebräucker[122), 214)], O. Vöhringer[123)] und E. Nechtelberger[214)]).

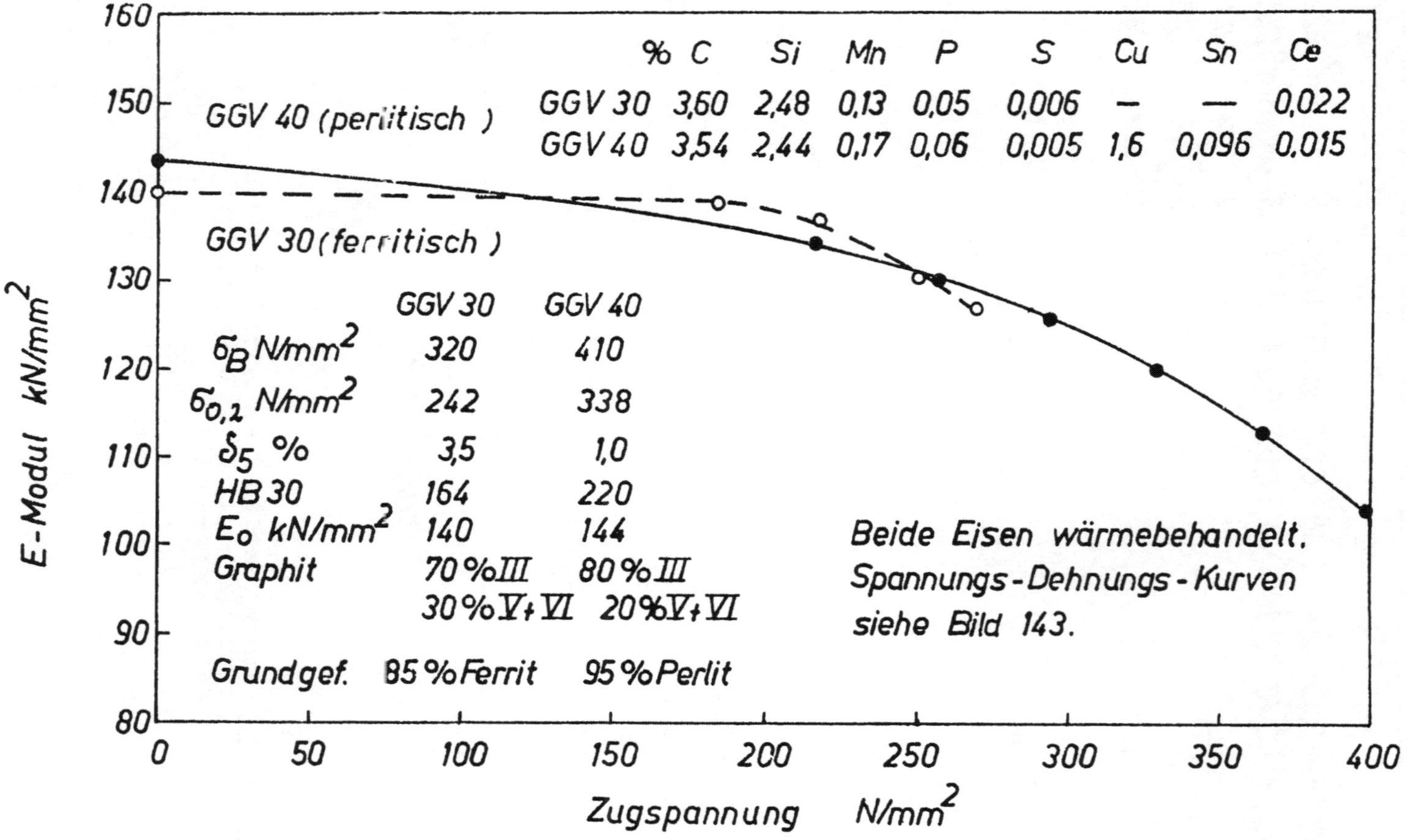

Bild 150: Spannungsabhängigkeit des E-Moduls (Tangentenmoduls) von Gusseisen mit Vermiculargraphit bei Zugbeanspruchung. (Nach [200]).

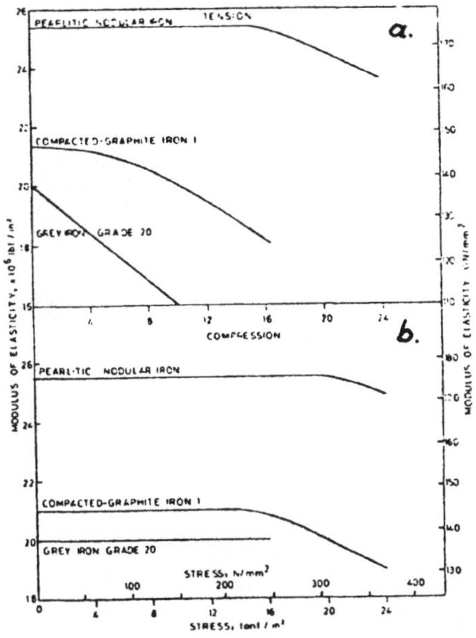

Bild 151:

Abhängigkeit des E-Moduls von perlitischem GGV (Compacted-Graphite Iron 1 = Eisen 11 nach Tafel 44) im Vergleich zu perlit. GGG und perlit. GGL 30 bei Zugbeanspruchung (a) und bei Druckbeanspruchung (b).

(Nach K.B. Palmer[232])

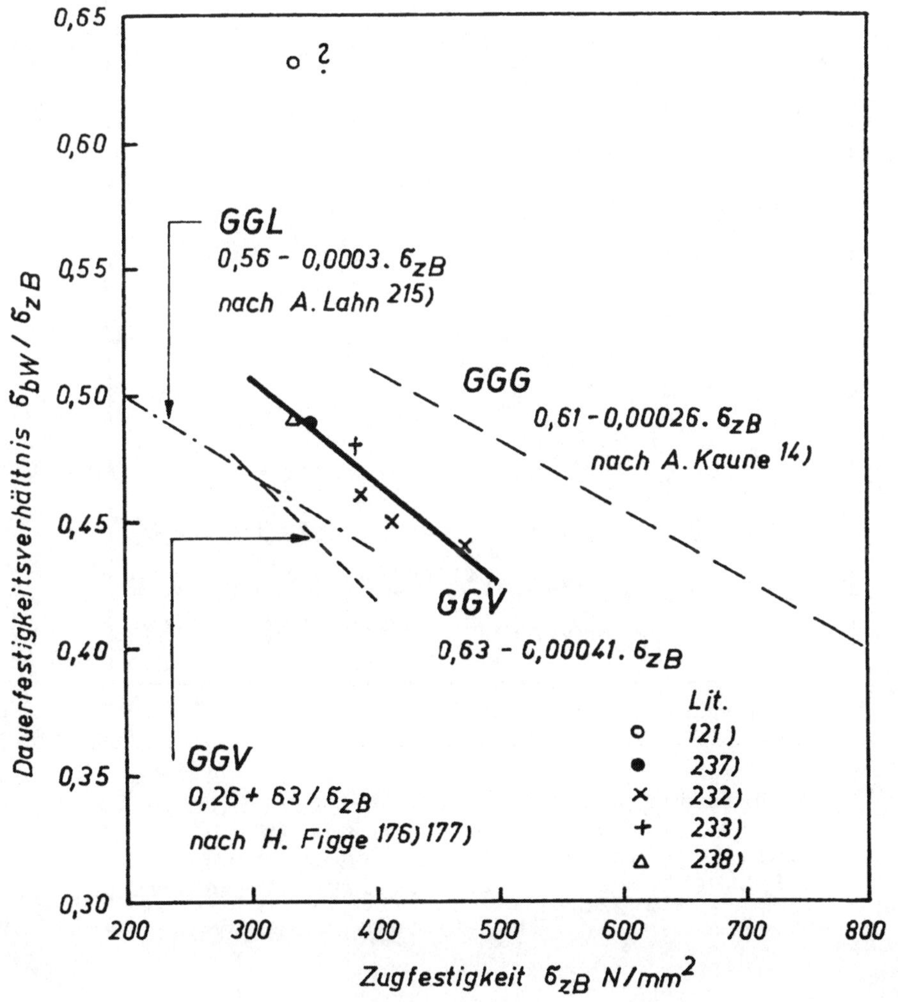

Bild 152: **Dauerfestigkeitsverhältnis (σ_{bW} / σ_{zB}) von Gusseisen mit Vermiculargraphit im Vergleich zu Gusseisen mit Kugelgraphit. (vgl. auch Bilder 68 und 130).**

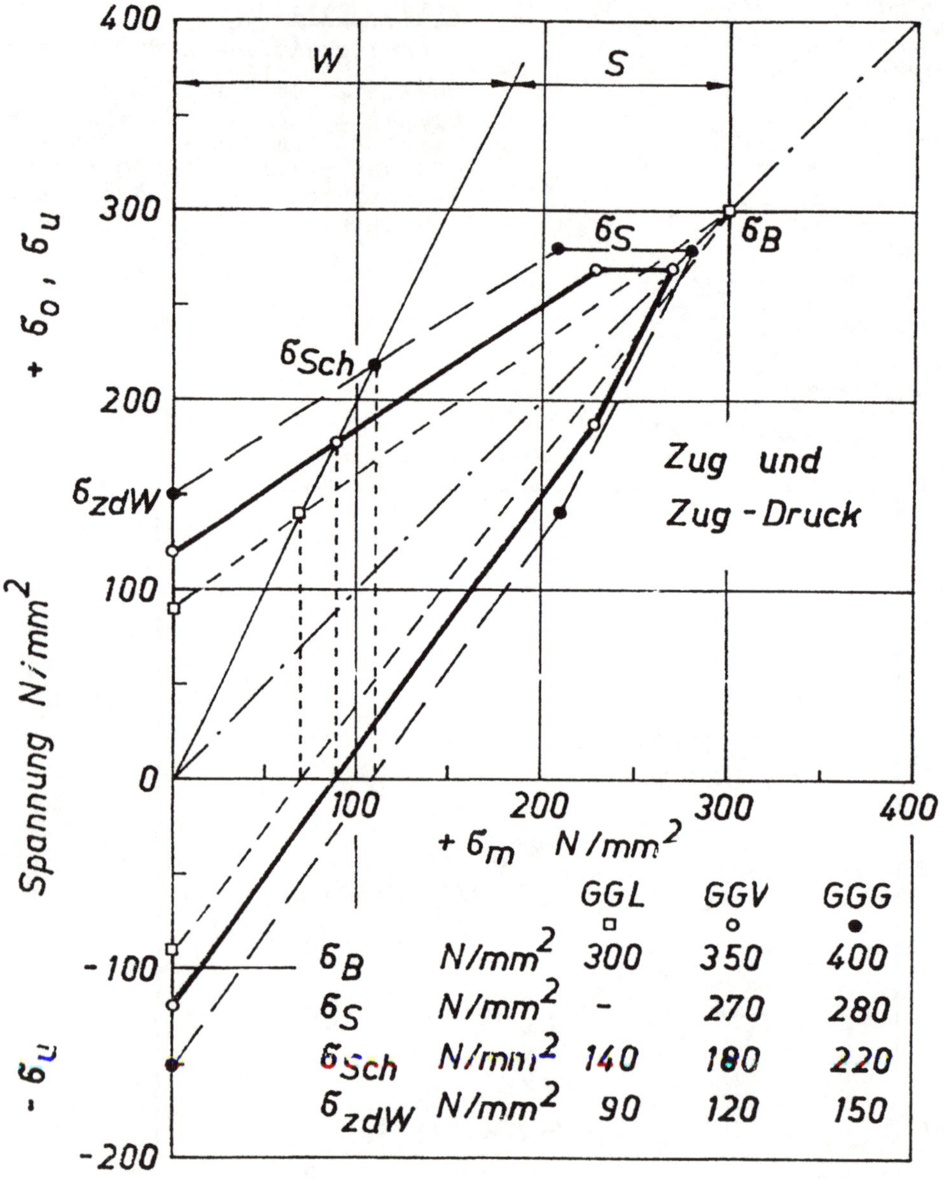

Bild 153: Dauerfestigkeitsschaubild von ferritischem GGV 35 im Vergleich zu GG 30 und GGG 40 zur Ermittlung der zulässigen Konstruktionsspannungen bei Zug- und Zug-Druck-Beanspruchung (Nach [128)214)237)]).

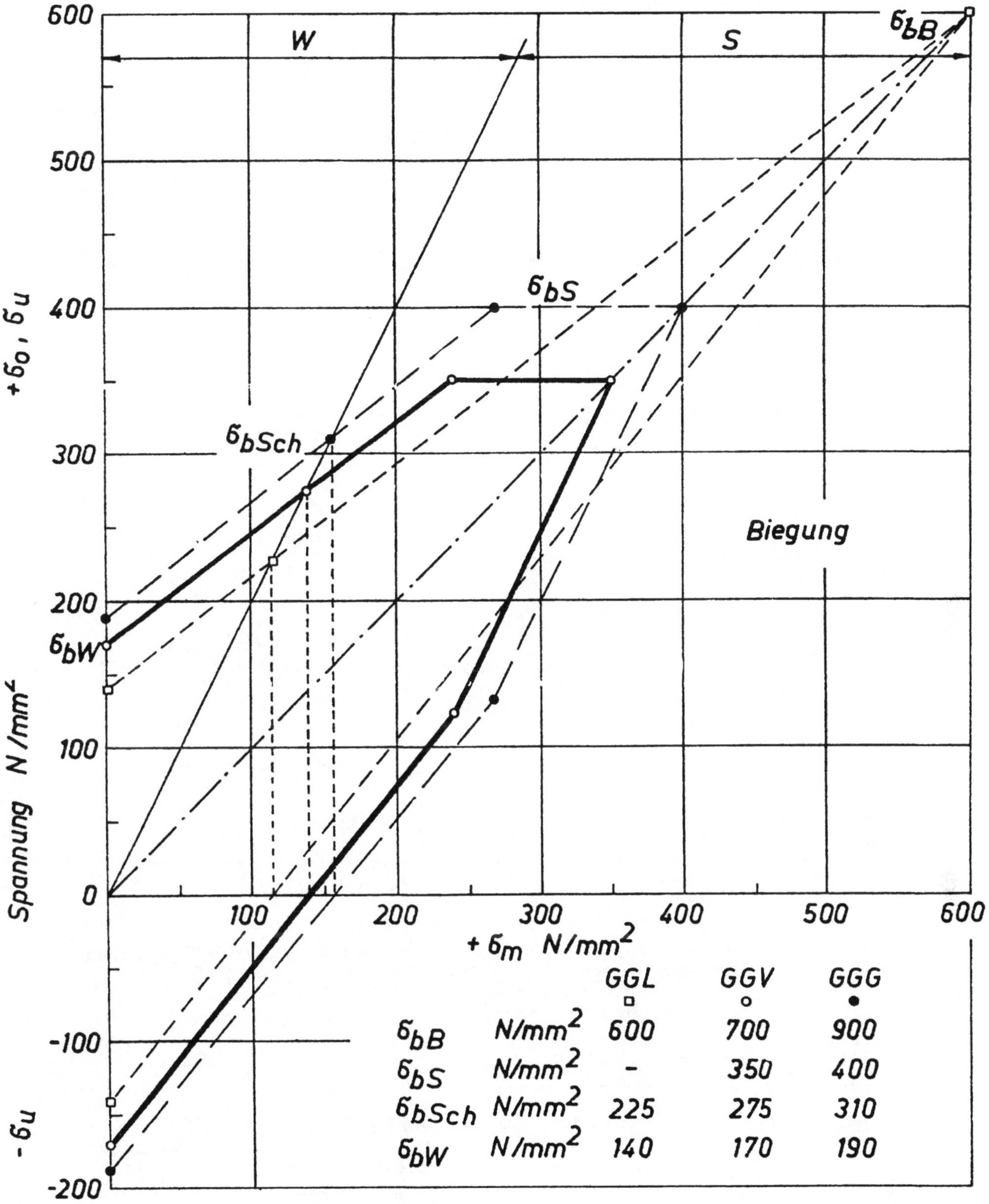

Bild 154: Dauerfestigkeitsschaubild von ferritischem GGV 35 im Vergleich zu GG 30 und GGG 40 zur Ermittlung der zulässigen Konstruktionsspannungen bei Biegebelastung.
(Nach [128) 214) 237)]).

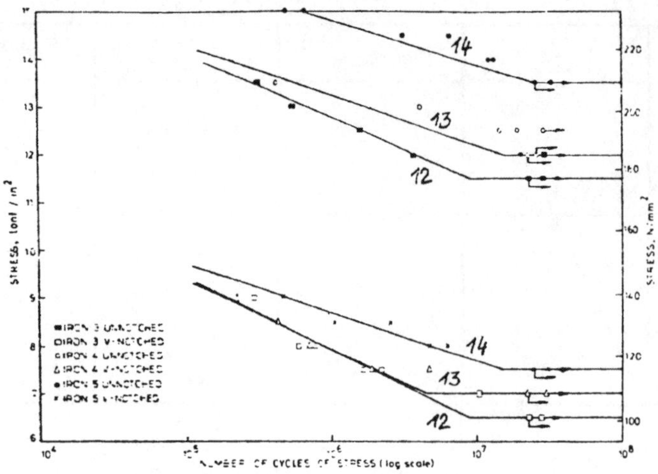

Bild 155:
Wöhlerkurven ungekerbter und gekerbter Umlaufbiegewechselproben der perlitischen Gusseisen mit Vermiculargraphit 12, 13 und 14 nach Tafel 44

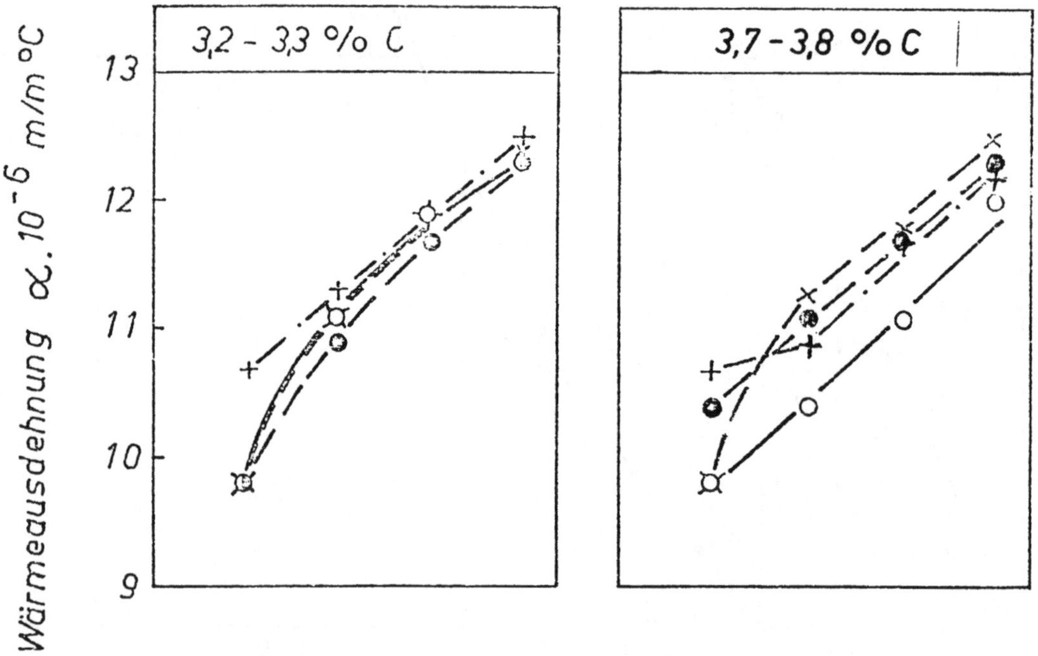

Bild 156: Wärmeausdehnungskoeffizienten von Zylinderkopfgusseisen mit Lamellengraphit (Eisen 13 bis 20 nach Tafel 50, vgl. auch Tafel 10) (Nach E. Nechtelberger[67]).

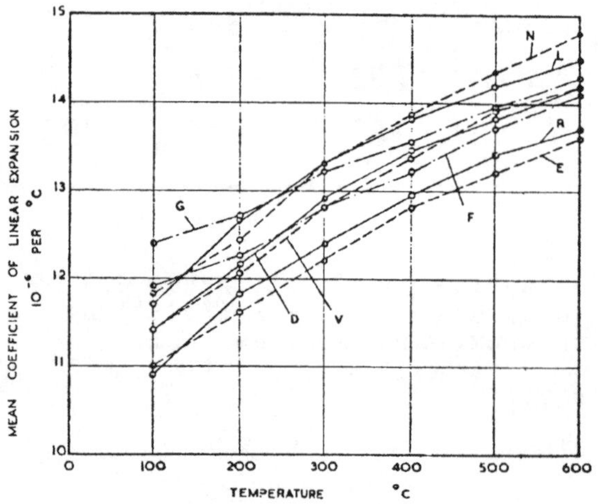

Bild 157:

Mittlere lineare Ausdehnungskoeffizienten von Zylinderkopfgusseisen nach Tafel 16.

D, E, L, N, R, V = GGL

F, G = GGG

(Nach S.G. Baker u. J.A. Pope[117]).

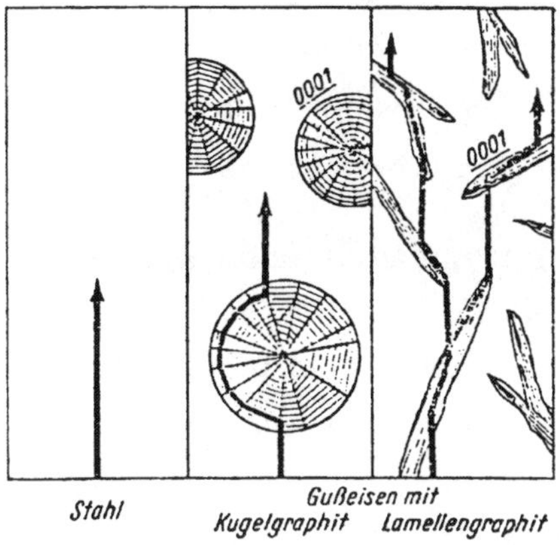

Bild 158:

Schema der Wärmeleitung in Eisengusswerkstoffen

(Nach H. Kempers[64])

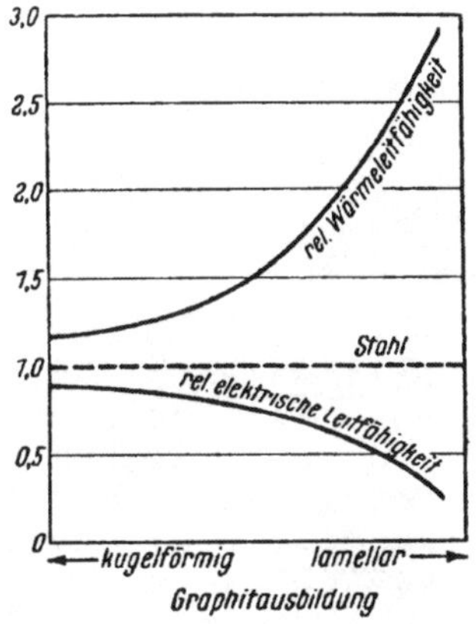

Bild 159: Schema des Einflusses der Graphitform auf die thermische und elektr. Leitfähigkeit im Vergleich zu Stahl.

(Nach K. Löhberg u. J. Motz[240])

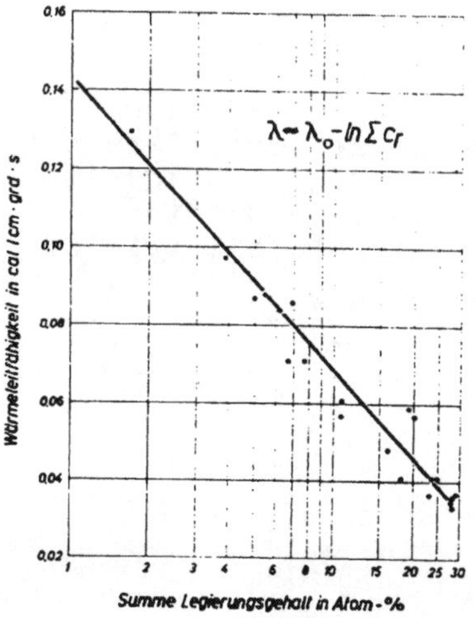

Bild 160: Einfluss des Legierungsgehaltes auf die Wärmeleitfähigkeit von Stählen bei 20°C.

(Nach Messwerten von K. Bungardt u. S. Spyra[241], entnommen aus [27]).

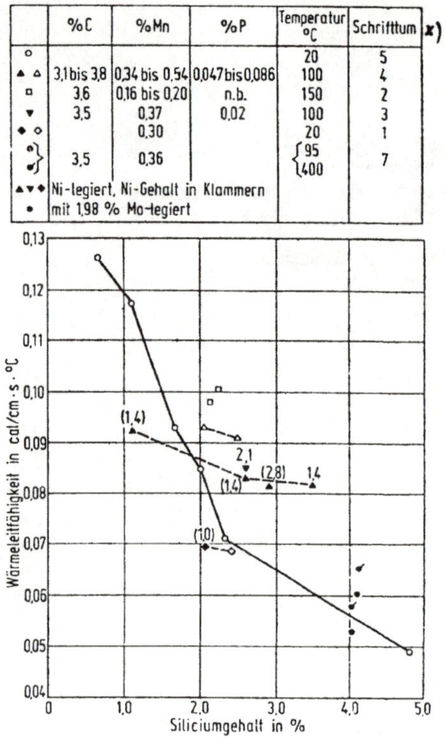

Bild 161: Einfluss des Silicium- und Nickelgehaltes auf die Wärmeleitfähigkeit von ferritischem Gusseisen mit Kugelgraphit bei RT. (Nach K. Röhrig u. Mitarb. [14], B. 62)

x) Schrifttumsangaben siehe [14], S. 37, Kap. 2.4.1)

Messwerte der ausgezogenen Kurve o——o nach H. Kempers [64]:

% Si	Wärmeleitfähigkeit cal/cm.s.°C	W/cm.K
0,65	0,126	0,528
1,1	0,117	0,490
1,65	0,093	0,389
2,0	0,085	0,356
2,3	0,071	0,297
4,8	0,049	0,205

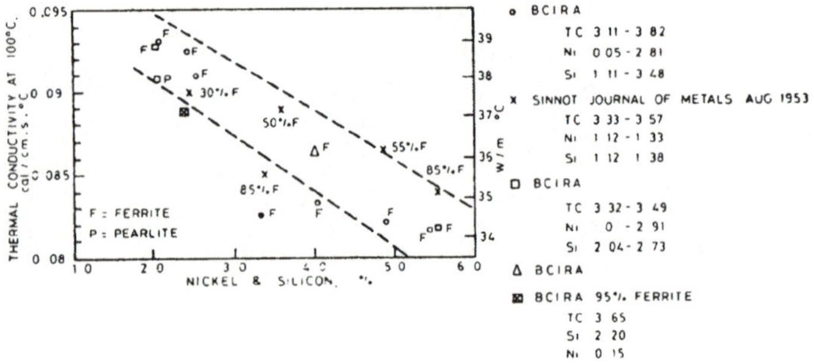

Bild 162: Wärmeleitfähigkeit von ferritischem und ferritisch-perlitischem Gusseisen mit Kugelgraphit (Nach H.T. Angus[45], 2. Aufl.)

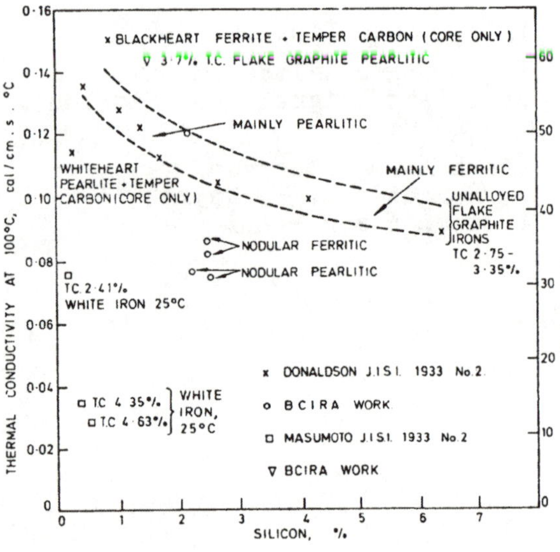

Bild 163: Einfluss des Siliciumgehaltes auf die Wärmeleitfähigkeit von Gusseisen mit Lamellengraphit bei 100°C (Nach H.T. Angus[45], 2. Aufl.)

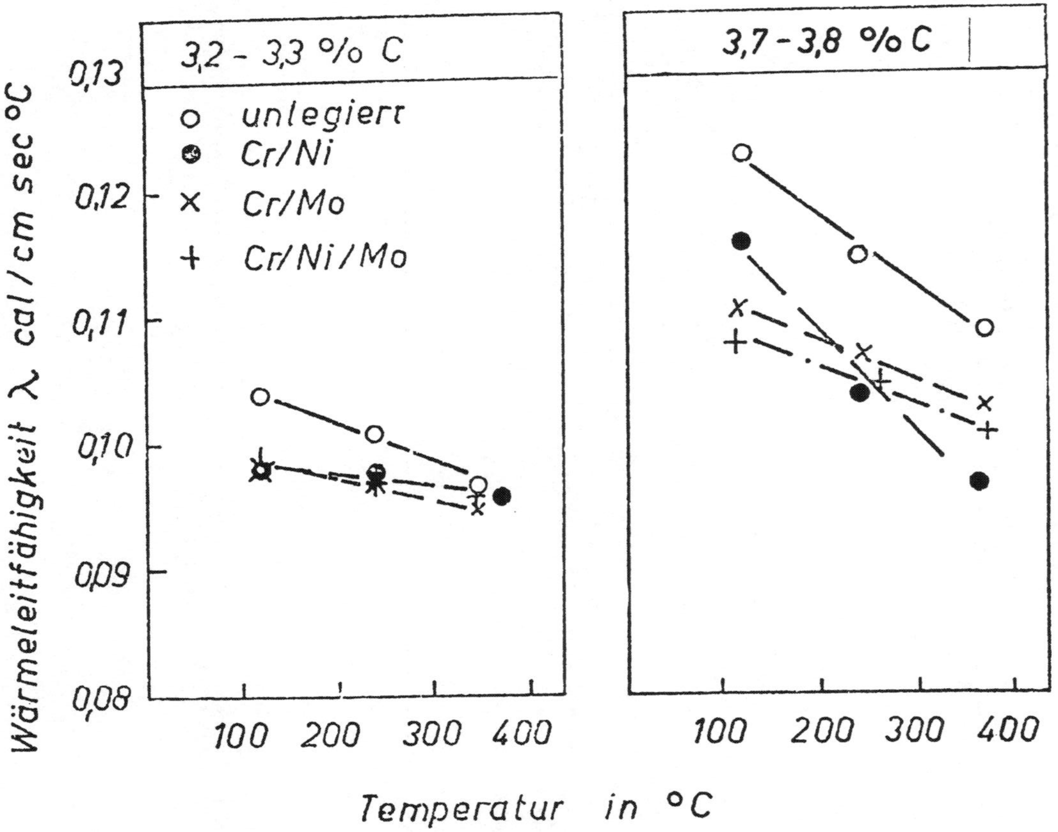

Bild 164: Wärmeleitfähigkeit verschiedener Zylinderkopfgusseisen
(Nr. 1-8 nach Tafel 10 bzw. Nr. 10-17 nach Tafel 53) in Abhängigkeit von der Temperatur.
(Nach E. Nechtelberger[67])

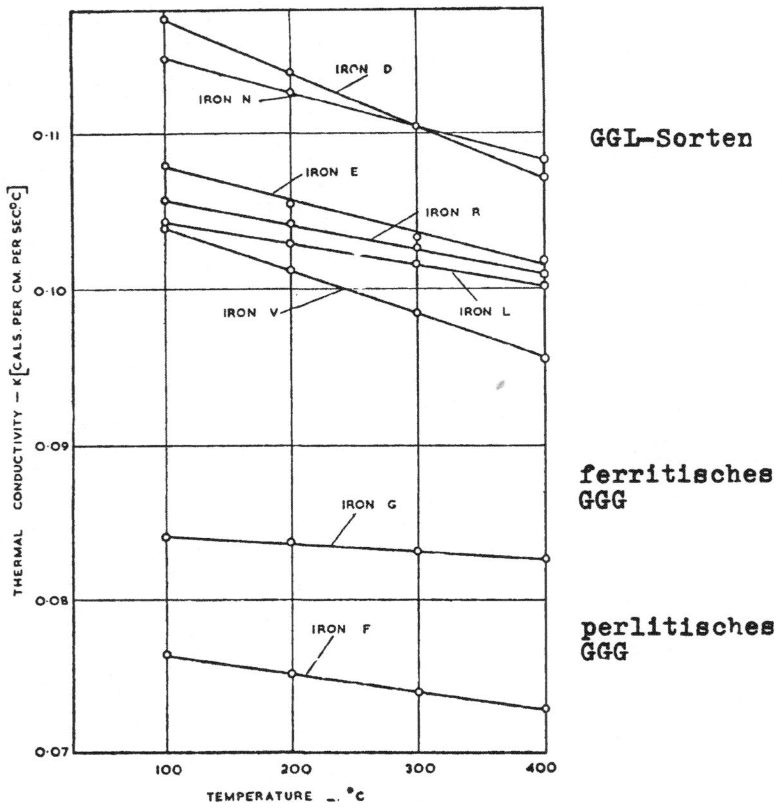

Bild 165: Wärmeleitfähigkeit verschiedener Zylinderkopfgusseisen (vgl. Tafel 16) in Abhängigkeit von der Temperatur.
(Nach S.G. Baker u. J.A. Pope[117], Fig. 40)

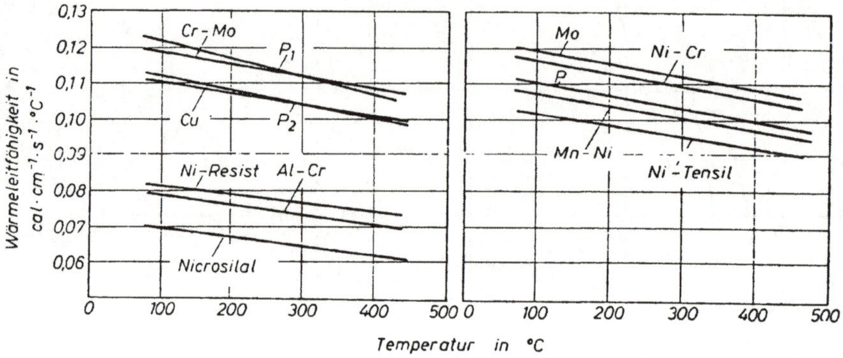

Zusammensetzung der auf die Wärmeleitfähigkeit untersuchten Gußeisen

Gußeisensorte	C %	Si %	Mn %	Cr %	Cu %	Mo %	Ni %	Al %	Zugfestigkeit kp/mm²
unlegiertes Gußeisen P1	3,20	1,56	0,72	—	—	—	—	—	—
Cu-legiertes Gußeisen Cu	3,18	1,58	0,69	—	1,58	—	—	—	—
unlegiertes Gußeisen P2	3,11	2,26	0,39	—	—	—	—	—	—
Cr-Mo-legiertes Gußeisen Cr-Mo	3,12	2,31	0,38	0,54	—	0,77	—	—	—
Ni-Resist	2,41	1,80	0,62	3,37	6,41	—	13,70	—	—
Al-Cr-legiertes Gußeisen Al-Cr	2,70	0,96	0,58	0,95	—	—	—	7,00	—
Nicrosilal	1,81	6,42	—	2,02	—	—	18,65	—	—
unlegiertes Gußeisen P	2,61	2,46	0,45	—	—	—	—	—	36,0
Mo-legiertes Gußeisen Mo	2,56	2,20	0,63	—	—	0,58	—	—	40,0
Ni-Tensil	2,80	2,51	0,68	0,54	—	—	1,71	—	39,5
Mn-Ni-legiertes Gußeisen Mn-Ni	3,10	2,51	3,11	—	—	—	1,00	—	39,0
Ni-Cr-legiertes Gußeisen Ni-Cr	3,41	1,03	0,65	0,54	—	—	1,49	—	34,0

Bild 166: Wärmeleitfähigkeit unlegierter und legierter GGL-Sorten

(Nach K. Röhrig u. D. Wolters[2])

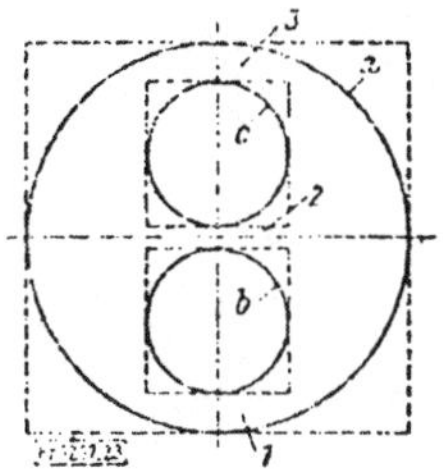

Bild 167:

Ersatzschema für eine Zylinderkopf-bodenplatte.
a = Bodenplatte
b,c = Ventilbohrungen

1 bis 3: in einem Joch fest eingespannte Stäbe, ähnlich Bild 1a (1,3 = Aussenstege, 2 = Innensteg)

(Nach Ch. Irmler[1])

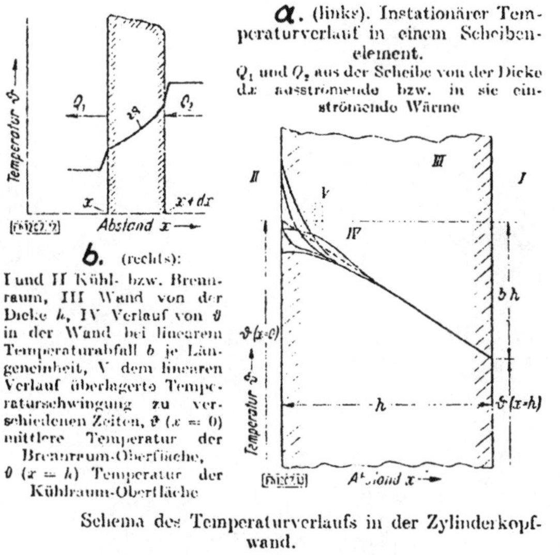

Bild 168:

(Nach Ch. Irmler[1])

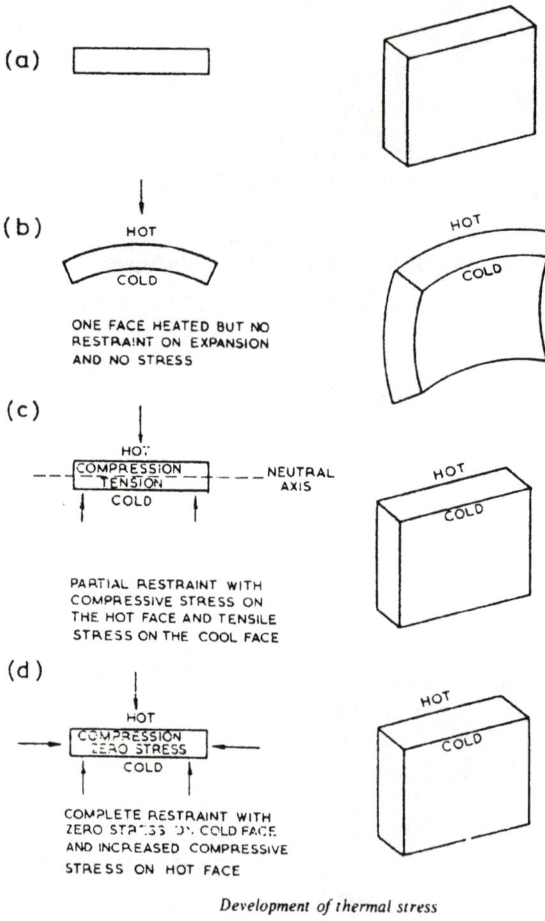

<u>Bild 169a bis d:</u> Aufbauschema von Wärmespannungen in ebenen Platten

a) Ausgangszustand

b) einseitige Erwärmung und unbehinderte Wärmeausdehnung ohne Wärmespannungen

c) Teilweise behinderte Wärmeausdehnung mit Druckspannungen auf der heissen und Zugspannungen auf der kalten Seite

d) Vollständig behinderte Wärmeausdehnung mit erhöhten Druckspannungen auf der heissen Seite, während die kalte Seite spannungsfrei ist.

(Nach H.T. Angus, 2. Aufl., [45])

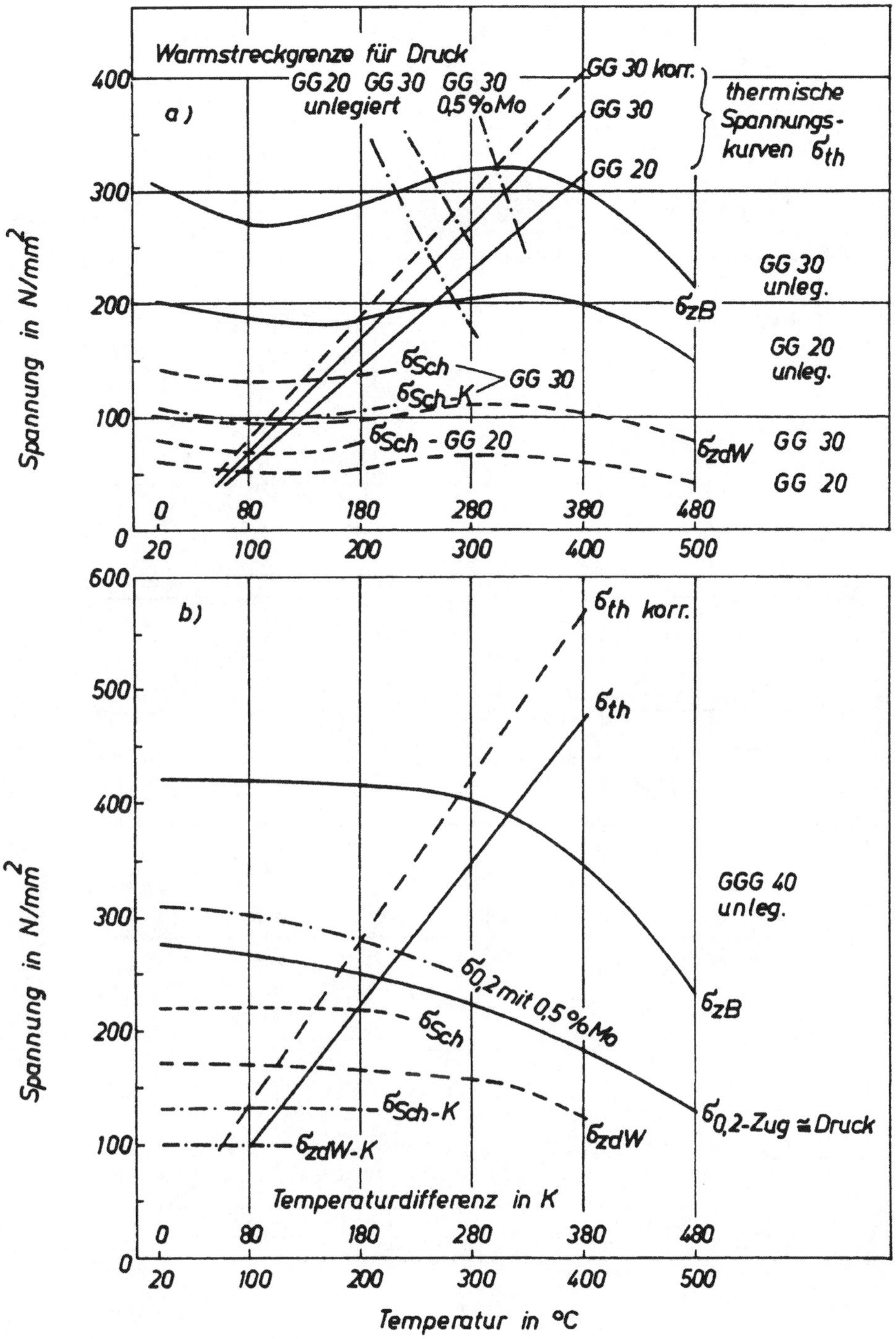

Bild 170 a, b: Spannungsaufbau durch Temperaturunterschiede im Vergleich zu den Festigkeitseigenschaften bei Gusseisen mit Lamellengraphit (a) und Gusseisen mit Kugelgraphit (b)

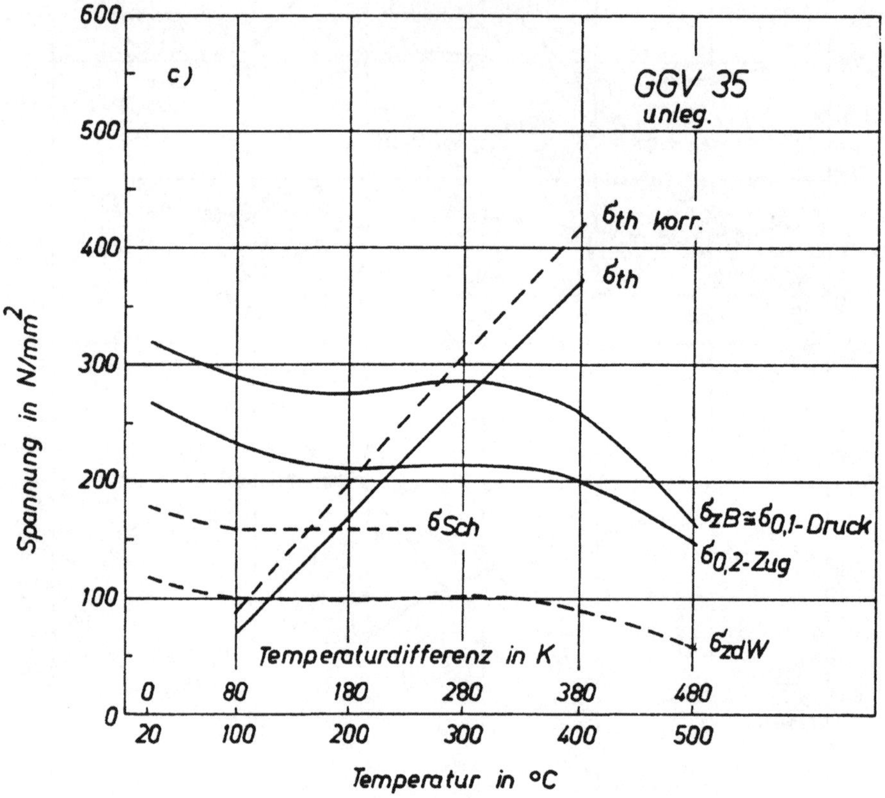

Bild 170c: Spannungsaufbau durch Temperaturunterschiede im Vergleich zu den Festigkeitseigenschaften bei Gusseisen mit Vermiculargraphit

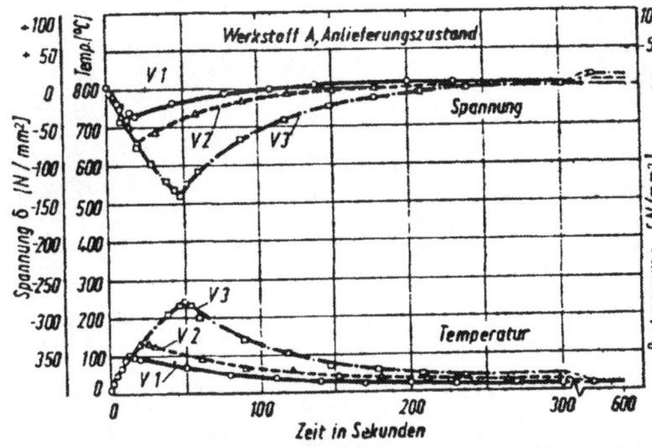

Spannungs- und Temperaturverlauf in Abhängigkeit von der Aufheiz- und Abkühlzeit (1). Werkstoff A (GG-20). Zusammensetzung: 3,53 % C, 1,67 % Si, 0,75 % Mn, 0,13 % P, 0,11 % S, 0,12 % Cu. Sättigungsgrad S_c = 0,96. Anlieferungszustand: σ_B = 217 N/mm², HB = 183. Spannungsarm geglüht: σ_B = 212 N/mm², HB = 184. Ferritisch geglüht: σ_B = 119 N/mm², HB = 98.

Bild 171a

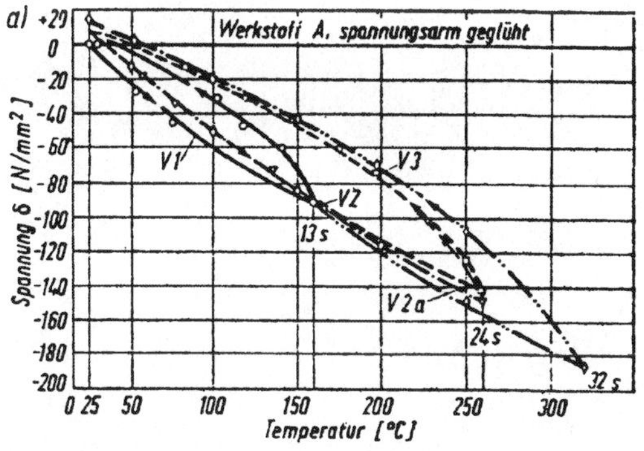

Bild 171b: Spannungsverlauf in Abhängigkeit von der Temperatur bis ca. 340°C

(Beide Bilder nach A. Erker u. F. Rösch[108)155)], entnommen aus[139)])

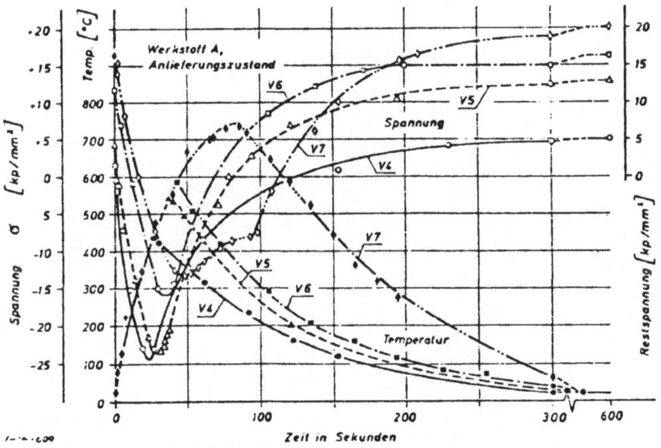

Bild 172a: Spannungs- und Temperaturverlauf in Abhängigkeit von der Aufheiz- und Abkühlzeit. Werkstoff A nach Bild 171.

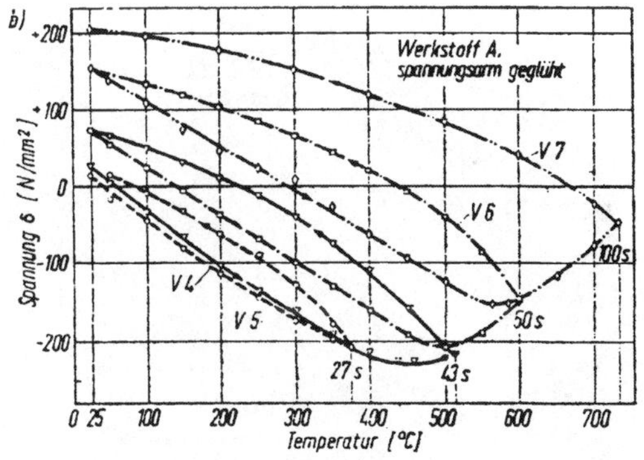

Bild 172b: Spannungsverlauf in Abhängigkeit von der Temperatur bis ca. 720°C.

(Nach A. Erker u. F. Rösch[108) 155)], entnommen aus[139)])

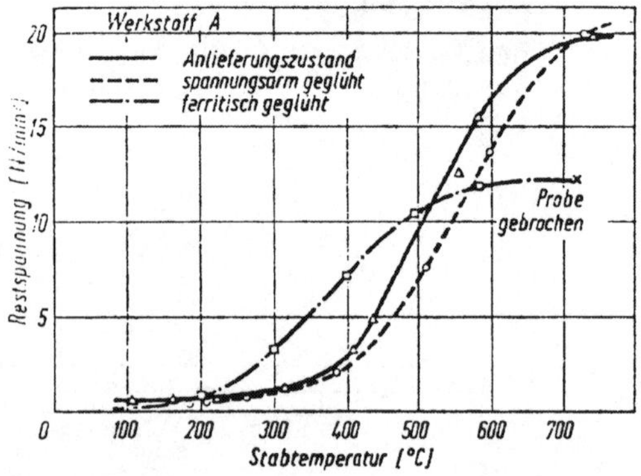

<u>Bild 173:</u>

Zugrestspannungen nach dem Abkühlen in Abhängigkeit von der maximalen Aufheiztemperatur. Werkstoff A nach Bild 171.

(Nach A. Erker u. F. Rösch[108] [155], entnommen aus [139])

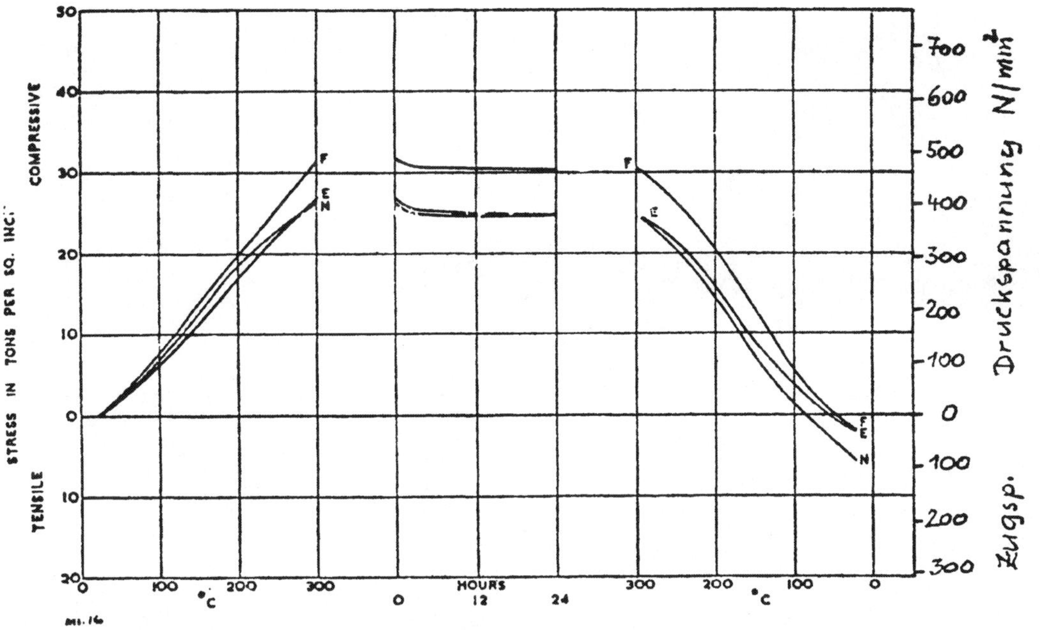

a) Temperaturwechselversuch bis 300°C

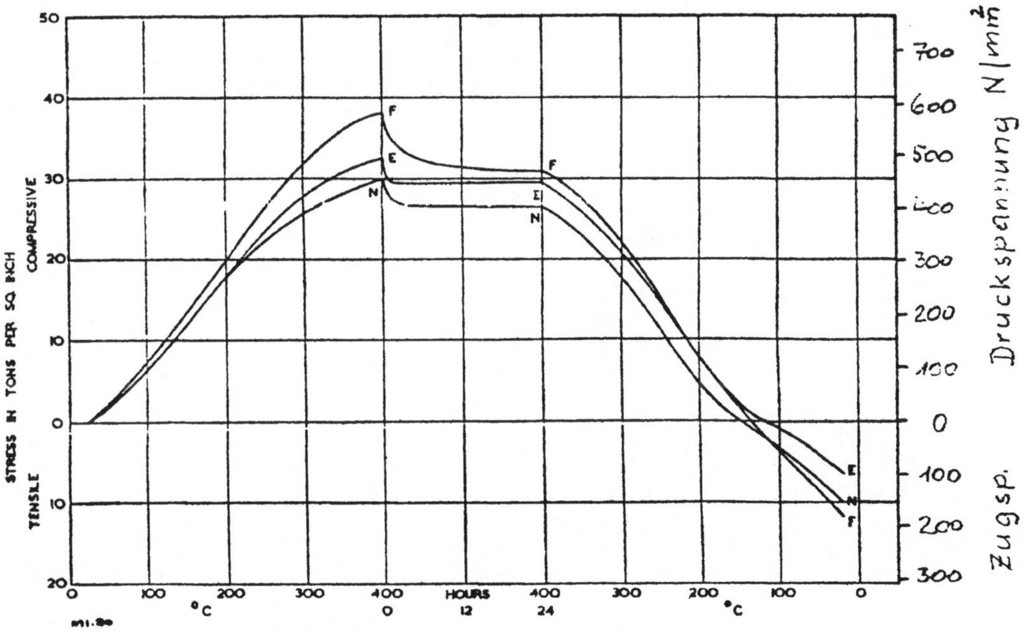

b) Temperaturwechselversuch bis 400°C

<u>Bild 174:</u> Spannungsaufbau bei Temperaturwechselversuchen mit verschiedenen Maximaltemperaturen sowie 24 Std. Haltezeit
(Nach S.G. Baker u. J.A. Pope[116])

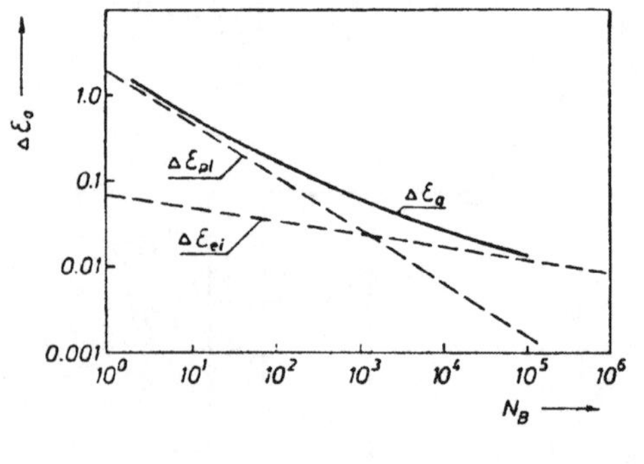

Bild 175: Schematischer Zusammenhang zwischen Bruchlastspielzahl und Beanspruchung in Abhängigkeit von elastischer ($\Delta \mathcal{E}_{el}$) und plastischer ($\Delta \mathcal{E}_{pl}$) Dehnungsschwingbreite bei konstanter Gesamtdehnungsschwingbreite ($\Delta \mathcal{E}_a$).

(Nach D. Munz u. Mitarb.[230], B. 8.1)

Chemische Zusammensetzung und mechanische Eigenschaften von fünf Werkstoffen zu Bild 23

Werkstoff	Chemische Zusammensetzung C_{ges} %	Graphit %	Si %	Mn %	P %	S %	Ni %	Mg %	Streckgrenze σ_s kp/mm²	Zugfestigkeit σ_B kp/mm²	Dehnung δ_5 %	Kontraktion ψ %	Brinellhärte HB kp/mm²	Elastizitätsmodul E_0 kp/mm²	Poissonsche Zahl $\nu\left(\frac{1}{m}\right)$	Zug-Druck-Wechselfestigkeit σ_{zdW} kp/mm²	Bleibende Dehnung %	bei der Zugspannung von kp/mm²
Werkstoff 1 Geschmiedeter Stahl für Kurbelwellen	0,32	—	0,42	0,56	0,02	0,02	—	—	33,8	56,2	30,0	53,5	166	20800	—	ca. ±20	0,0005	20
Werkstoff 2*** Graphitstahlguß Schmelze 738	0,82	0,82	2,42	0,27	0,03	0,01	0,66	0,001	34,9	52,4	31,2	38,7	167	19200	0,33	ca. ±20	0,0015	20
Werkstoff 3 Sphäroguß, ferritisch	3,4	ca. 3,4	2,4	0,3	0,05	0,01	0,6	0,03	39,0	53,2	23,5	23	175	16900	0,33* 0,46**	±20	0,0026	20
Werkstoff 4 Gußeisen *B* (Tab. 2)	2,51	1,63	2,75	0,37	0,02	0,02	—	—	—	47,8	—	—	281	14000	—	±11,95 (berechnet aus $\sigma_B \cdot 0,25$)	0,0022	11,95
Werkstoff 5 Gußeisen *A* (Tab. 2)	3,42	2,51	0,93	0,80	0,15	0,11	—	—	—	27,1	—	—	217	11825	—	±7 (berechnet aus σ_B)	0,00375	7

* im elastischen Bereich ** bei Fließbeginn *** geglüht

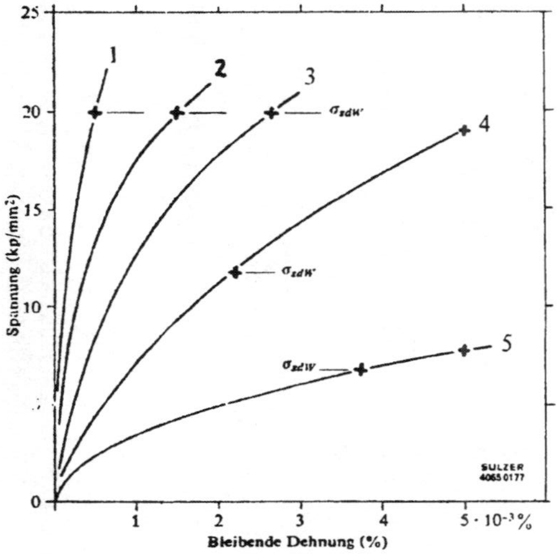

Verlauf der bleibenden Dehnung bis zur Zug-Druck-Wechselfestigkeit (σ_{zdW}).

Kurve 1 Geschmiedeter Stahl
Kurve 2 Graphitstahlguß, ferritisch
Kurve 3 Sphäroguß, ferritisch
Kurve 4 Gußeisen *B* (Tabelle 2)
Kurve 5 Gußeisen *A* (Tabelle 2)

<u>Bild 176a:</u> Verlauf der bleibenden Dehnung bis zur Zug-Druck-Wechselfestigkeit verschiedener Werkstoffe.

(Nach E. Zingg u. E.K. Modl[159])

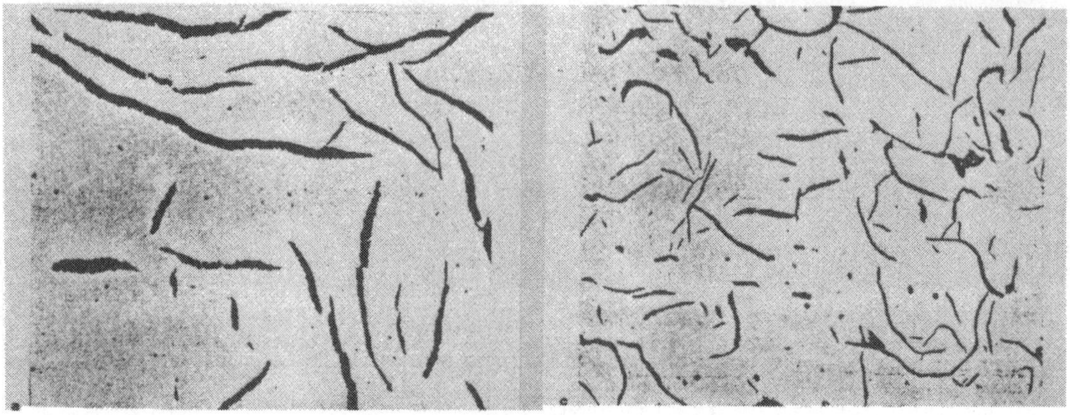

Graphitausbildung, ungeätzt, x 200

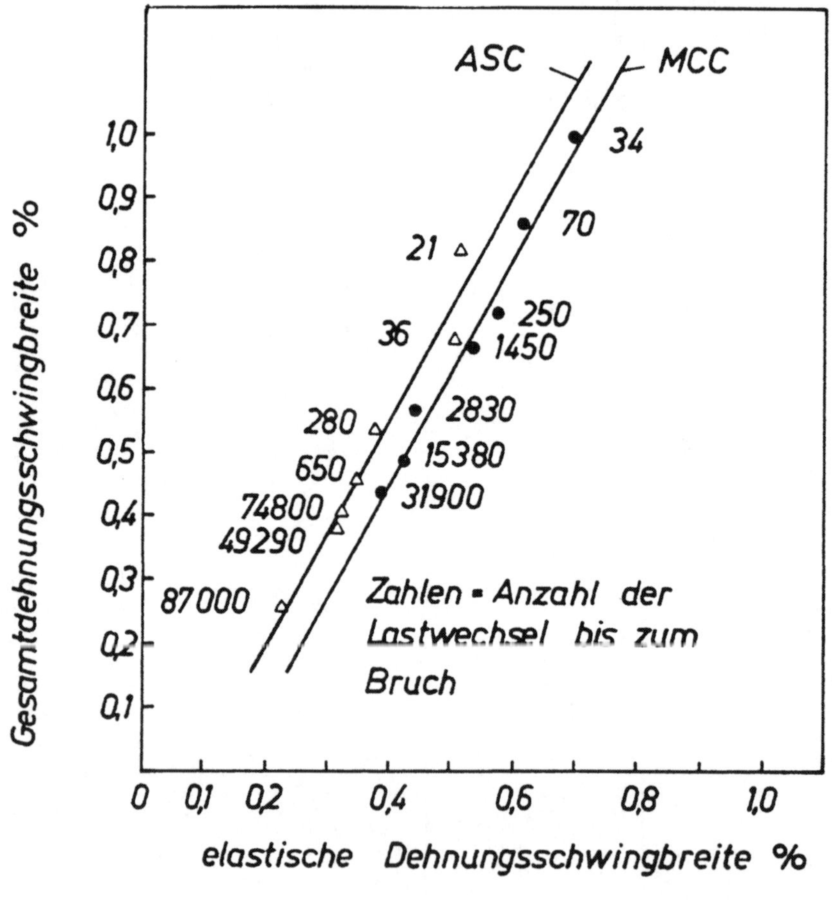

Bild 176b: Einfluss des elastischen Dehnungsanteils bei konstanter Gesamtdehnungsschwingbreite auf die Lebensdauer im Zeitfestigkeitsbereich.
(Nach K. Morton u. P. Watson[178], siehe auch Tafel 66)

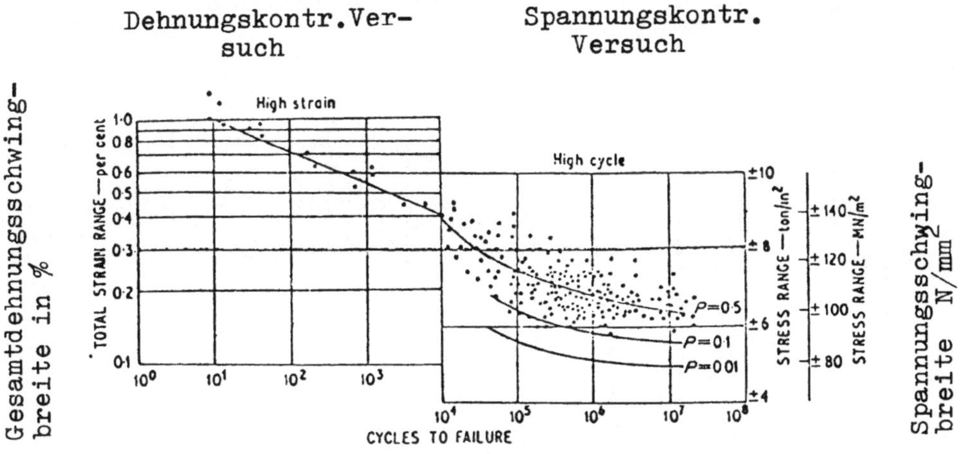

Bild 177: Kombiniertes Zeit- und Dauerwechselfestigkeitsdiagramm von 0,5 % Mo-leg. GG 30 (ohne und mit Ni-Cu-Zusätzen)

P = failure probability = Versagenswahrscheinlichkeit

(Nach R. Bertodo[107])

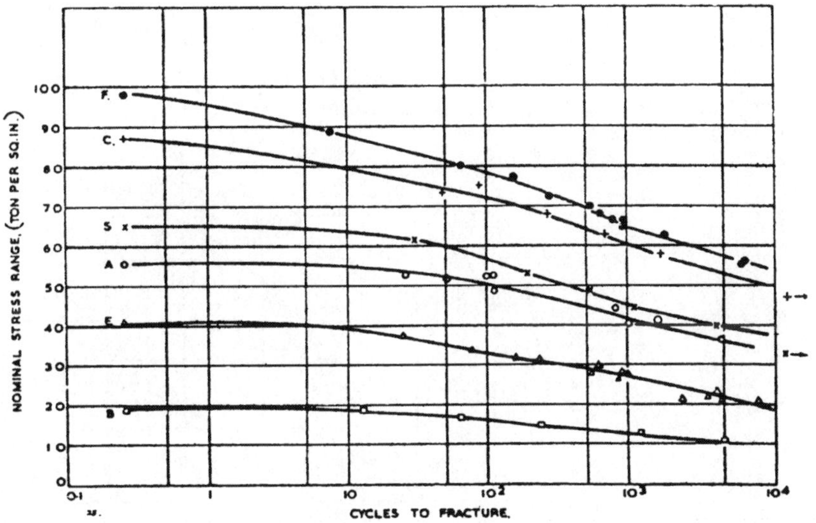

Bild 178: Zeitfestigkeitsschaubild ungekerbter Proben im Zug-Druck-Wechselversuch bei spannungskontrollierter Versuchsführung. Werkstoffe nach Tafel 57.
(Nach J.C. Radon u. Mitarb.[180], Fig. 6)

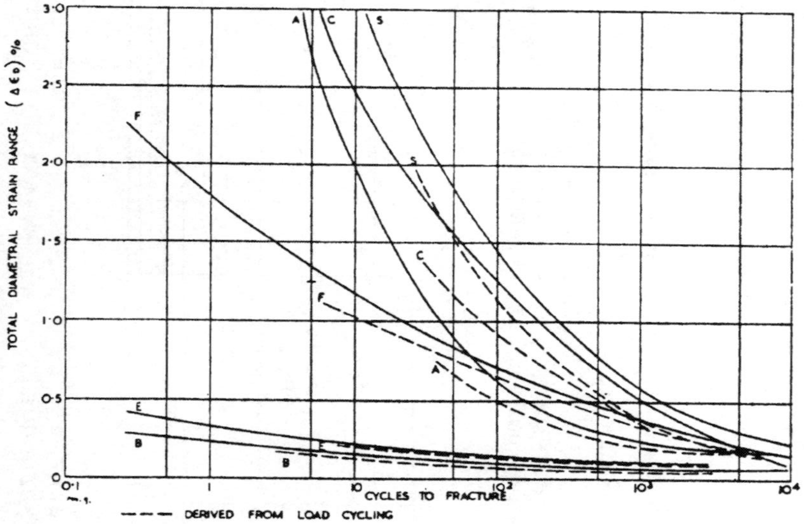

a) bei Raumtemperatur

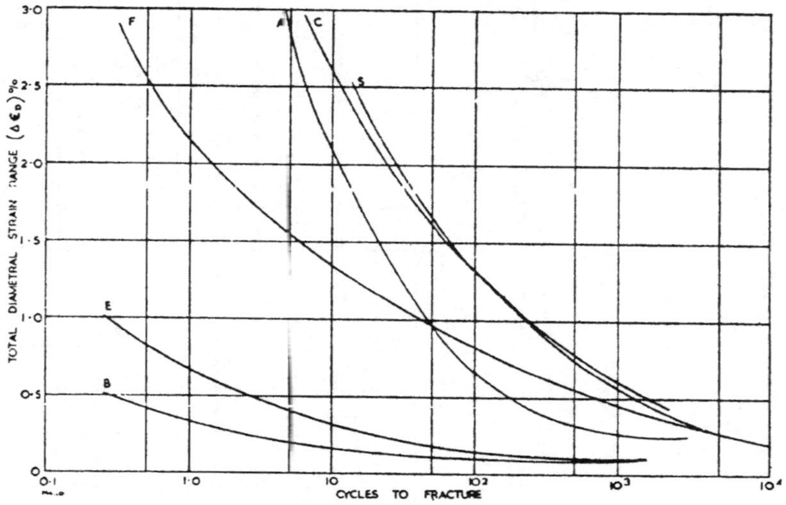

b) bei 450°C

<u>**Bild 179 a,b:**</u> Zeitfestigkeitsschaubilder ungekerbter Proben im Zug-Druck-Wechselversuch bei dehnungskontrollierter Versuchsführung. Werkstoffe nach Tafel 57.
(Nach J.C. Radon u. Mitarb.[180], Fig. 8,9)

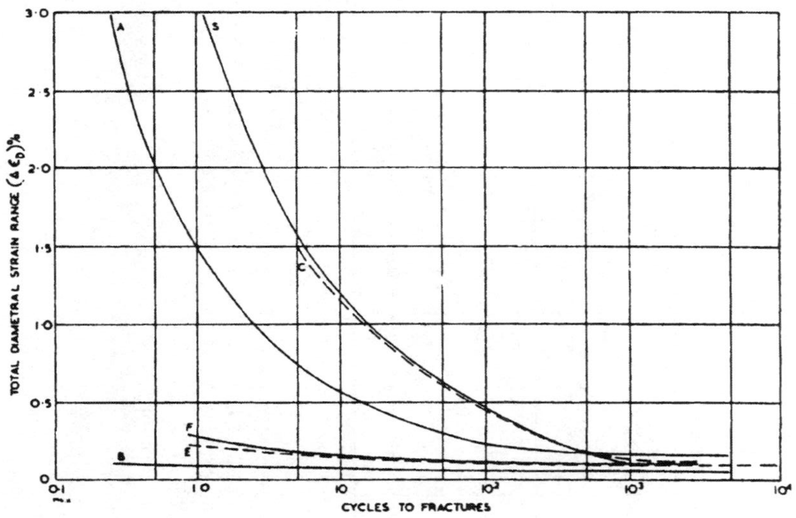

a) bei Raumtemperatur

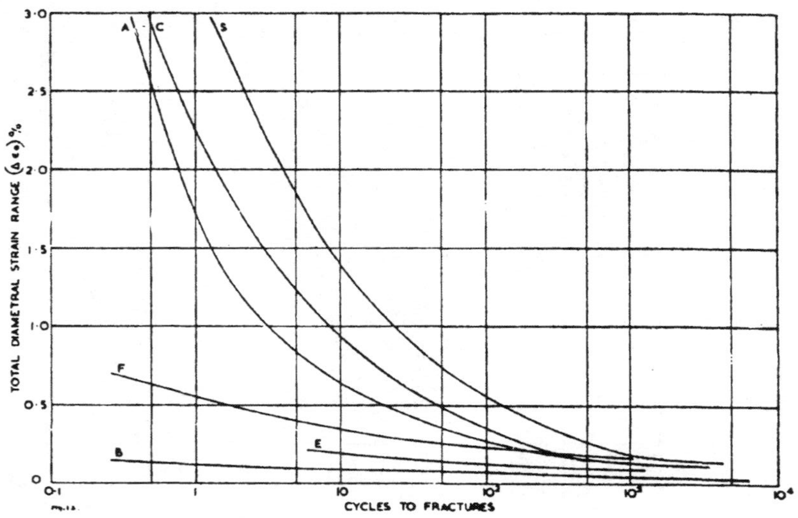

b) bei 450°C

<u>Bilder 180 a, b:</u> Zeitfestigkeitsschaubilder gekerbter (umlaufende 45°V-Kerbe, 1,3 mm tief) Proben im Zug-Druck-Wechselversuch bei dehnungskontrollierter Versuchsführung. Werkstoffe nach Tafel 57.
(Nach J.C. Radon u. Mitarb.[180], Fig. 10, 11)

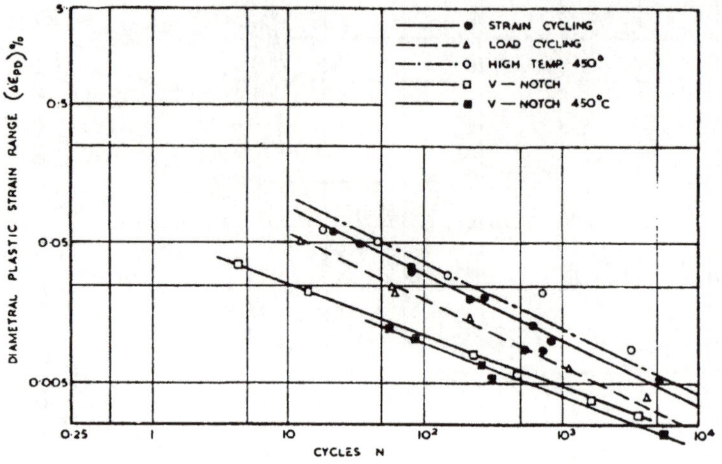

Bild 181: Bruchlastspielzahl in Abhängigkeit von der plastischen Dehnungsschwingbreite. Gusseisen B nach Tafel 57.
(Nach J.C. Radon u. Mitarb.[180], Fig. 33)

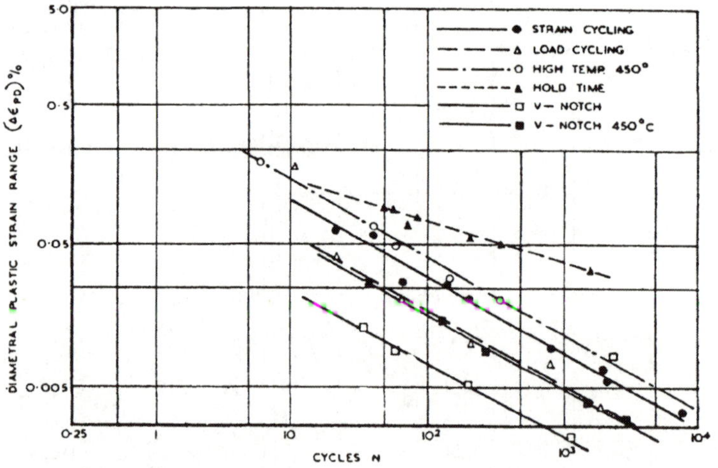

Bild 182: Bruchlastspielzahl in Abhängigkeit von der plastischen Dehnungsschwingbreite. Gusseisen E nach Tafel 57.
(Nach J.C. Radon u. Mitarb.[180], Fig. 35)

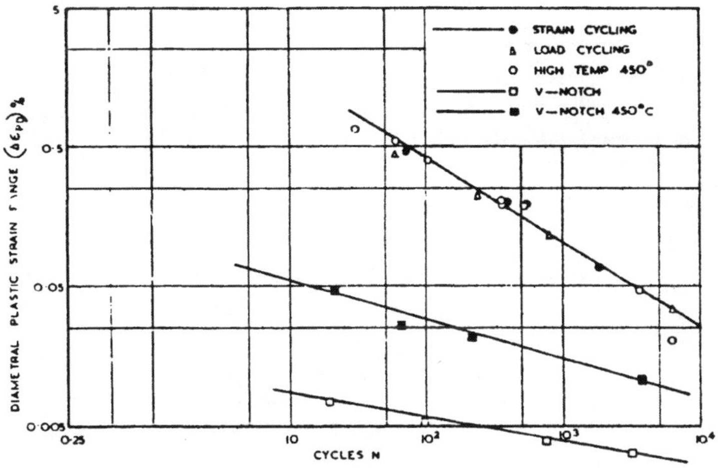

<u>Bild 183:</u> Bruchlastspielzahl in Abhängigkeit von der plastischen Dehnungsschwingbreite. Gusseisen F nach Tafel 57.
(Nach J.C. Radon u. Mitarb.[180], Fig. 36)

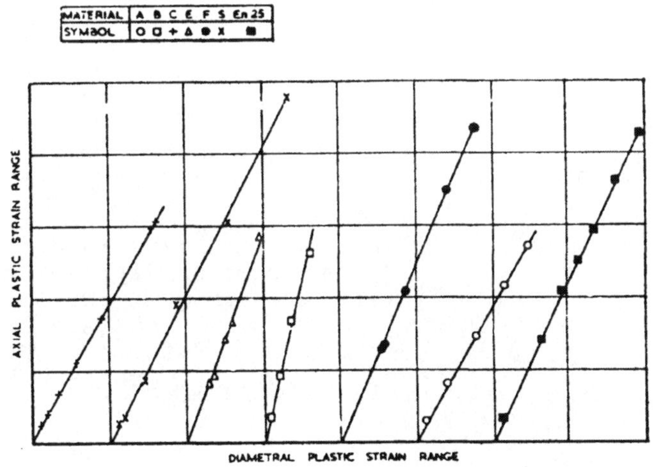

<u>Bild 184:</u> Kalibrierkurven zur näherungsweisen Umrechnung der plastischen Querdehnungs- in Längsdehnungsschwingbreiten (Gültig für die Bilder 178 bis 180)
(Nach J.C. Radon u. Mitarb.[180])

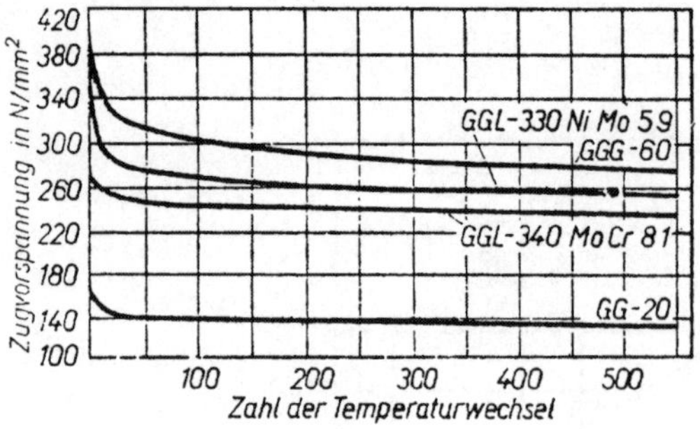

Bild 185:

Temperaturwechselfestigkeit verschiedener Gusseisen zwischen 90 und 450°C bei Zugvorspannung.
(Nach W. Schreyer[145], entnommen aus [139], B. 22)

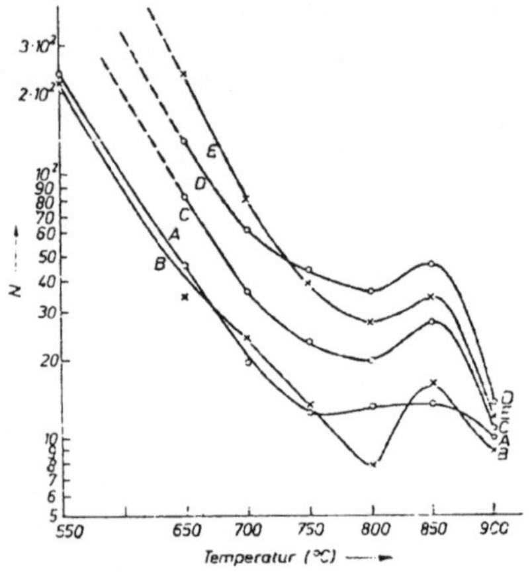

Bild 186:

Ergebnisse der Wärmeermüdungstests der Werkstoffe nach Tafel 59.
(Nach M. Trbizan[244])

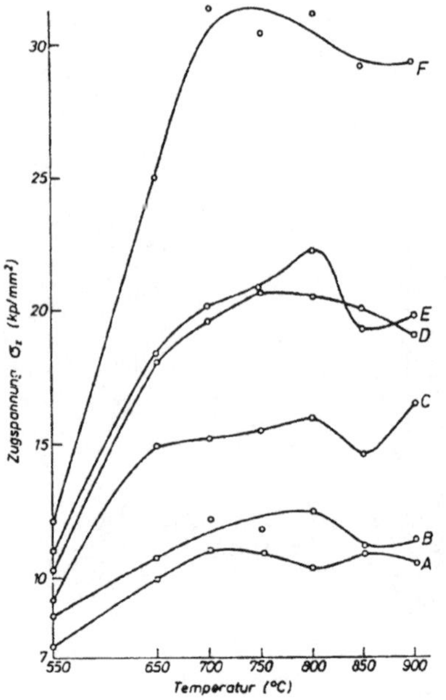

Bild 187:

Restzugspannungen in der Temperaturwechselprobe in Abhängigkeit von der max. Prüftemperatur jeweils im 10. Wärmezyklus. Werkstoffe nach Tafel 59.
(Nach M. Trbizan[244])

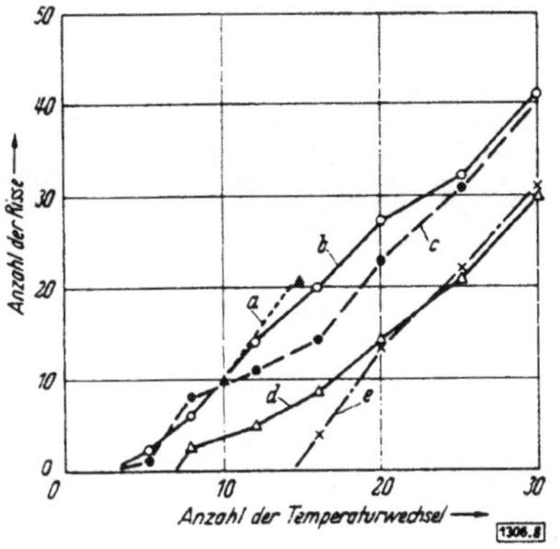

	Probe Nr.	Analyse [%]					Mech. Werte am Probestab	
		C	Si	Mn	P	S	σ_B [kp/mm²]	HB 30/2,5
a	43	3,19	1,59	0,83	0,12	0,074	—	—
b	F	3,25	1,55	0,61	0,12	0,071	32,8	236
c	N 1	3,33	1,64	0,76	0,13	0,075	—	—
d	E	3,50	1,91	0,60	0,11	0,068	23,6	202
e	H 10	3,61	1,87	0,65	0,12	0,070	22,1	191

Unlegierte Proben

Bild 188: Rissverhalten unlegierter Gusseisen mit Lamellengraphit bei 650° Prüftemperatur (Nach W. Friedrich[8])

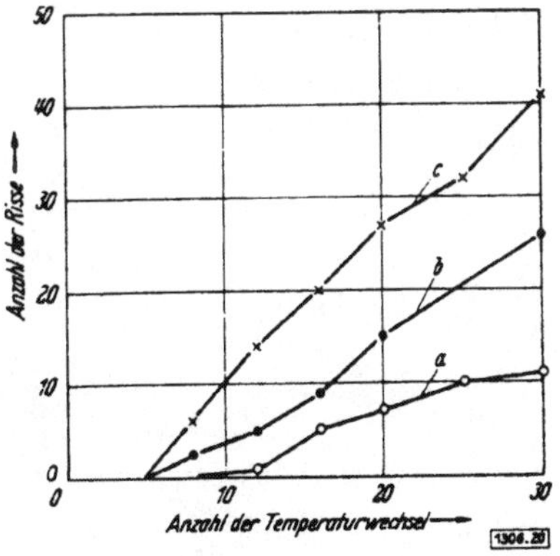

Bild 189:

Rissverhalten der Probe F nach Bild 188 bei unterschiedlichen Prüftemperaturen.

a = 550°C
b = 600°C
c = 650°C

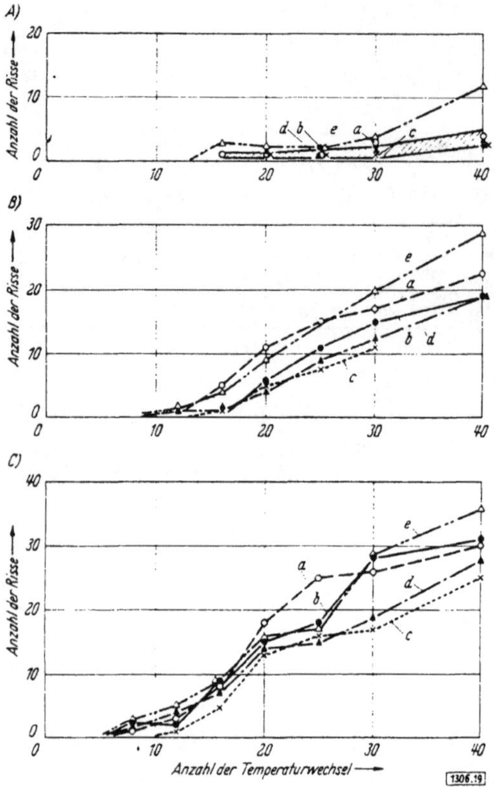

Probe Nr.	Analyse [%]								
	C	Si	Mn	P	S	Cr	Ni	Mo	Cu
a A	3,43	1,92	0,63	0,13	0,076	—	—	—	0,70
b B	3,43	1,86	0,60	0,13	0,076	—	1,10	—	—
c C	3,47	1,95	0,64	0,13	0,074	0,45	—	—	—
d D	3,40	1,88	0,63	0,13	0,074	—	—	0,45	—
e E	3,50	1,91	0,60	0,11	0,068	—	—	—	—

Proben für verschiedene Prüftemperaturen

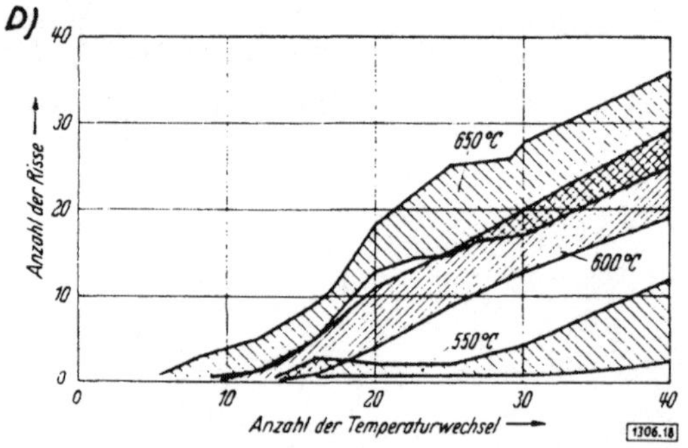

Einfluß der Prüftemperatur auf das Rißverhalten

Bilder 190 a bis d: Rissverhalten verschieden legierter GGL-Werkstoffe bei unterschiedlichen Prüftemperaturen:

a = 550°C
b = 600°C
c = 650°C
d = a bis c

(Nach W. Friedrich[8])

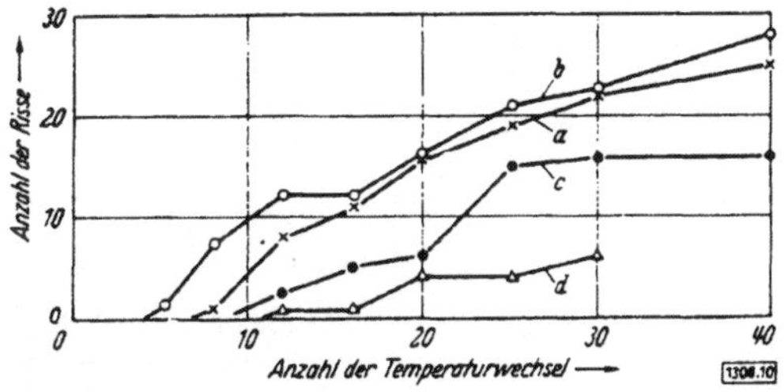

	Probe Nr.	Analyse [%]							
		C	Si	Mn	P	S	Cr	Ni	Mo
a	L 1	3,13	1,90						
b	L 2	3,20	1,87						
c	L 3	3,51	1,88	0,45	0,13	0,091	0,32	0,78	0,66
d	L 5	3,76	1,78						

Chrom-nickel-molybdän-legierte Proben

<u>Bild 191:</u> Rissverhalten Cr + Ni + Mo-legierter Gusseisen mit Lamellengraphit bei 650°C.
(Nach W. Friedrich[8])

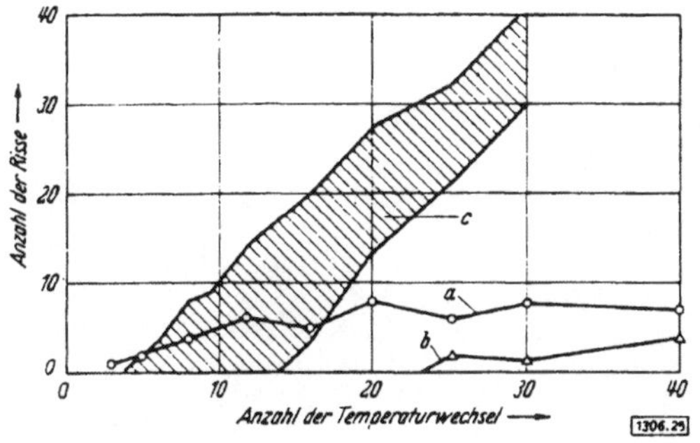

<u>Bild 192:</u> Rissverhalten von ferritisch geglühtem Gusseisen mit Kugelgraphit (a), Niresist (b) und unlegiertem Gusseisen mit Lamellengraphit (c)

Gusseisen mit Kugelgraphit (a):

%C	%Si	%Mn	%P	%S	%Ni
3,75	2,62	0,21	0,08	0,008	1,66

(Nach W. Friedrich[8])

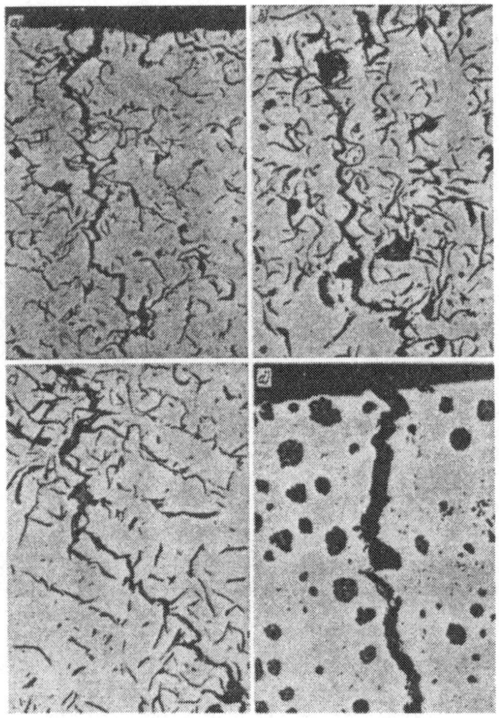

<u>Bild 193:</u> Einige charakteristische Rissverläufe

a) GGL, Rissbeginn am Probenrand, 100:1

b) wie a, auf der Probenfläche

c) GGL, Rissverlauf bei D-Graphit

d) GGG 42, 50:1

(Nach W. Friedrich[8])

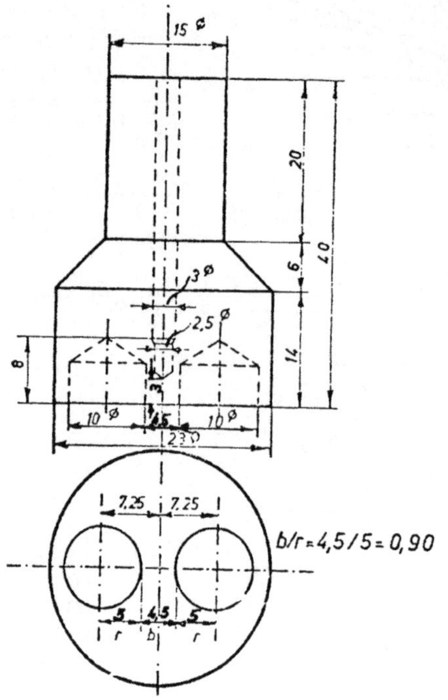

Bild 194: Thermoschockprobe zur Prüfung von Zylinderkopfgusseisen.
(Nach E. Nechtelberger[68])

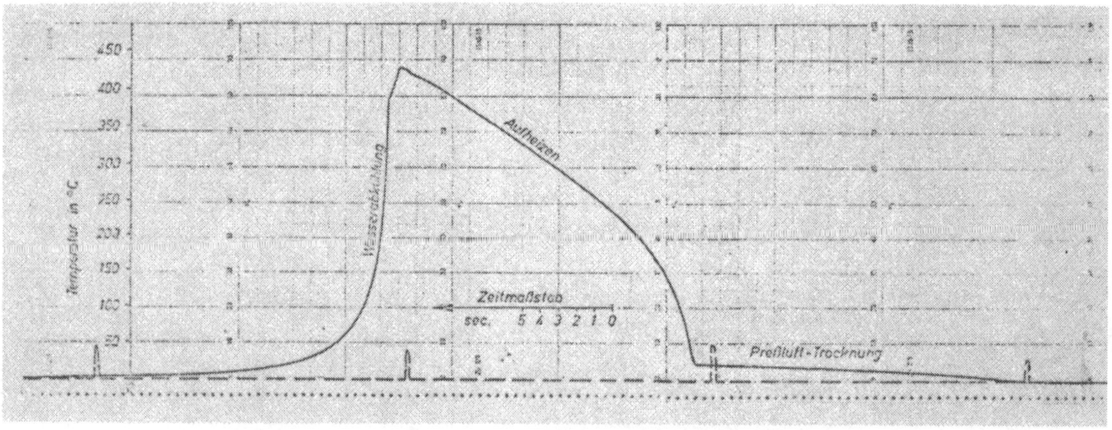

Bild 195: Temperaturverlauf im Steg einer Thermoschockprobe während eines Temperaturwechsels.
(Gemessen 1 mm unter der Stegoberfläche mit einem Ni-NiCr-Thermoelement)

(Nach E. Nechtelberger[68])

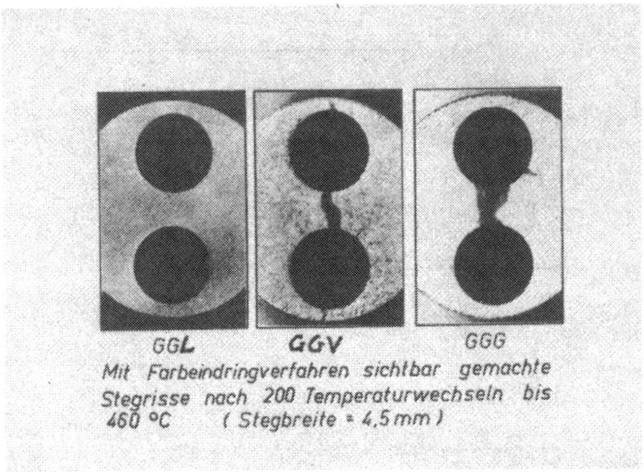

Bild 196:

(Nach E. Nechtelberger[68])

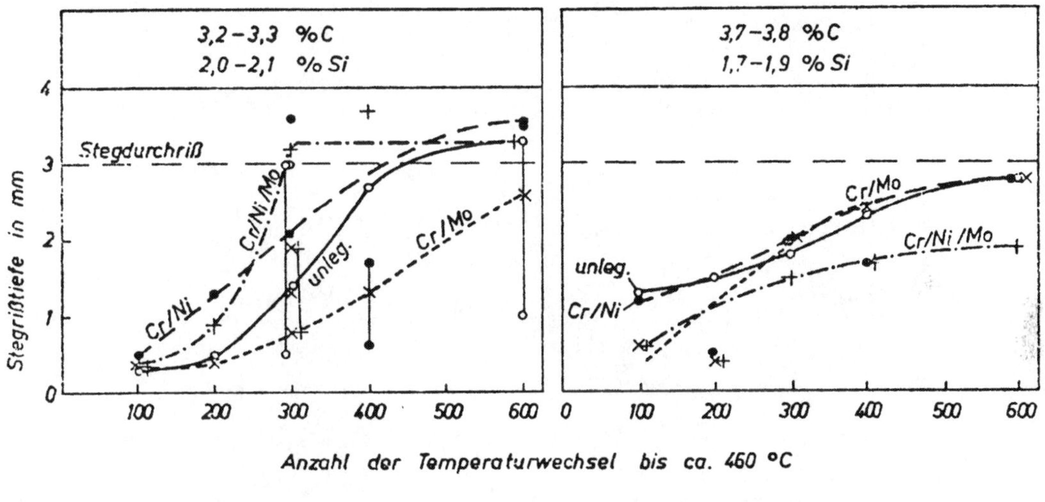

Bild 197: Stegrisstiefe bei Thermoschockprüfung von Zylinderkopfgusseisen mit Lamellengraphit nach Tafel 10. Prüftemperatur 460°C.
Die Grenzlinie "Stegdurchriss" bei 3 mm Risstiefe bedeutet die bei dieser Probe max. mögliche Risstiefe = Durchriss bis zur Temperaturmessbohrung vgl. Bild 194.

(Nach E. Nechtelberger[68])

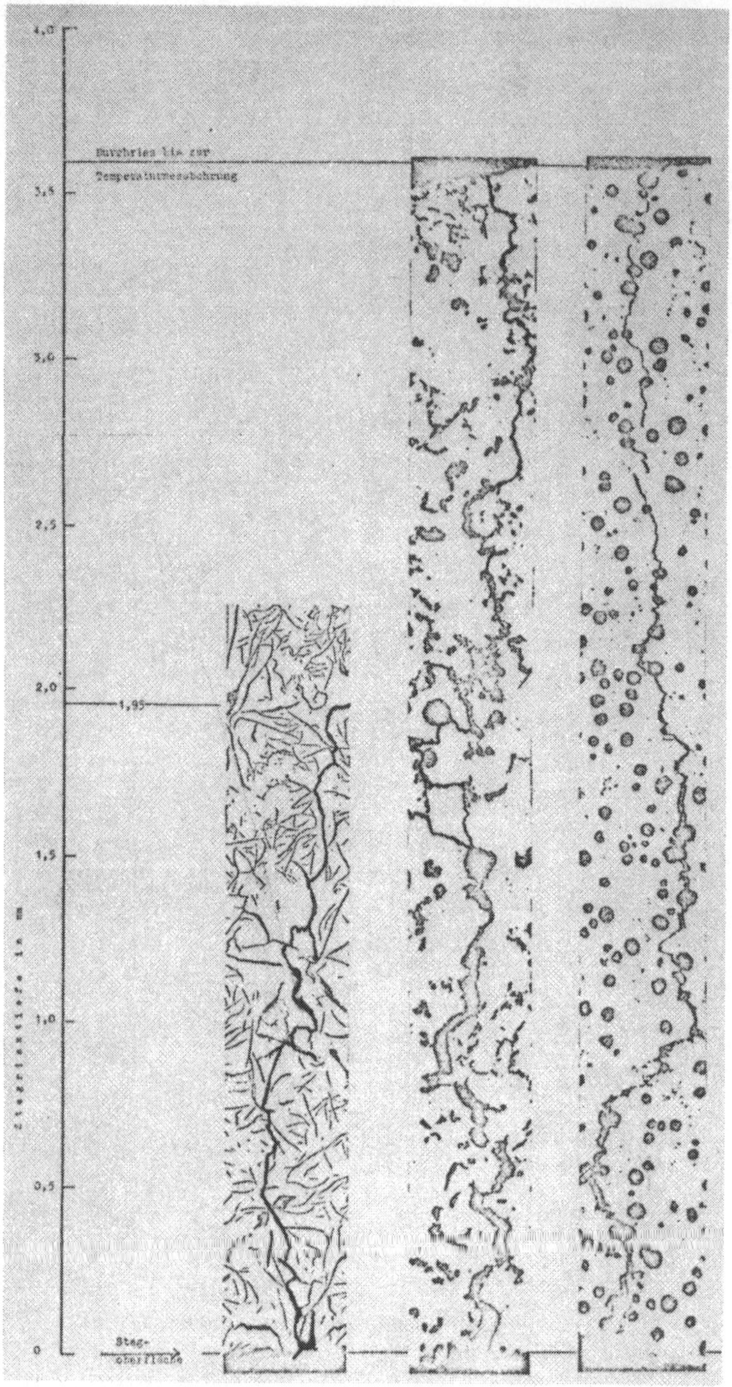

Aufn. Nr.	22719/22	22734/40	22711/17
Probe Nr.	5252/8/6	VG 1.4	SG 7539/2
Temperaturwechsel	600	200	200
	Cr/Ni/Mo-leg. GGL	ferr. GGV	ferr. GGG

<u>Bild 198:</u> Vergleich der Stegrisstiefen von ferrit. Gusseisen mit Vermiculargraphit und ferritischem Gusseisen mit Kugelgraphit nach 200 Temperaturwechseln, mit Gusseisen mit Lamellengraphit nach 600 Temperaturwechseln

(Nach E. Nechtelberger[68])

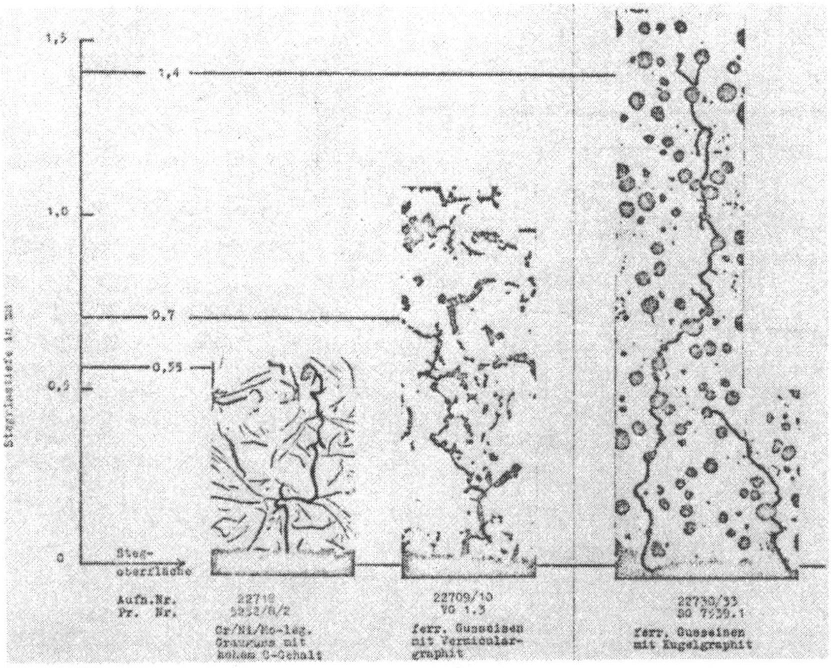

<u>Bild 199:</u> Vergleich der Stegrisstiefen verschiedener Gusseisenwerkstoffe nach 100 Temperaturwechseln.
(Nach E. Nechtelberger[68])

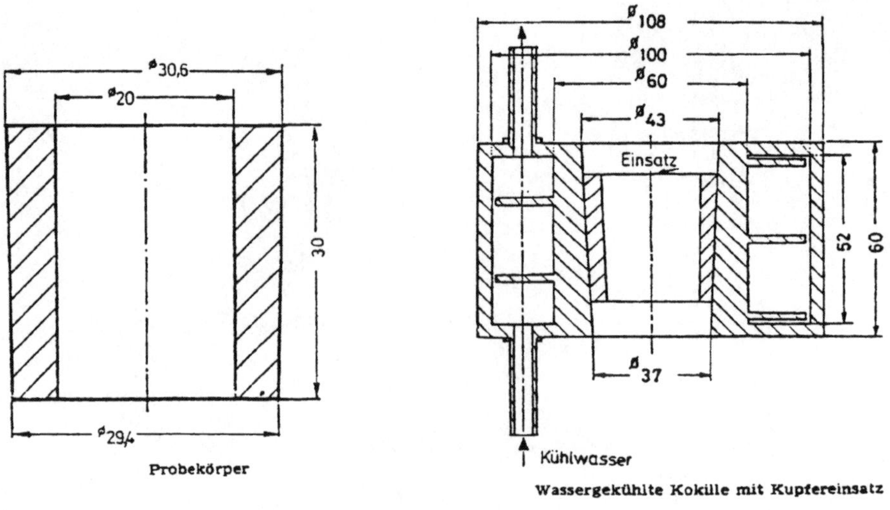

a) b)

Bild 200: Probekörper (a) und wassergekühlte Kokille mit Kupfereinsatz zur Temperaturwechselprüfung nach T. Namai[148)]

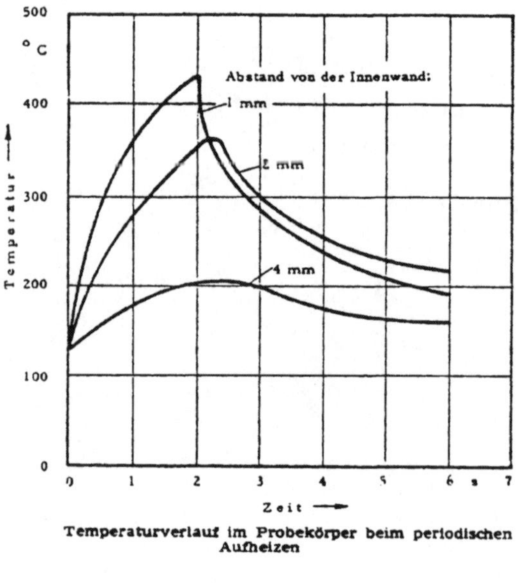

Bild 201:

Temperaturverlauf im Probekörper nach T. Namai[148)]

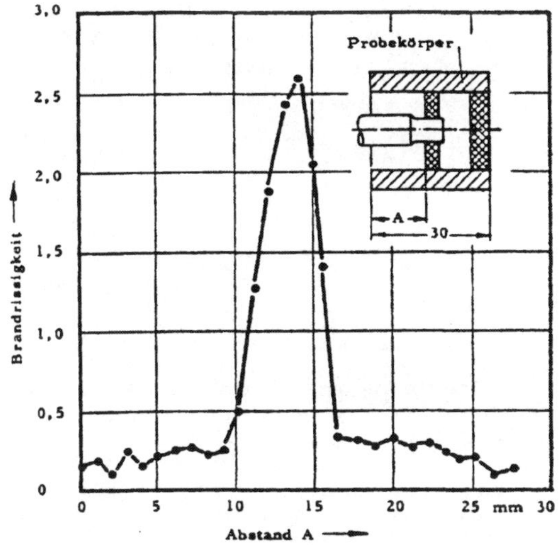

Abhängigkeit der Brandrissigkeit von der Meßstelle im Probekörper

<u>Bild 202:</u> Abhängigkeit der Rissbildung von der Lage im Probekörper.
(Nach T. Namai[148])

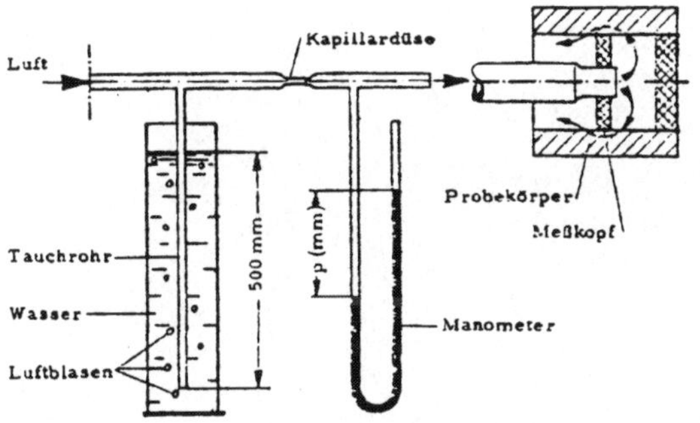

Gerät zur Messung der Brandrissigkeit

a)

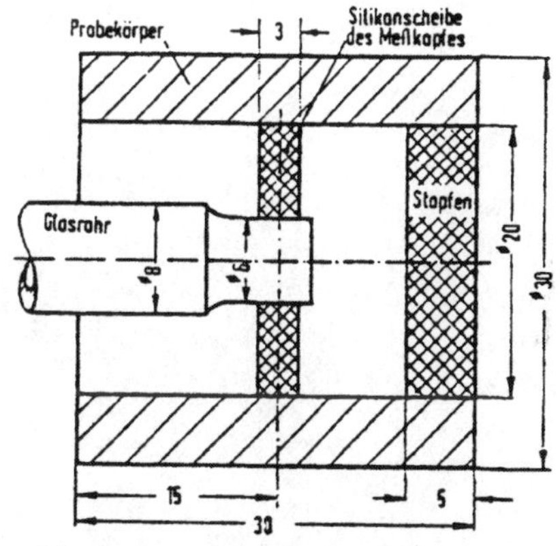

In den Probekörper eingesetzter Meßkopf

b)

<u>Bild 203:</u> Gerät zur Messung der Brandrissigkeit (a) und Messkopf (b)
(Nach T. Namai[148])

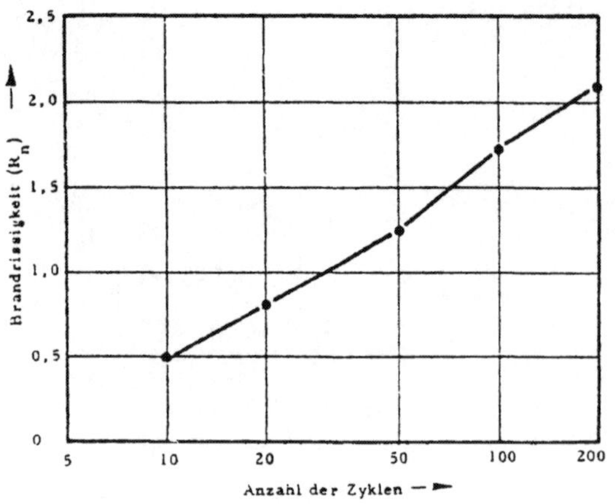

Zusammenhang zwischen Brandrissigkeit und Anzahl der Aufheiz-Abkühl-Zyklen

Bild 204: Zusammenhang zwischen Masszahl der Brandrissigkeit R und Anzahl der Aufheiz-Abkühl-Zyklen nach dem Verfahren von T. Namai[148)]

Chemische Zusammensetzung der Versuchswerkstoffe aus der ersten Versuchsreihe

Werkstoff	Zusammensetzung in % C	Si	Mn	P	S
Gußeisen mit Lamellengraphit	3,65	1,51	0,25	0,05	0,02
Gußeisen mit Kugelgraphit	3,31	2,21	0,20	0,034	0,019
eutektoider Stahl	0,81	0,28	0,47	0,017	0,016

Graphitform der Versuchswerkstoffe aus der ersten Versuchsreihe und gemessene Brandrissigkeit

Werkstoff	Graphitform	Brandrissigkeit R_{500}
Gußeisen mit Lamellengraphit	lamellar	0,76
Gußeisen mit Kugelgraphit	kugelig	1,10
eutektoider Stahl		2,08

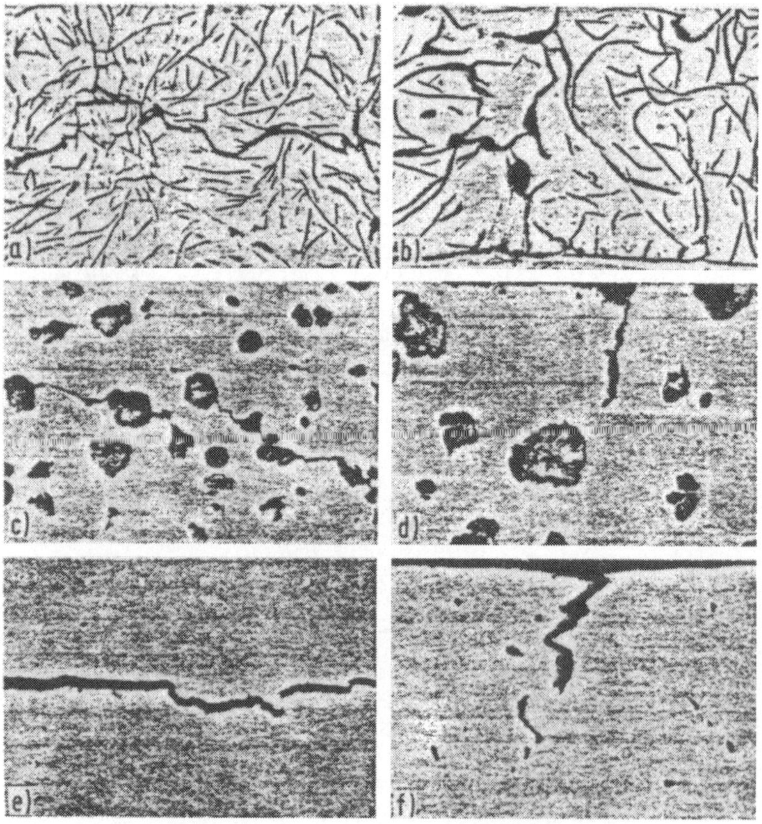

Brandrisse in den Probekörpern:
a) Gußeisen mit Lamellengraphit, nahe der erhitzten Oberfläche (100 : 1),
b) Gußeisen mit Lamellengraphit, Wandmitte (100 : 1),
c) Gußeisen mit Kugelgraphit, nahe der erhitzten Oberfläche (50 : 1),
d) Gußeisen mit Kugelgraphit, Wandmitte (100 : 1),
e) eutektoider Stahl, nahe der erhitzten Oberfläche (50 : 1),
f) eutektoider Stahl, Wandmitte (100 : 1)

Bild 205: Zusammensetzung und Brandrissigkeitsprüfergebnis von GGL, GGG und Stahl (Nach T. Namai[148)])

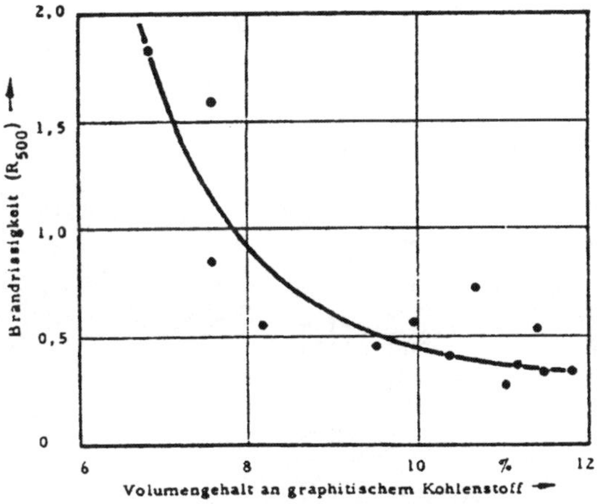

Beziehung zwischen der Brandrissigkeit und dem Volumenanteil an graphitischem Kohlenstoff

Bild 206: Nach T. Namai[148)]

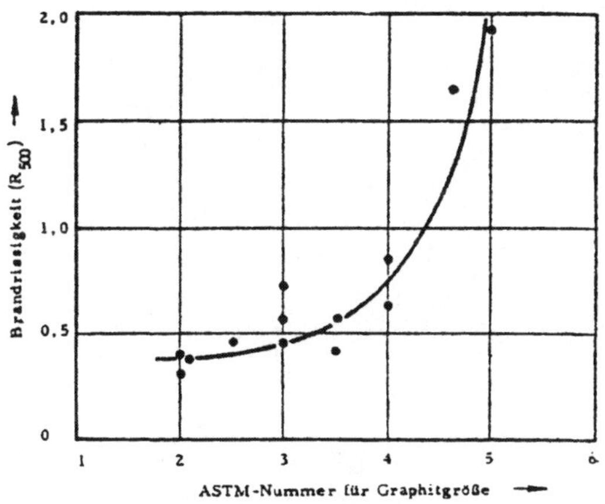

Beziehung zwischen der Brandrissigkeit und der ASTM-Kennzahl für die Graphitgröße

Bild 207: Nach T. Namai[148)]

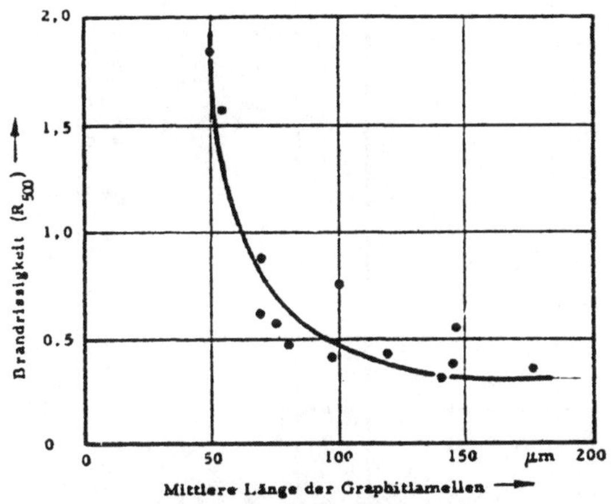

Beziehung zwischen der Brandrissigkeit und der mittleren Länge der Graphitlamellen

Bild 208: Nach T. Namai[148)]

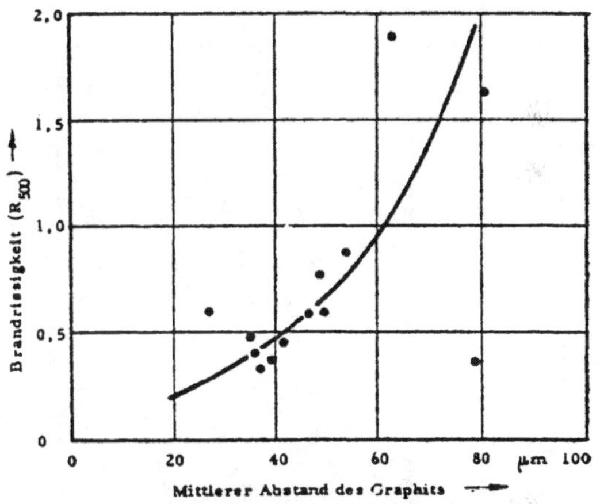

Beziehung zwischen der Brandrissigkeit und dem mittleren Abstand des Graphits

Bild 209: Nach T. Namai[148)]

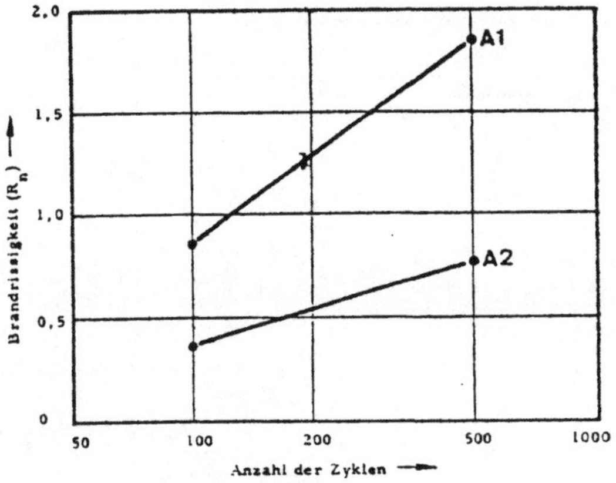

Beziehung zwischen der Brandrissigkeit und der Anzahl der Aufheiz-Abkühl-Zyklen

Bild 210: Beziehung zwischen der Brandrissigkeit und der Anzahl der Temperaturwechsel bei stark unterschiedlicher Graphitausbildung, aber gleicher Zusammensetzung.

A_1 = D-Graphit
A_2 = A-Graphit/Gröbe 3

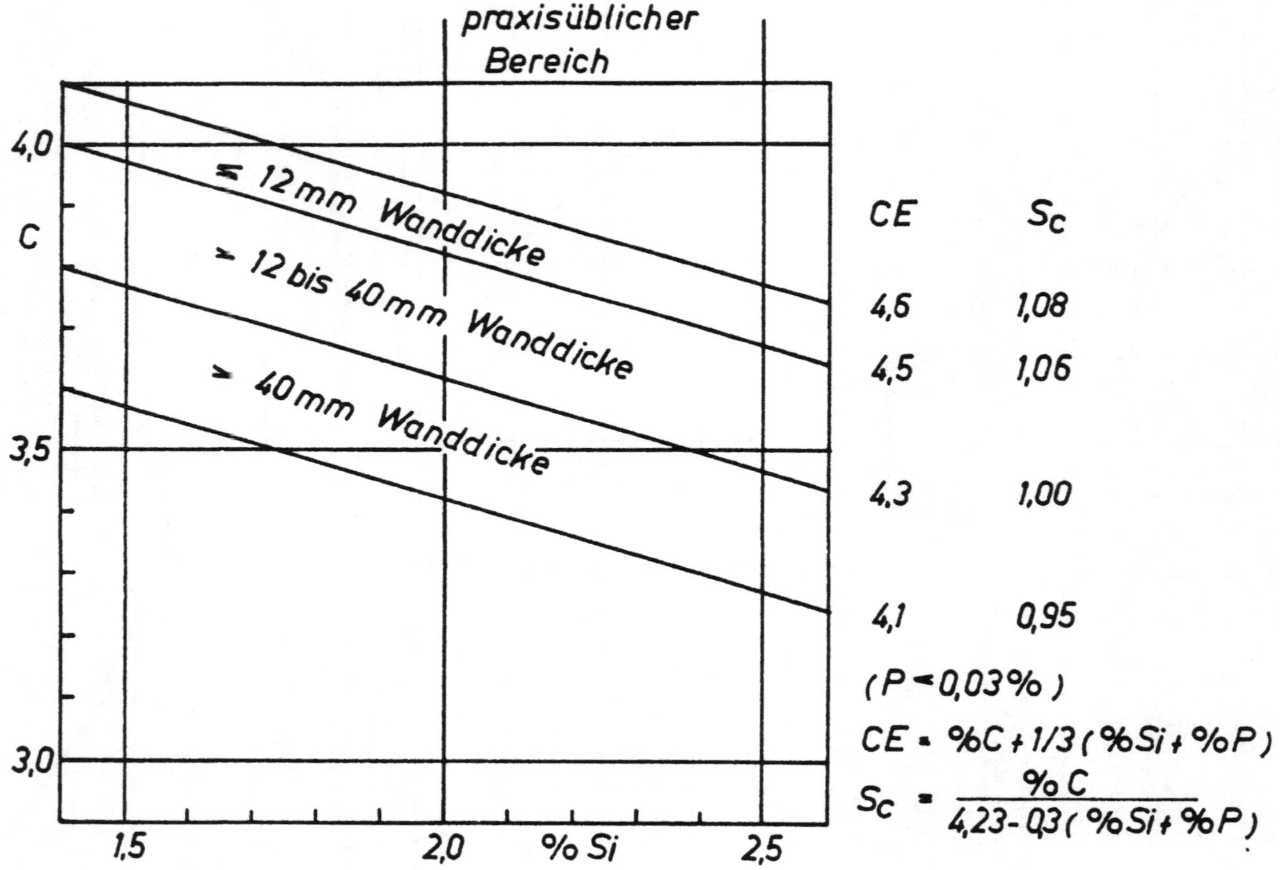

Bild 211: Zusammensetzungsbereich von Gusseisen mit Kugelgraphit zur Vermeidung von Graphitflotation.

(Nach H. Kempers[247])

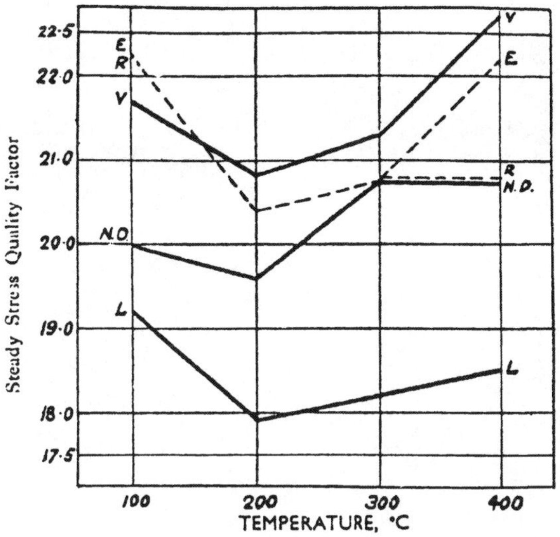

Steady stresses

a) thermische Belastbarkeit durch stationäre Wärmespannungen:

$$\frac{\sigma_{zB} \cdot (1-\nu) \cdot \lambda}{\alpha \cdot E}$$

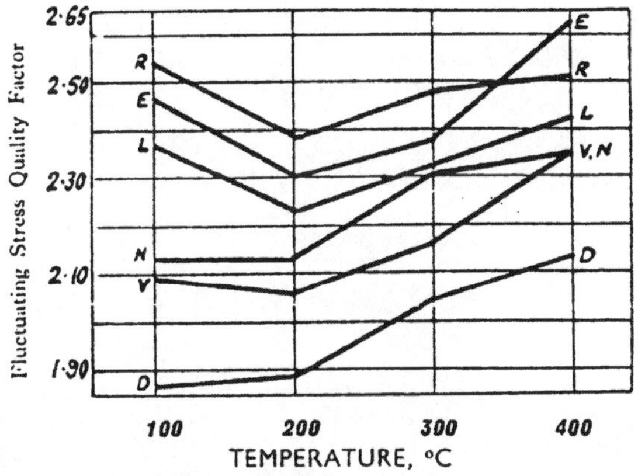

Fluctuating stresses

Modified quality factors

b) thermische Belastbarkeit durch periodisch wechselnde Wärmespannungen:

$$\frac{\sigma_{bW} \cdot (1-\nu) \cdot \sqrt{\lambda \cdot \rho \cdot c}}{\alpha \cdot E}$$

Bild 212: Bewertung der thermischen Belastbarkeit einiger Gusseisen mit Lamellengraphit nach Tafel 16 mit modifizierten Qualitätsfaktoren.
(Nach S.G. Baker u. J.A. Pope[117]. entnommen aus [211])

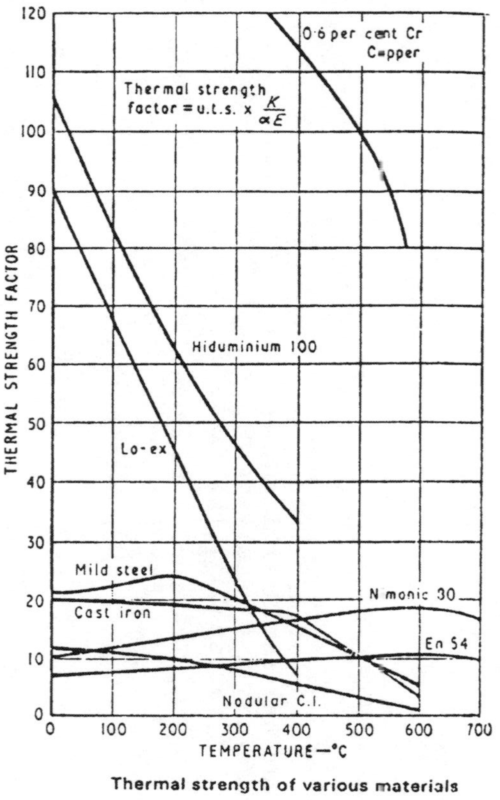

Thermal strength of various materials

Bild 213: Thermische Belastbarkeit verschiedener Zylinderkopfwerkstoffe

(Nach C.C.J. French[104])

Graphitausbildung:

fein Δ mittel ● grob ○

Bild 214: Einfluss der Lamellengraphitgröbe auf die thermische Beständigkeit von Gusseisen nach V.P. Devyatkin u. Mitarbeiter[61])

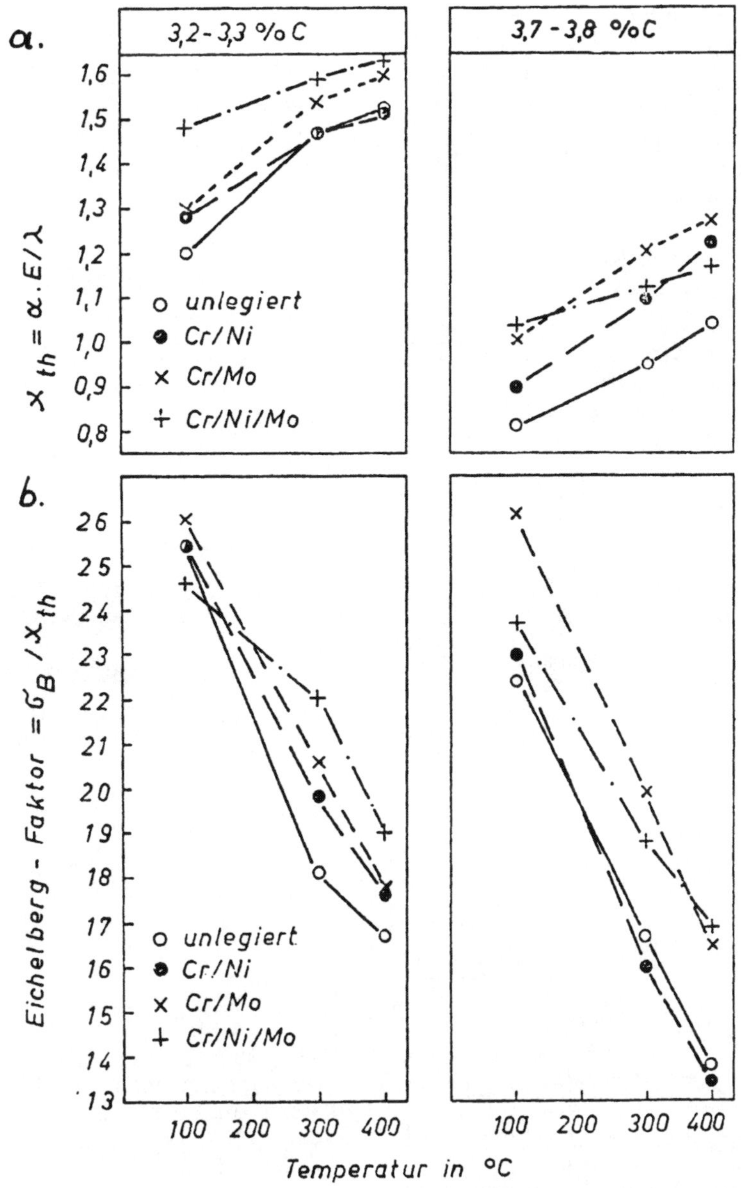

Bild 215: Qualitätsvergleich von Zylinderkopfgusseisen mit Lamellengraphit mit Hilfe des thermischen Spannungsfaktors x_{th} (a) bzw. des modifizierten Eichelbergfaktors EF (b).

(Nach E. Nechtelberger[68])

Fully machined gray iron cylinder heads racked for molten salt cyaniding to increase their resistance to thermal fatigue between valve ports.

Nitrierbehandlung:

Vorreinigung und Entfettung, Vorwärmung auf 430°C, Salzbad-nitrieren bei 570°C 1 bis 2 Std. Abkühlen in Wasser oder Öl, Spülen und Trocknen.

Bild 216: Diesel-Zylinderköpfe der IHC (USA) vor der Nitrierbehandlung zur Steigerung der thermischen Beständigkeit. Werkstoff GG 26.
(Nach Ch.F. Walton[203], Fig. 46, vgl. auch B. Finnern[207], B. 15)

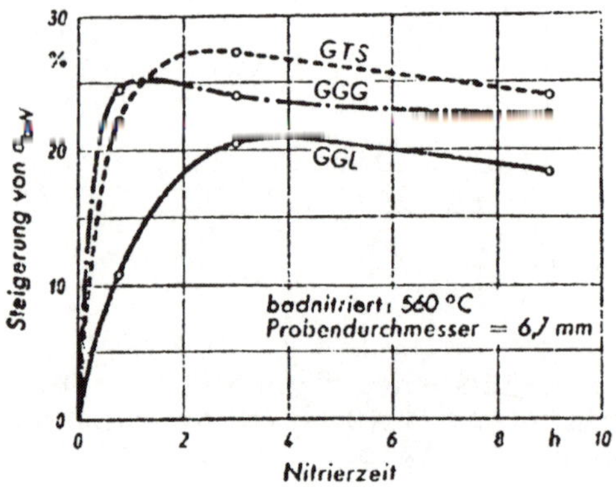

Bild 217: Steigerung der Dauerwechselfestigkeit von Gusseisen durch Nitrierbehandlung.
(Nach H. Wiegand u. H. Huff[23])

V = 200:1

Bild 218:

Gusseisen mit Lamellengraphit GG 40, entgraphitisiert und anschliessend im Salzbad nitriert (570 °C, 90 min)
(Nach H. Figge, [176])

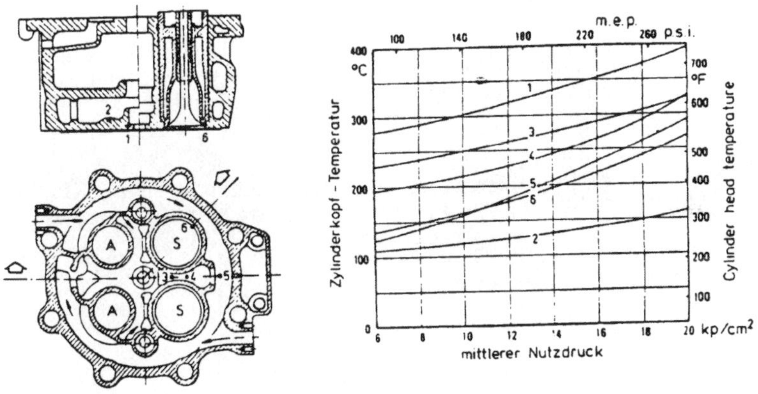

Gemessene Temperaturen am Zylinderdeckel und am Auslaßgehäuse beim Motor 556 SS bei 430 U/min

Bild 219: Zunahme der Zylinderkopftemperaturen mit steigendem Mitteldruck (G.M.T.-Sechszylindermotor, 7200 PS bei 430 U/min)
(Nach G. Murtas[88])

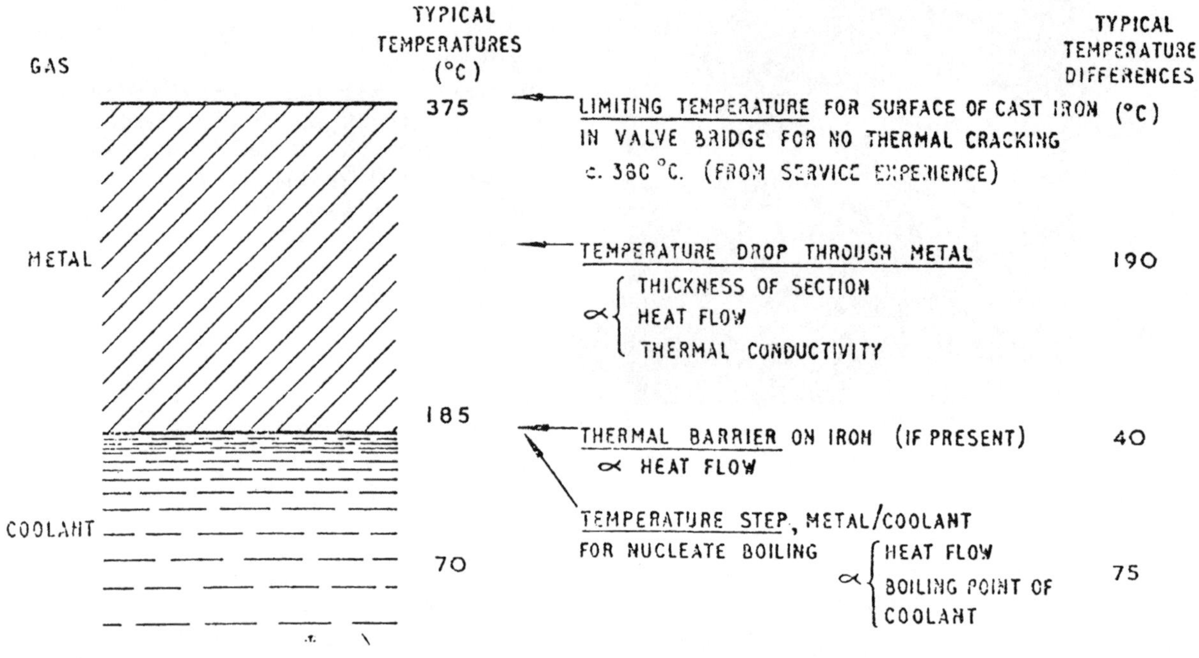

Thermal fatigue of cylinder heads - factors affecting metal temperatures. [Note heat flow is approximately proportional to (fuel flow/in^2 piston)]

Bild 220: Schematische Darstellung der Einflussfaktoren auf die Zylinderkopfstegtemperatur
(Nach C.C.J. French[104] u. C.A. Beard[79])

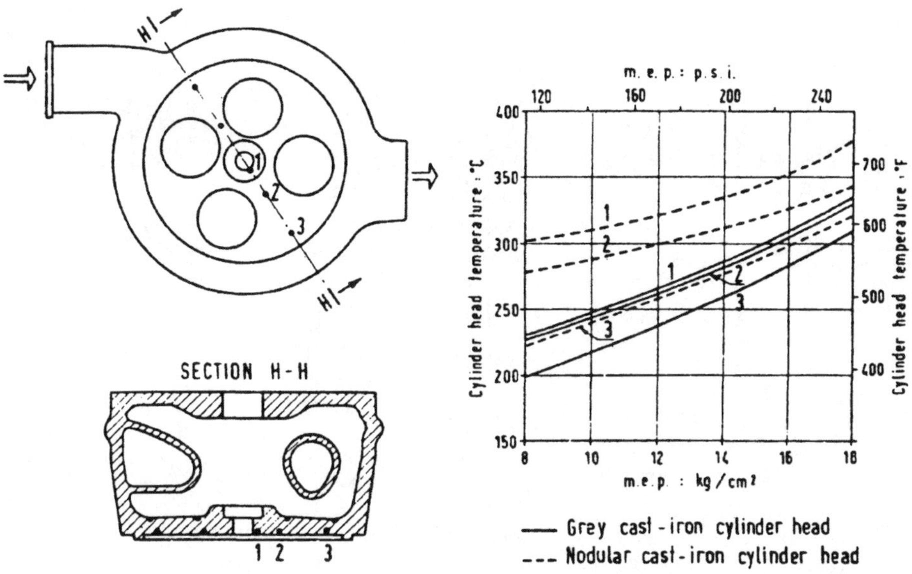

ENGINE C 420 SS-COMPARISON OF TEMPERATURES IN CYLINDER HEADS OF GREY AND NODULAR CAST-IRON

Bild 221: Vergleich der Temperaturen an Zylinderköpfen aus GGL und GGG bei gleicher Konstruktion.
(Nach R. Maciotta[94])

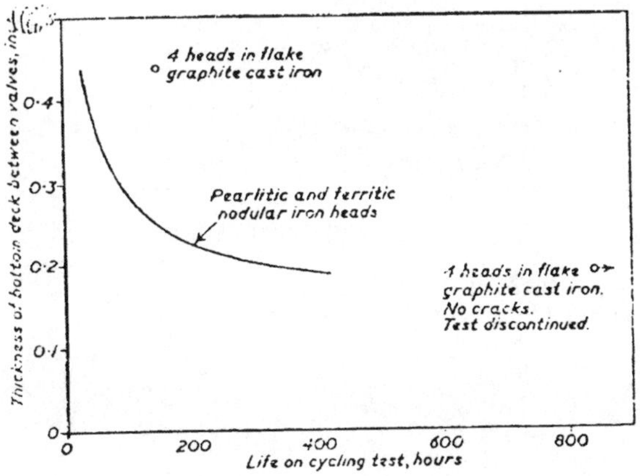

Bild 222: Einfluss der Brennraumbodendicke auf die Lebensdauer von Zylinderköpfen aus GGL und GGG, ermittelt in Motorlaufversuchen.
(Nach A. Dearden[106])

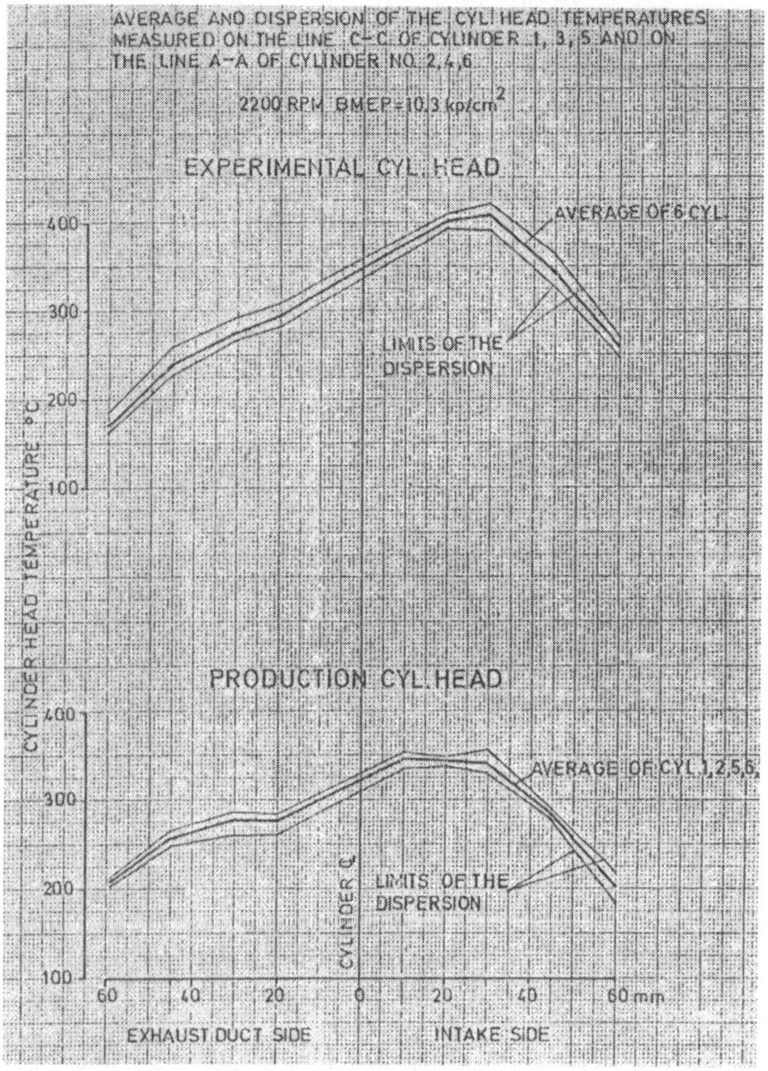

Brennraumboden-
dicke in mm

14,5

11,5

Bild 223a: Einfluss einer Wandstärkenverminderung des Bodens auf die Temperaturverteilung nach Bild 223b.

(Nach E. Schreiber[256])

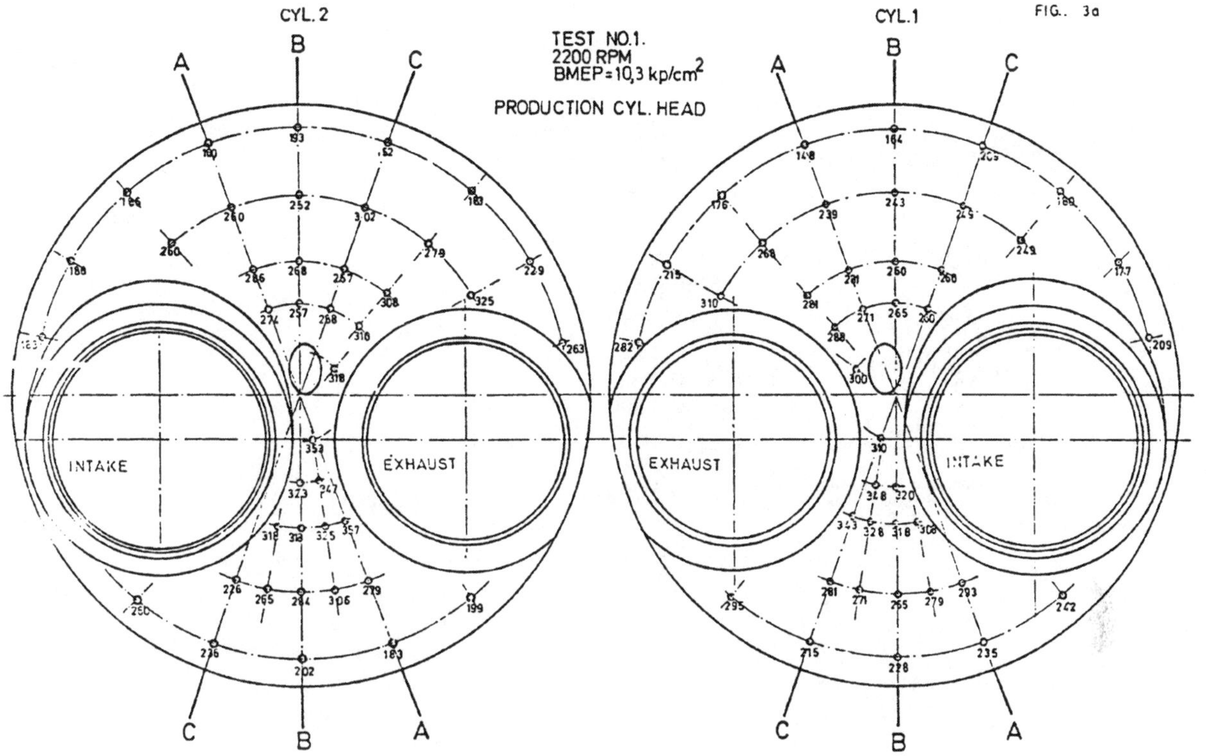

Bild 223b: Temperaturverteilung eines Zylinderkopfes mit 11,5 mm Bodendicke nach Bild 223a. Temperaturmessung erfolgte mit Templugs. (Nach E. Schreiber[256])

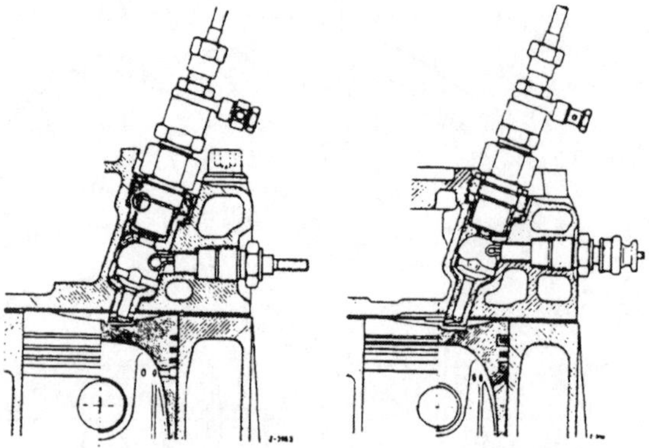

Vorkammeranordnung des früheren Motors OM 621 (links) und des jetzigen Serienmotors OM 615 (rechts)

Bild 224:

Konstruktive Massnahmen zur Kühlungsverbesserung eines PKW-Dieselkopfes.

(Nach F.H. van Winsen u. U. Conrad[89])

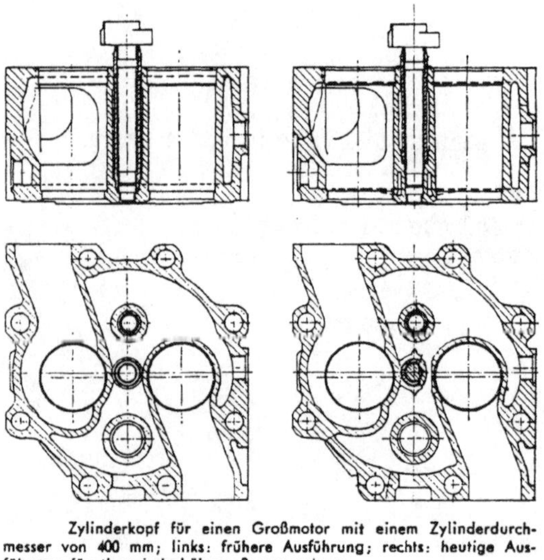

Zylinderkopf für einen Großmotor mit einem Zylinderdurchmesser von 400 mm; links: frühere Ausführung; rechts: heutige Ausführung für thermisch höhere Beanspruchung

Bild 225:

(Nach E. Boemer[90])

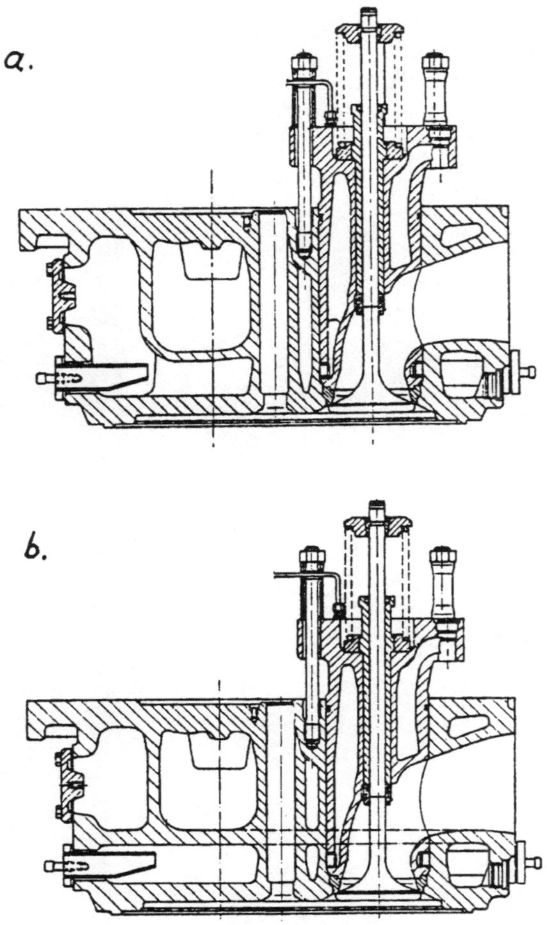

Bild 226: Zylinderdeckel eines mittelschnellaufenden 4-Takt-Diesel-motors ohne (a) und mit (b) Doppel-boden.
(Nach H.-R. Lembcke[80])

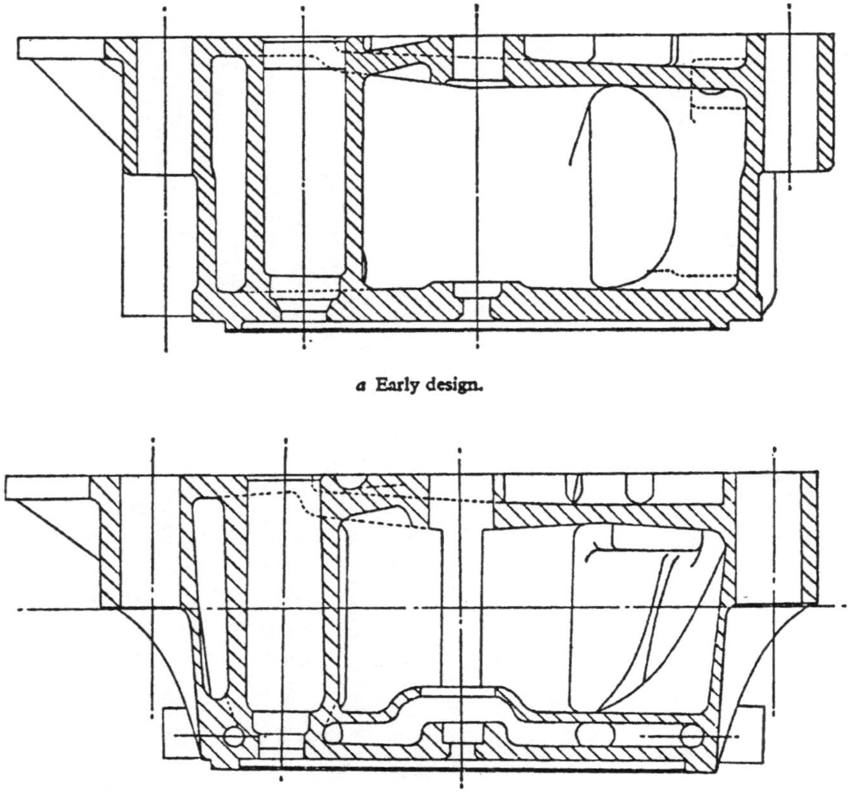

a Early design.

b Later design.

Two designs of cylinder head for 17 in bore engine

Bild 227: Zylinderdeckel eines 430 mm-Ø-Bootsmotors ohne (a) und mit (b) Doppelboden.
(Nach E.K. Brock u. A.J. Glasspoole[105])

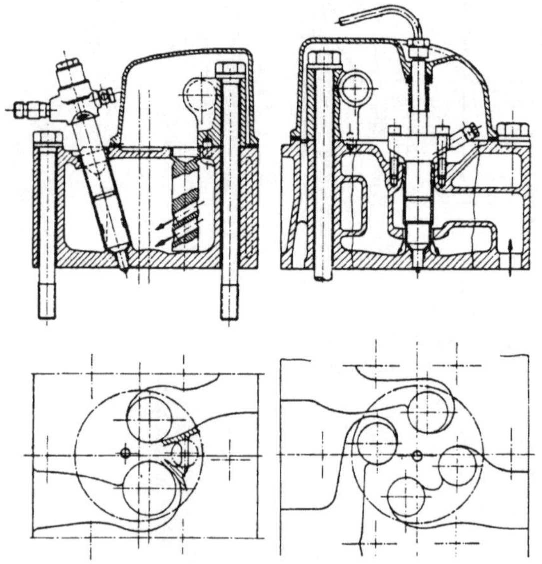

Zweiventil-Kopf,
B/s = 115/125 mm, n = 2800 U/min,
p_e = 7,6 kp/cm²; verstärkte Kühlung der Düse

a)

Vierventil-Kopf,
B/s = 128/130 mm, n = 2700 U/min,
p_e = 10,5 kp/cm²; verstärkte Kühlung der Düse

b)

Bild 228a, b:

Verstärkte Kühlmöglichkeiten bei einem Zweiventil-Kopf (a) und einem Vierventil-Kopf (b). (Nach H. List[82])

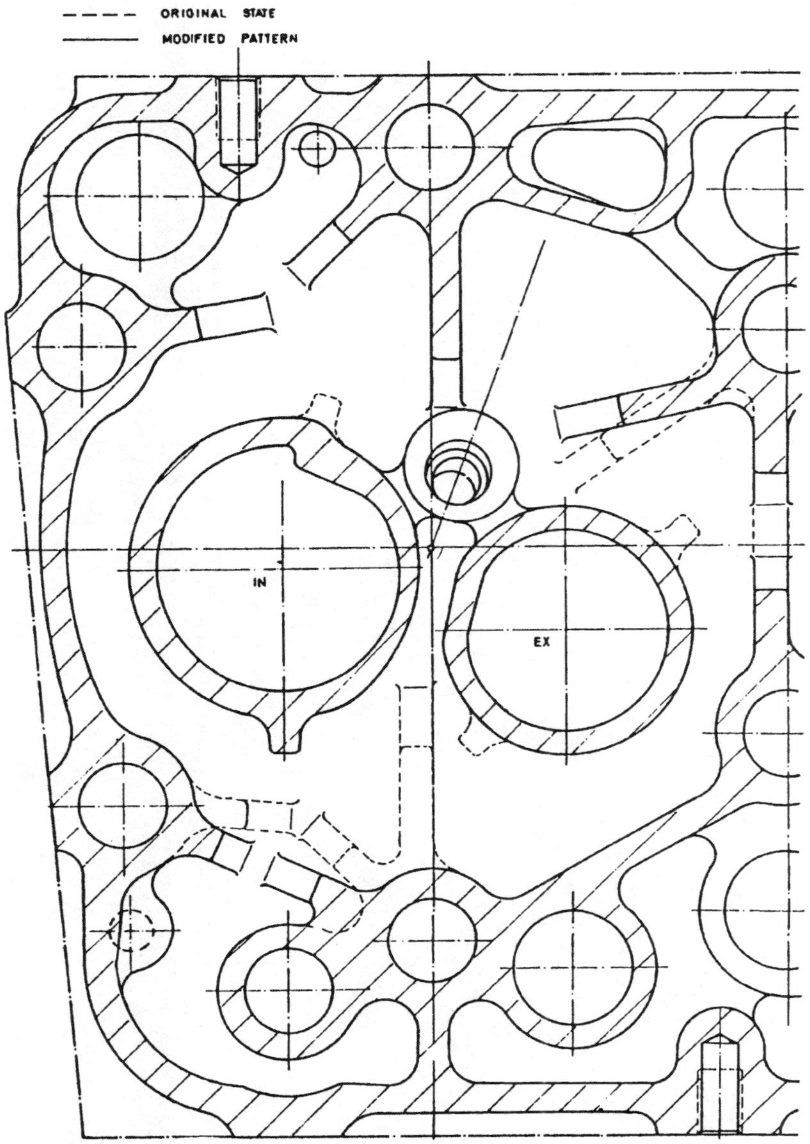

a

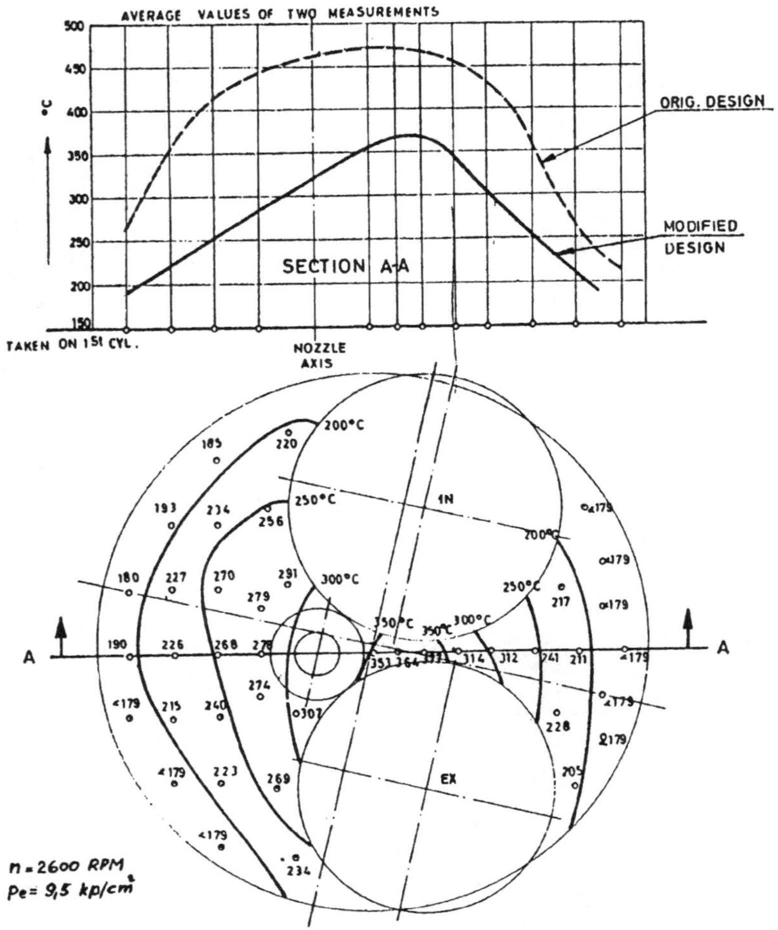

b

Bild 229: Zylinderkopftemperaturerniedrigung (b) durch Verrippungsoptimierung im Wasserraum (a) eines Fahrzeugmotors. (Nach R. Cichocki 257))

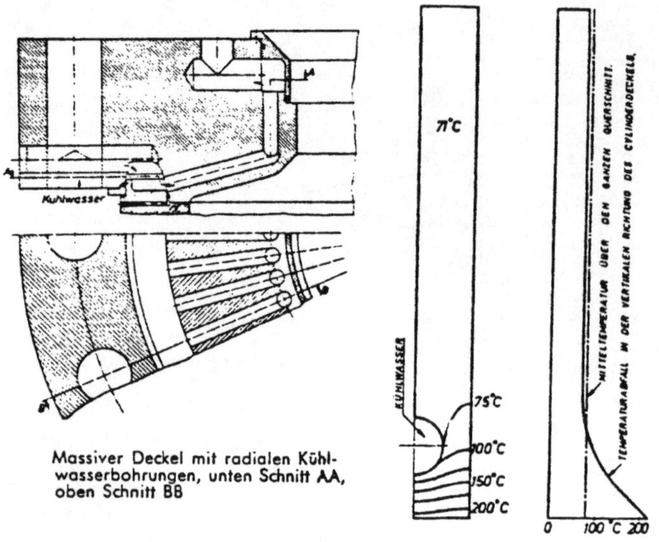

Massiver Deckel mit radialen Kühlwasserbohrungen, unten Schnitt AA, oben Schnitt BB

Temperaturverteilung im Schnitt winkelrecht zur Kühlbohrung im massiven Deckel bei p_i = 12 kp/cm²

<u>Bild 230:</u>

Allseitig bearbeiteter massiver Zylinderdeckel. Entwicklung Burmeister u. Wain.

(Nach J. Dragsted[85])

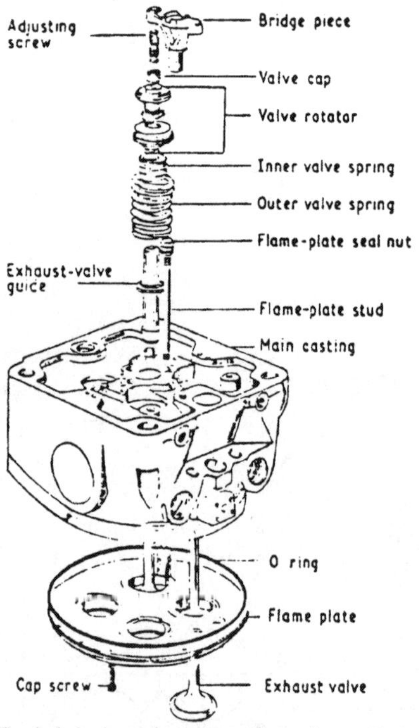

Exploded view of separate-flame-face cylinder head

<u>Bild 231 a:</u>

Zylinderkopf mit getrennter Heizplatte. Entwicklung Ruston u. Hornsby.

(Nach R. Bertodo u. T.J. Carter[141])

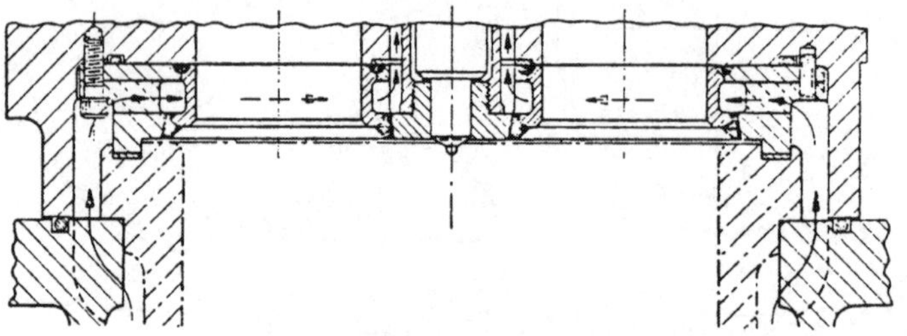

Ruston flame plate cylinder head

<u>Bild 231b:</u>

Ausführung der Heizplatte.

(Nach C.C.J.French[104]).

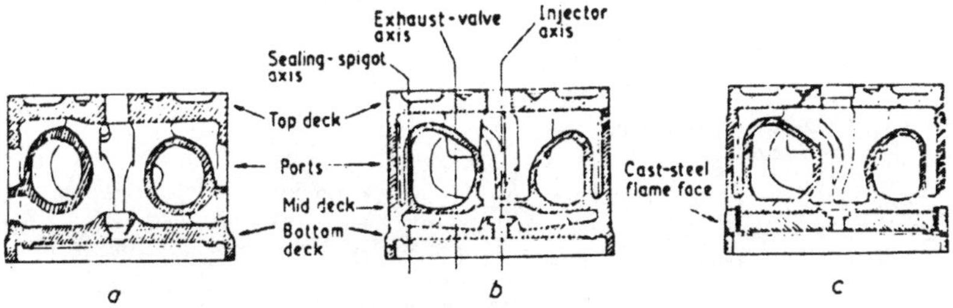

a Single deck. Maximum specific rating = 1·4 hp/in² (1·6 MN/m²).
b Twin deck. Maximum specific rating = 2·0 hp/in² (2·3 MN/m²).
c Separate flame face. Maximum specific rating = 3·1 hp/in² (3·6 MN/m²).

Cross section between exhaust ports

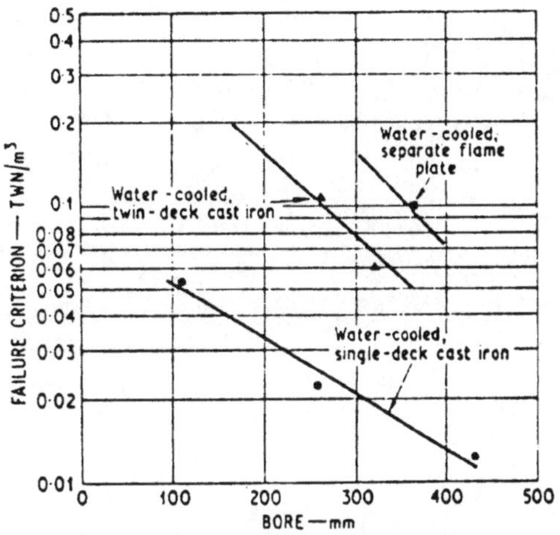

Failure criterion = (mean heat flux) × (maximum firing pressure) × (flame-plate thickness).

Failure threshold for some designs of diesel-engine cylinder heads

Bild 232: Theoretisch abgeleitete Fehlergrenzen für verschiedene Zylinderkopfkonstruktionen. (Nach R. Bertodo u. T.J. Carter[141])

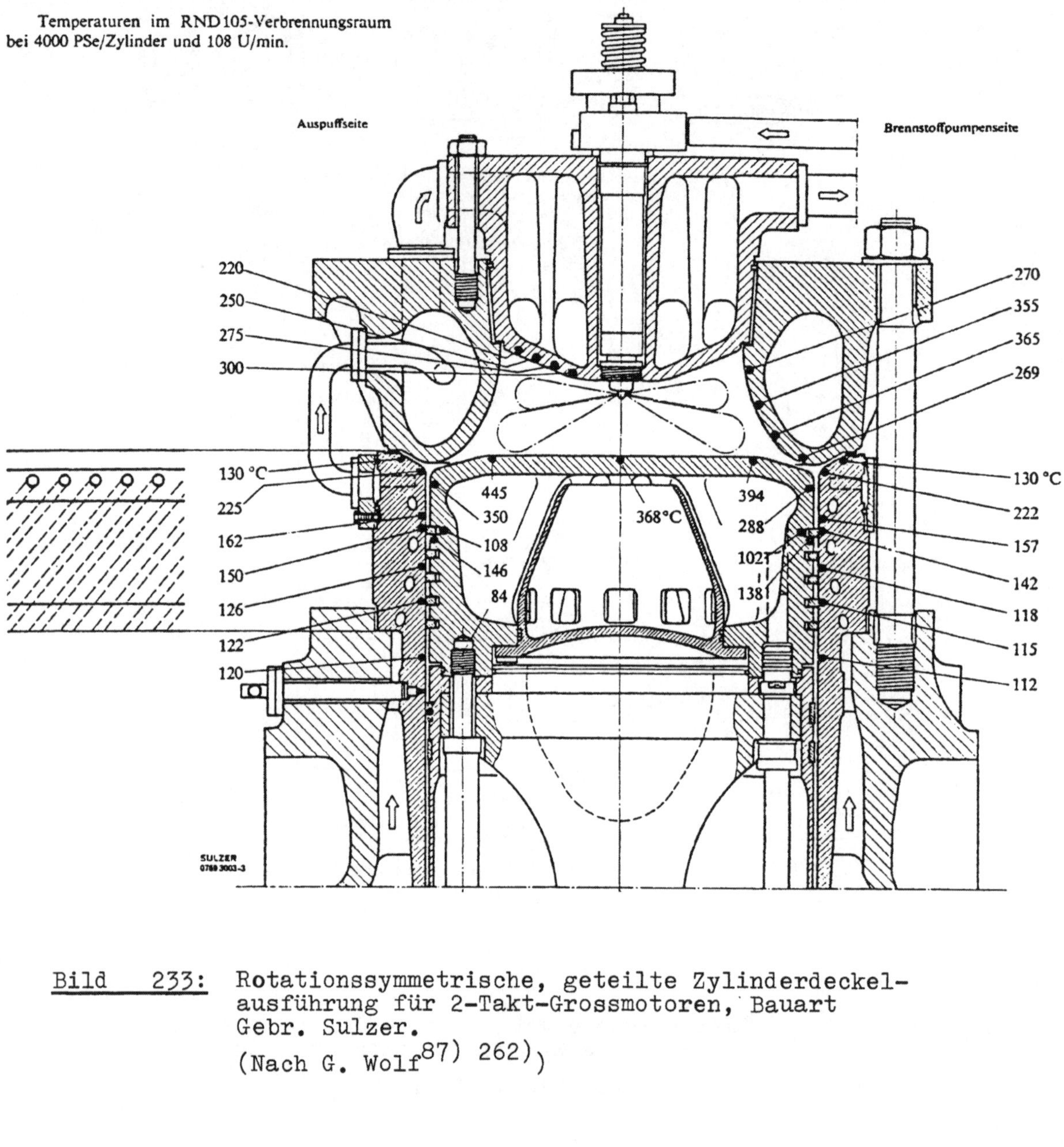

Bild 233: Rotationssymmetrische, geteilte Zylinderdeckelausführung für 2-Takt-Grossmotoren, Bauart Gebr. Sulzer.
(Nach G. Wolf[87] [262])

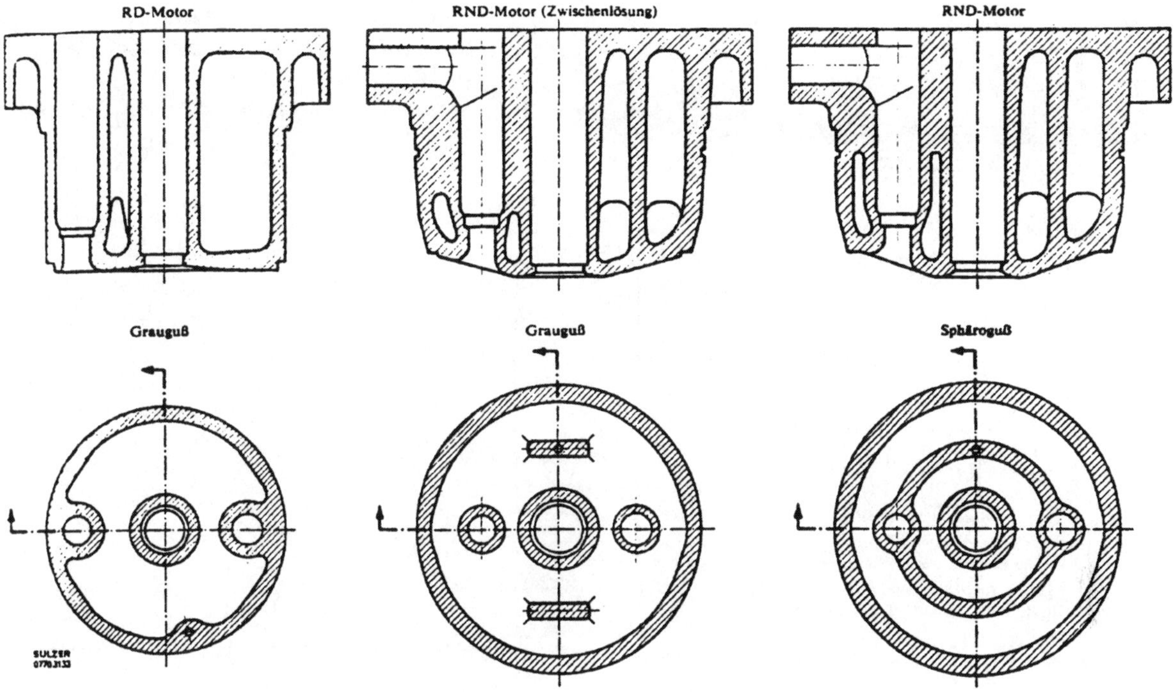

Entwicklung der Zylinderdeckeleinsatz-Konstruktion.

Bild 234: Verschiedene Zylinderdeckeleinsatz-Konstruktionen für den in Bild 233 gezeigten Dieselmotor
(Nach G. Wolf[87])

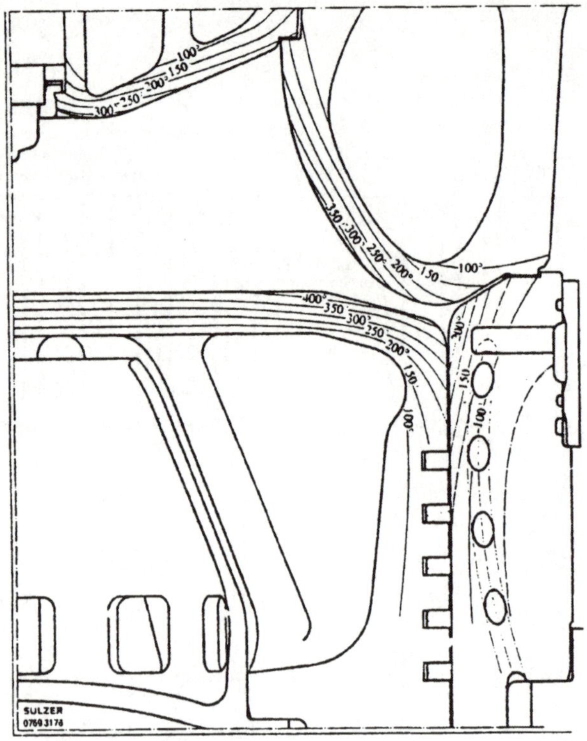

Isothermen um den Verbrennungsraum (Auspuffseite) bei 4000 PS Zylinderleistung und 108 U/min.

Bild 235: Temperaturverteilung im Zylinderkopf eines RND 105 Dieselmotors nach Bild 233.

(Nach G.J. Hellingman[261])

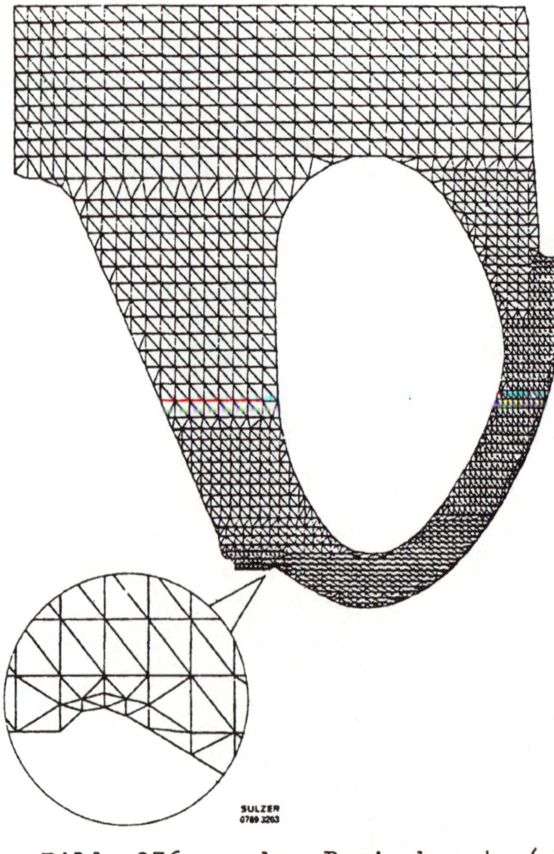

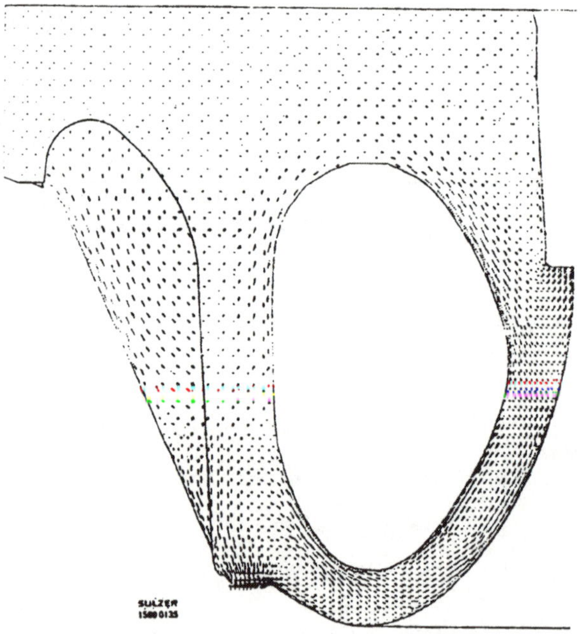

b. Spannungsverteilung in einem Zylinderdeckel.

◂ a. Dreiecksnetz zur Spannungsberechnung in einem Zylinderdeckel.

Bild 236 a, b: Dreiecksnetz (a) zur Spannungsberechnung nach der FE-Methode und Spannungsverteilung (b) infolge Beanspruchung durch den Gasdruck in einem Zylinderdeckel nach Bild 233.
(Nach R. Hiltbrunner[260])

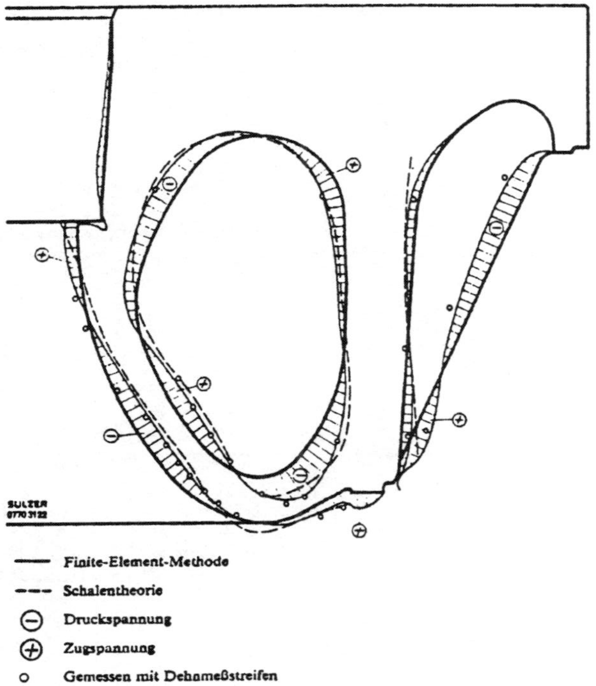

Zylinderdeckel RND105: Vergleich der berechneten und gemessenen Meridionalspannungen, herrührend vom Gasdruck.

Bild 237: Nach G. Wolf[87)]

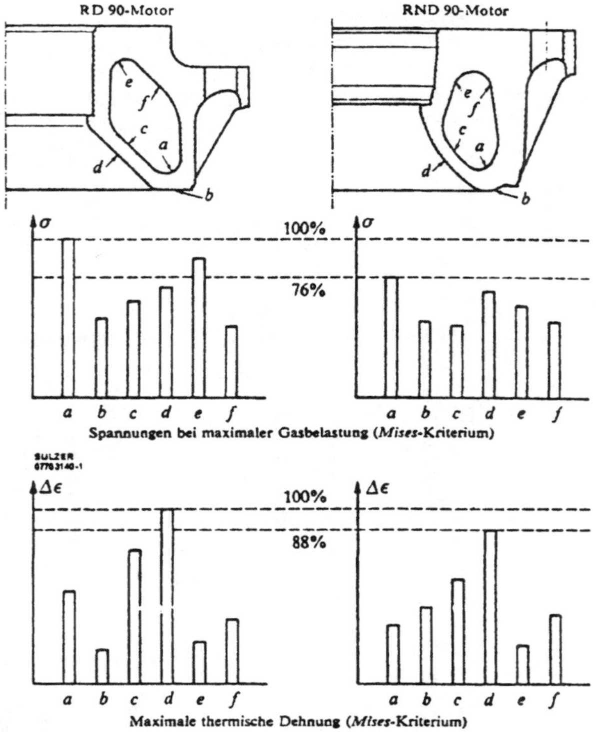

RD90-Motor:
Leistung 2300 PS/Zyl.
Mitteldruck 8,8 kg/cm²
Drehzahl 119 U/min
Zünddruck 76 kg/cm²

RND90-Motor:
Leistung 2900 PS/Zyl.
Mitteldruck 10,85 kg/cm²
Drehzahl 122 U/min
Zünddruck 86 kg/cm²

Vergleich der Spannungen, herrührend vom Gasdruck und den thermischen Dehnungen der Zylinderdeckel der Motoren RD90 und RND90.

Bild 238: Ergebnisse von Optimierungsberechnungen nach der FE-Methode. (Nach G. Wolf[87)])

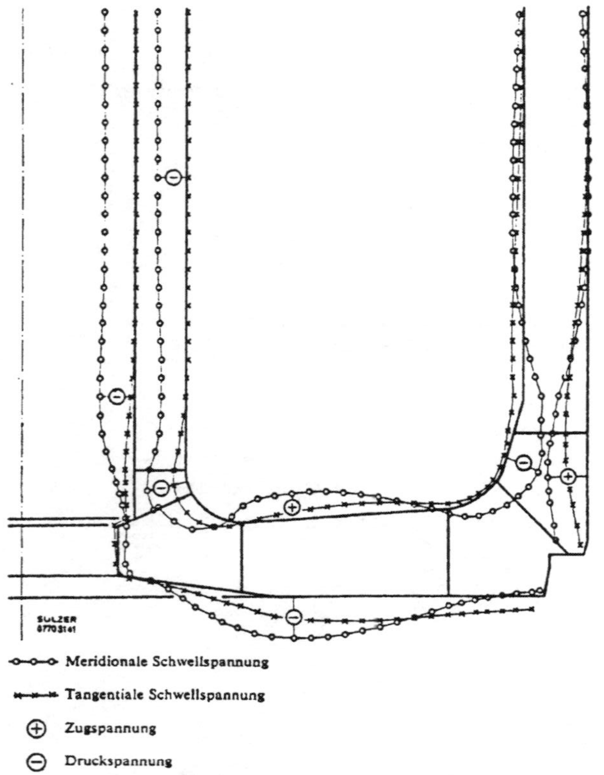

Zylinderdeckeleinsatz des RD90-Motors. Beanspruchungen durch den Gasdruck, berechnet mit der Schalentheorie.

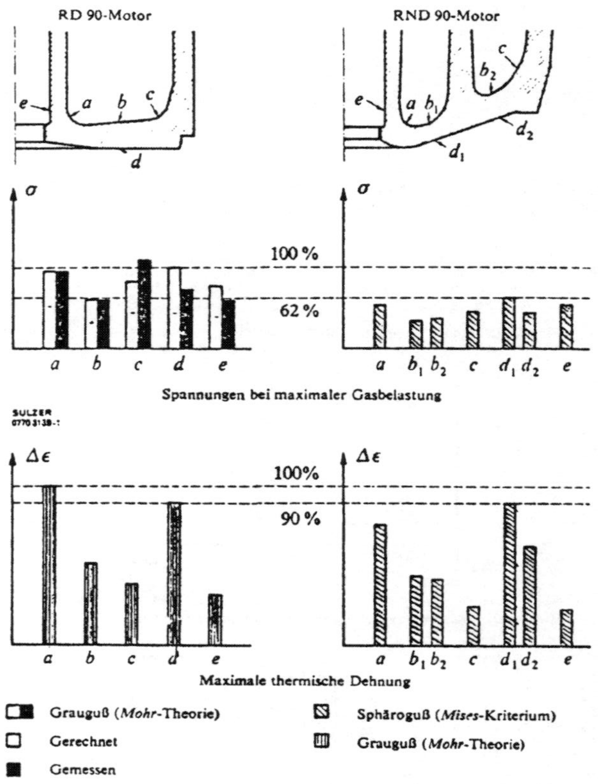

Vergleich der Spannungen, verursacht durch Gasdruck und thermische Dehnungen der Zylinderdeckeleinsätze der Motoren RD90 und RND90.

Bild 239: Zylinderdeckeleinsatz nach Bild 234 (links) (Nach G. Wolf[87])

Bild 240: Ergebnisse von Optimierungsberechnungen an Zylinderdeckeleinsätzen nach Bild 234 mit Hilfe der Schalenmethode. (Nach G. Wolf[87])

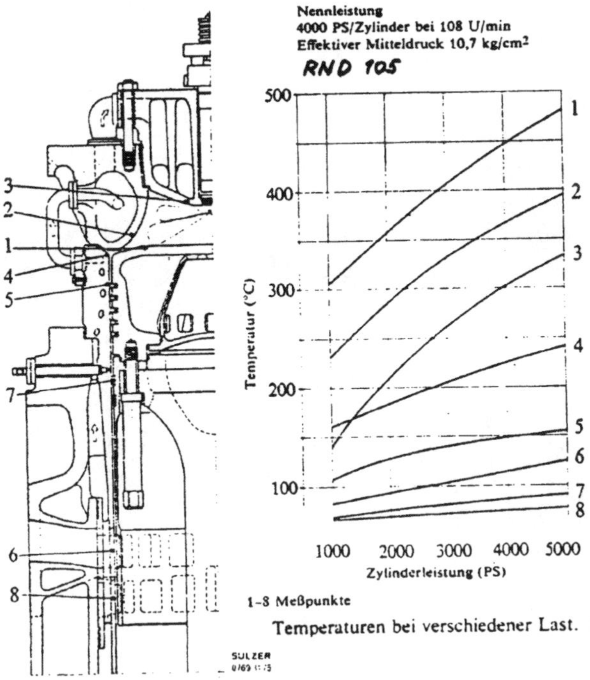

Bild 241: Nach G.J. Hellingman[261)]

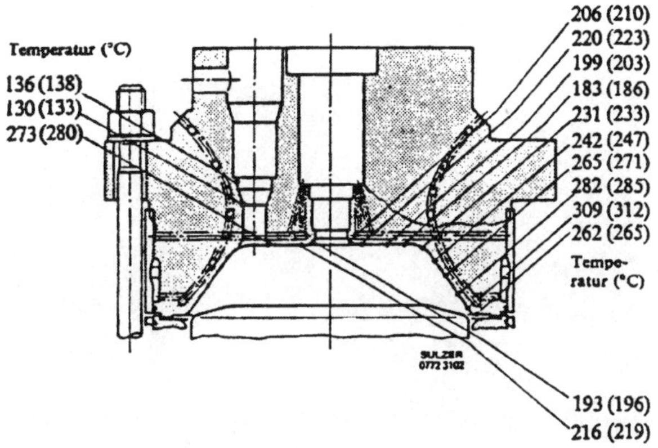

a. Temperaturen an der Verbrennungsraumwand eines bohrungsgekühlten RN76-Zylinderdeckels.

RD90-Motor		*RN76-Motor*	
Leistung	1692 kW/Zyl.	Leistung	1401 (1471) kW/Zyl.
Mittlerer effektiver Druck	8,6 bar	Mittlerer effektiver Druck	9,81 (10,3) bar
Drehzahl	119 U/min	Drehzahl	122 (122) U/min
Zünddruck	74,6 bar	Spezifische Luftmenge	9,8 (9,8) kg/kWh
Spezifische Luftmenge	9,8 kg/kWh	Zünddruck	71,6 (84,4) bar

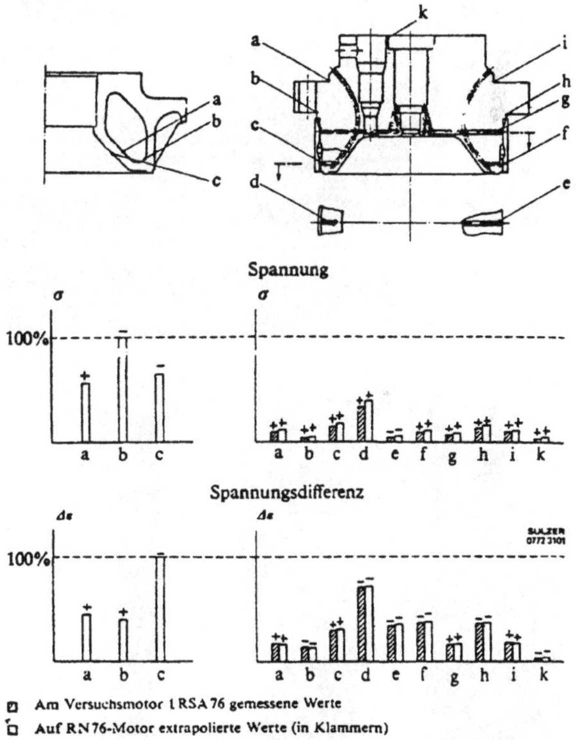

Am Versuchsmotor 1RSA76 gemessene Werte
Auf RN76-Motor extrapolierte Werte (in Klammern)

b. Spannungsvergleich zwischen RD90-Zylinderdeckel und bohrungsgekühlten RN76-Prototyp-Zylinderdeckel; durch Gaskräfte hervorgerufene Spannungen (Mitte), statische und thermische Spannungen (unten) (MISES-Kriterium).

Bild 242 a,b: Temperatur- (a) und Spannungsverteilung (b) eines bohrungsgekühlten einteiligen rotationssymmetrischen Zylinderdeckels.
(Nach P. Borgeaud[258)])

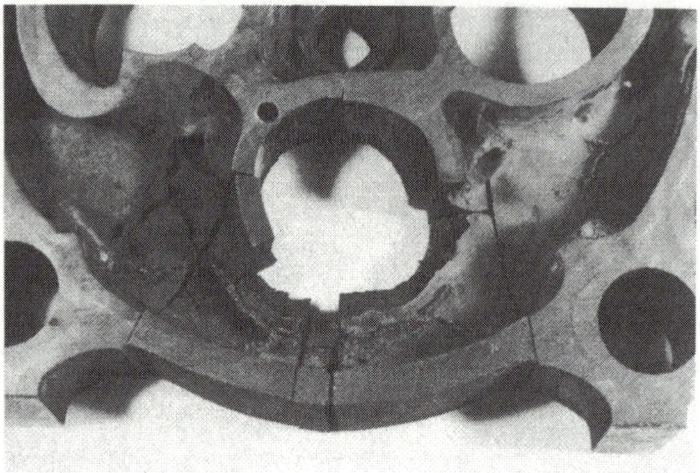

Bild 243:

Blattrippenbildung mit Kanalrissen im Wassermantel eines Zylinderkopfes

(Nach E. Nechtelberger[268])

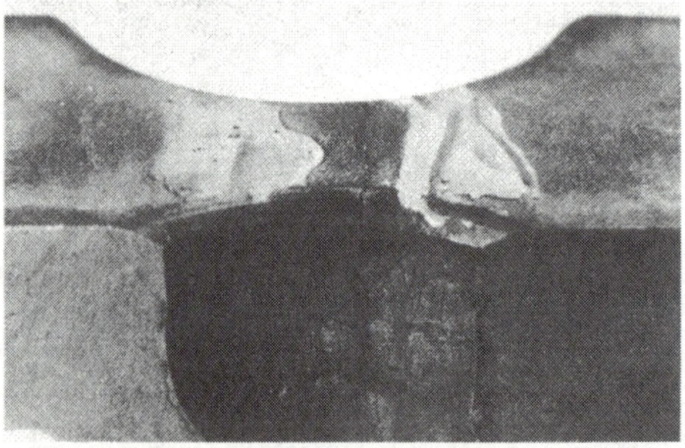

Bild 244a:

Stegriss durch thermische Überbelastung infolge Kühlungsbehinderung nach Bild 244b.

Bild 244b. Blattrippenbildung und Vererzung im Kühlkanal unter dem Steg nach Bild 244a.

(Nach E. Nechtelberger[269])

Bild 245: Thermischer Ermüdungsriss infolge schlechter Kühlung im Steg eines Dieselzylinderkopfes. 270)

thermischer Ermüdungsriss

frischer Anriss durch Probenahme

H = 26 mm Steghöhe
(sie soll lt. Zeichnung 14 mm betragen)

Wandstärke s = 6 mm
Soll-Wandstärke lt. Zeichnung = 4 mm!

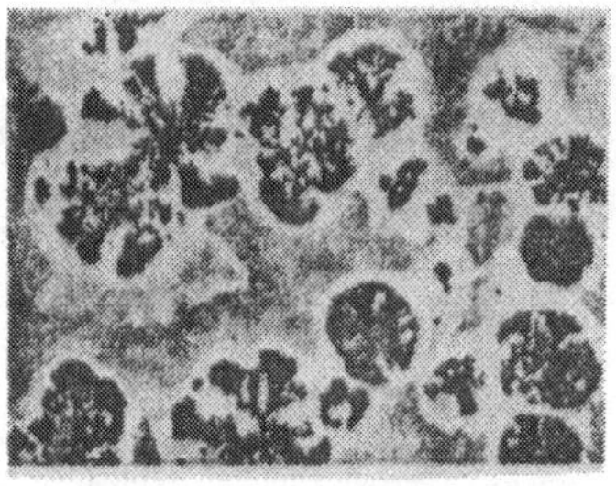

Flotationszone mit Ballung geplatzter Sphäroliten

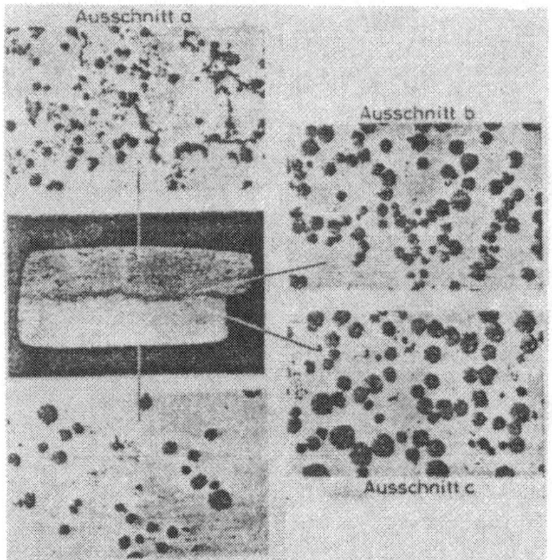

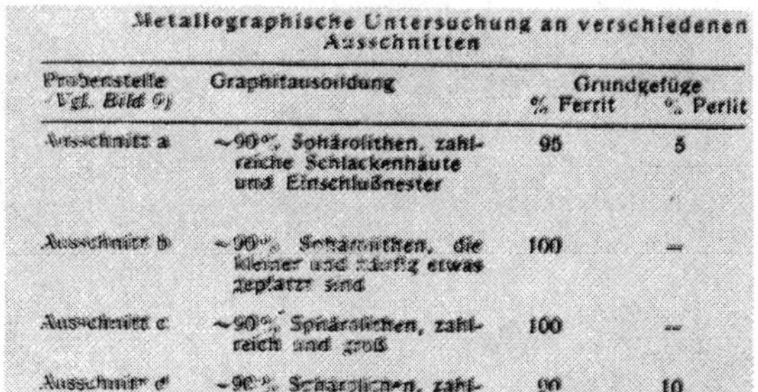

Metallographische Untersuchung an verschiedenen Ausschnitten

Probenstelle (Vgl. Bild 9)	Graphitausbildung	Grundgefüge % Ferrit	% Perlit
Ausschnitt a	~90%, Sphärolithen, zahlreiche Schlackenhäute und Einschlußnester	95	5
Ausschnitt b	~90%, Sphärolithen, die kleiner und häufig etwas geplatzt sind	100	–
Ausschnitt c	~90%, Sphärolithen, zahlreich und groß	100	–
Ausschnitt d	~90%, Sphärolithen, zahlreiche Einschlüsse	90	10

Bild 246: Flotationszonen in einem Bruchstück aus Gusseisen mit Kugelgraphit
(Nach H. Kempers[247])

a)

Bild 247: Bruchstück eines GGV-Zylinderdeckels eines Schiffsdieselmotors. Der Bruch (Wanddicke ca. 18 mm) zeigt deutlich eine flotierte Zone.

(Nach E. Nechtelberger[271])

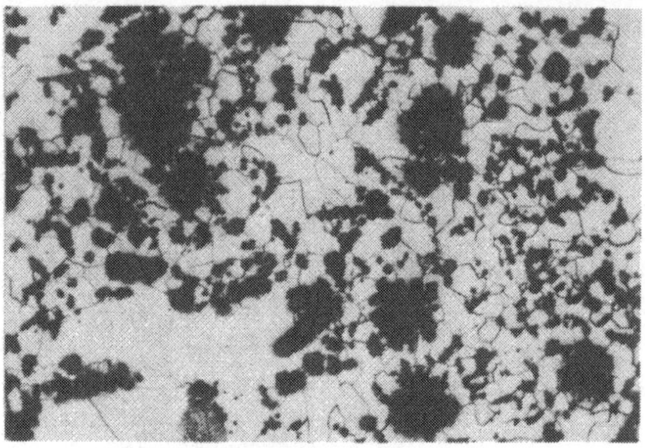

b) flotierte Zone 100:1

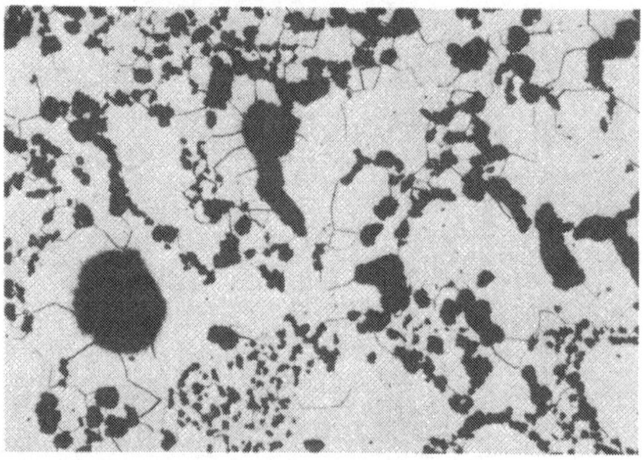

c) nicht flotierte Zone 100:1

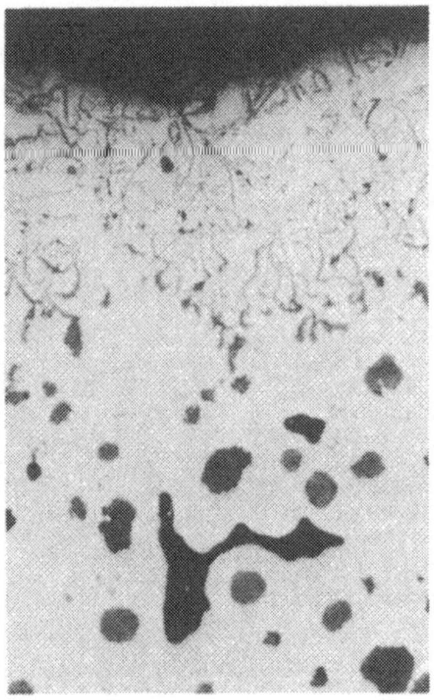

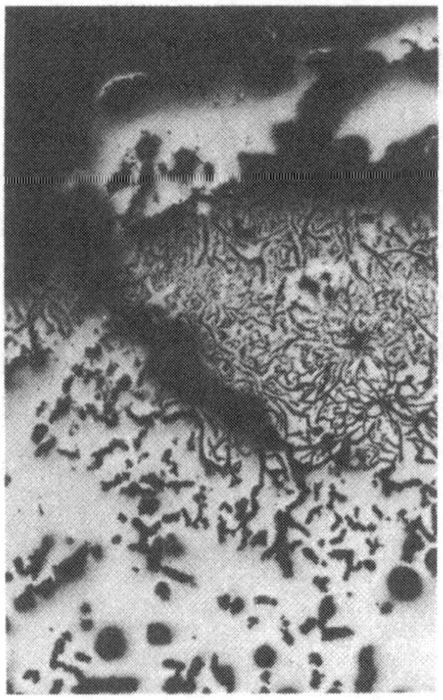

a) 100:1 b) 50:1

Bild 248 a,b: Lamellengraphitsaum in der Randzone von GGG (a)[273] und GGV (b)[272]

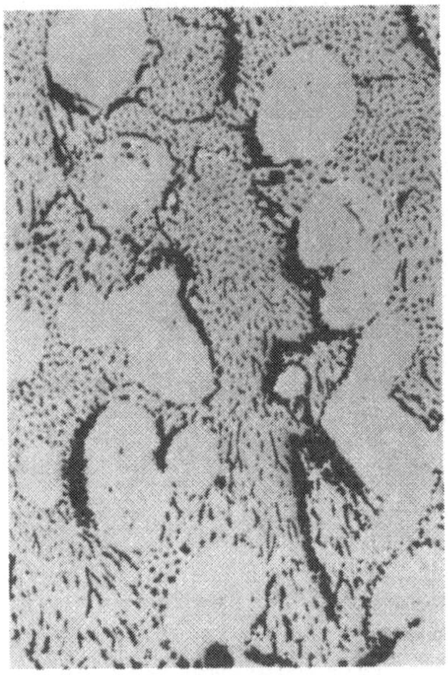

100:1

Bild 249: Graphitentartung (Chunky-Graphit) in Gusseisen mit Vermiculargraphit nach Überbehandlung mit Cer-Mischmetall
(Nach J. Sissener u. Mitarb.[121], Aufn. Nr. 15.750)

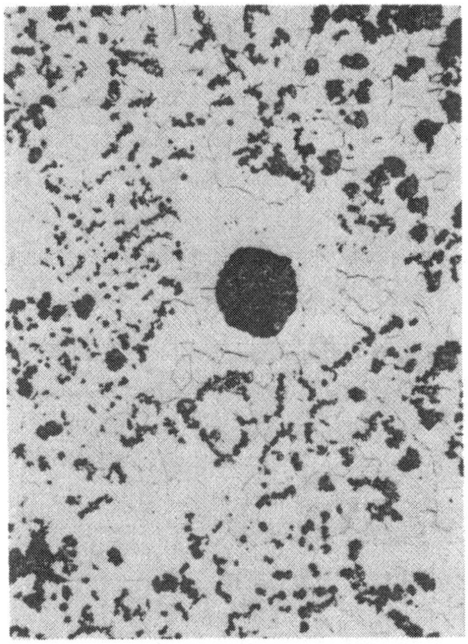

ca. 100:1

Bild 250: Chunky-Graphit in Gusseisen mit Kugelgraphit bei langsamer Erstarrung
(Nach H. Mayer u. Mitarb. [265])

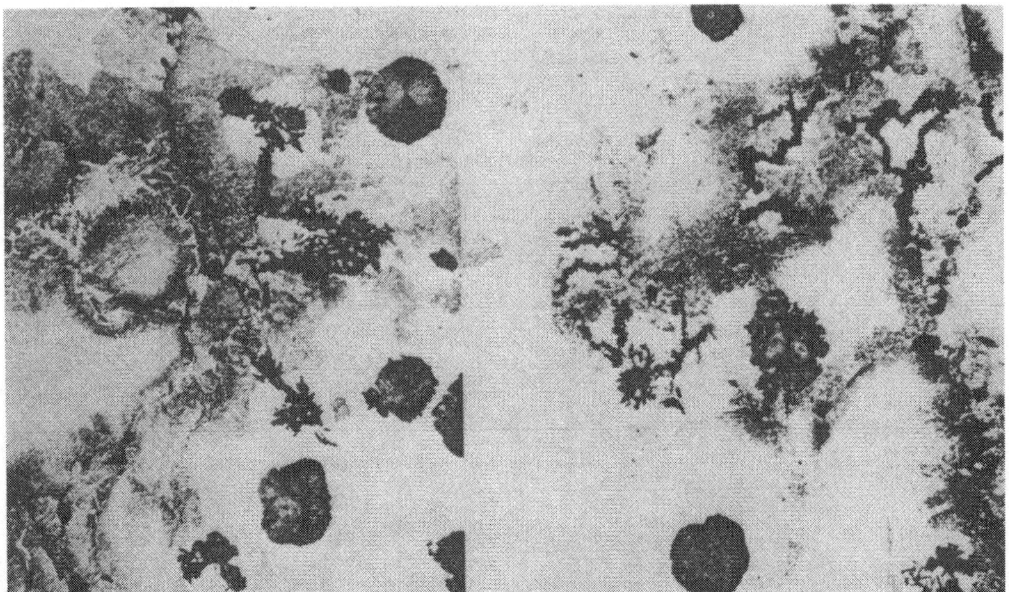

ca. 100:1

Bild 251: Entartete Graphitformen in Gusseisen mit Kugelgraphit bei Vorliegen von Störelementen und langsamer Abkühlung
(Nach H. Mayer u. F. Hämmerli[265])

Kolibri 360 GmbH
Ferdinand-Jühlke-Straße 7
99095 Erfurt, Deutschland
produktsicherheit@kolibri360.de